中国建筑文化遗产

守望千年奉国寺研讨暨第五批中国20世纪建筑遗产项目推介活动

28

单霁翔　名誉主编

金磊　主编

天津大学
出版社

图书在版编目（CIP）数据

守望千年奉国寺研讨暨第五批中国20世纪建筑遗产项
目推介活动 / 金磊主编. -- 天津：天津大学出版社，
2021.3
　（中国建筑文化遗产；28）
　ISBN 978-7-5618-6888-1

Ⅰ.①守… Ⅱ.①金… Ⅲ.①建筑设计—文化遗产—中国
—文集 Ⅳ.①TU-87

中国版本图书馆CIP数据核字(2021)第045523号

Shouwang Qiannian Fengguo Si Yantao Ji Di-wu Pi Zhongguo 20 Shiji Jianzhu Yichan Xiangmu Tuijie Huodong

策划编辑　　韩振平
责任编辑　　郭　颖
装帧设计　　董秋岑

出版发行　天津大学出版社
地　　址　天津市卫津路92号天津大学内（邮编：300072）
电　　话　022-27403647
网　　址　publish.tju.edu.cn
印　　刷　北京华联印刷有限公司
经　　销　全国各地新华书店
开　　本　235mm×305mm
印　　张　12.75
字　　数　444千
版　　次　2021年3月第1版
印　　次　2021年3月第1次
定　　价　96.00元

CHINA ARCHITECTURAL HERITAGE
中国建筑文化遗产 28
守望千年奉国寺研讨暨第五批中国20世纪建筑遗产项目推介活动

指导单位
国家文物局
Instructor
National Cultural Heritage Administration

主编单位
中国文物学会传统建筑园林委员会
中国文物学会20世纪建筑遗产委员会
中兴文物建筑装饰工程集团有限公司
建筑文化考察组
磐石慧智（北京）文化传播有限公司

Sponsor
Committee of Traditional Architecture and Gardens of Chinese Society of Cultural Relics
Committee of Twentieth-century Architectural Heritage of Chinese Society of Cultural Relics
Zhong Xing Relic Construction Group
Architectural Culture Investigation Team
Pan Shi Hui Zhi Beijing Culture Spreading Co., Ltd

承编单位
《中国建筑文化遗产》编委会
Co-Sponsor
CAH Editorial Board

名誉主编
单霁翔
Honorary Editor-in-Chief
Shan Jixiang

总策划人
金磊 / 刘志华
Planning Director
Jin Lei / Liu Zhihua

主编
金磊
Editor-in-Chief
Jin Lei

编委会主任
Director of the Editorial Board

单霁翔
Shan Jixiang

编委会副主任
Deputy Director of the Editorial Board

马国馨
Ma Guoxin

付清远
Fu Qingyuan

孟建民
Meng Jianmin

刘志华
Liu Zhihua

路红
Lu Hong

张宇
Zhang Yu

刘若梅
Liu Ruomei

金磊
Jin Lei

学术顾问
吴良镛 / 冯骥才 / 傅熹年 / 张锦秋 / 何镜堂 / 程泰宁 / 彭一刚 / 郑时龄 / 邹德慈 / 王小东 / 修龙 / 徐全胜 / 刘叙杰 / 黄星元 / 楼庆西 / 阮仪三 / 路秉杰 / 刘景樑 / 费麟 / 邹德侬 / 何玉如 / 柴裴义 / 孙大章 / 唐玉恩 / 王其亨 / 王贵祥
Academic Advisor
Wu Liangyong / Feng Jicai / Fu Xinian / Zhang Jinqiu / He Jingtang / Cheng Taining / Peng Yigang / Zheng Shiling / Zou Deci / Wang Xiaodong / Xiu Long / Xu Quansheng / Liu Xujie / Huang Xingyuan / Lou Qingxi / Ruan Yisan / Lu Bingjie / Liu Jingliang / Fei Lin / Zou Denong / He Yuru / Chai Peiyi / Sun Dazhang / Tang Yu'en / Wang Qiheng / Wang Guixiang

编委会委员（按姓氏笔画排序）
丁垚 / 马晓 / 马震聪 / 王时伟 / 王宝林 / 王建国 / 方海 / 尹冰 / 叶依谦 / 田林 / 史津 / 吕舟 / 朱小地 / 朱文一 / 伍江 / 庄惟敏 / 刘丛红 / 刘克成 / 刘伯英 / 刘临安 / 刘家平 / 刘谞 / 刘燕辉 / 安军 / 孙兆杰 / 孙宗列 / 李华东 / 李沉 / 李秉奇 / 李琦 / 杨瑛 / 吴志强 / 余啸峰 / 汪孝安 / 宋昆 / 宋雪峰 / 张玉坤 / 张伶伶 / 张松 / 张杰 / 张树俊 / 张颀 / 陈雳 / 陈薇 / 邵韦平 / 青木信夫 / 罗隽 / 金卫钧 / 周学鹰 / 周恺 / 周高亮 / 郑曙旸 / 屈培青 / 赵元超 / 胡越 / 柳肃 / 侯卫东 / 俞孔坚 / 洪铁城 / 耿威 / 桂学文 / 贾珺 / 夏青 / 钱方 / 倪阳 / 殷力欣 / 徐千里 / 徐苏斌 / 徐维平 / 徐锋 / 奚江琳 / 郭卫兵 / 郭玲 / 郭旃 / 梅洪元 / 曹兵武 / 龚良 / 常青 / 崔彤 / 崔勇 / 崔愷 / 寇勤 / 韩冬青 / 韩振平 / 傅绍辉 / 舒平 / 舒莺 / 赖德霖 / 谭玉峰 / 熊中元 / 薛明 / 薄宏涛 / 戴璐
Editorial Board
Ding Yao / Ma Xiao / Ma Zhencong / Wang Shiwei / Wang Baolin / Wang Jianguo / Fang Hai / Yin Bing / Ye Yiqian / Tian Lin / Shi Jin / Lyu Zhou / Zhu Xiaodi / Zhu Wenyi / Wu Jiang / Zhuang Weimin / Liu Conghong / Liu Kecheng / Liu Boying / Liu Lin'an / Liu Jiaping / Liu Xu / Liu Yanhui / An Jun / Sun Zhaojie / Sun Zonglie / Li Huadong / Li Chen / Li Bingqi / Li Qi / Yang Ying / Wu Zhiqiang / Yu Xiaofeng / Wang Xiao'an / Song Kun / Song Xufeng / Zhang Yukun / Zhang Lingling / Zhang Song / Zhang Jie / Zhang Shujun / Zhang Qi / Chen Li / Chen Wei / Shao Weiping / Aoki Nobuo / Luo Jun / Jin Weijun / Zhou Xueying / Zhou Kai / Zhou Gaoliang / Zheng Shuyang / Qu Peiqing / Zhao Yuanchao / Hu Yue / Liu Su / Hou Weidong / Yu Kongjian / Hong Tiecheng / Geng Wei / Gui Xuewen / Jia Jun / Xia Qing / Qian Fang / Ni Yang / Yin Lixin / Xu Qianli / Xu Subin / Xu Weiping / Xu Feng / Xi Jianglin / Guo Weibing / Guo Ling / Guo Zhan / Mei Hongyuan / Cao Bingwu / Gong Liang / Chang Qing / Cui Tong / Cui Yong / Cui Kai / Kou Qin / Han Dongqing / Han Zhenping / Fu Shaohui / Shu Ping / Shu Ying / Lai Delin / Tan Yufeng / Xiong Zhongyuan / Xue Ming / Bo Hongtao / Dai Lu

副主编
殷力欣（本期执行）/ 李沉 / 苗淼 / 韩振平 / 崔勇 / 赖德霖（海外）
Associate Editor
Yin Lixin (Current Affairs) / Li Chen / Miao Miao / Han Zhenping / Cui Yong / Lai Delin (Overseas)

主编助理
苗淼
Editor-in-Chief Assistant
Miao Miao

编委会办公室主任
朱有恒
Director of CAH Editorial Board
Zhu Youheng

编委会办公室副主任
董晨曦 / 郭颖 / 金维忻（海外）
Vice Director of CAH Editorial Board
Dong Chenxi / Guo Ying / Jin Weixin(Overseas)

文字整理
苗淼 / 朱有恒 / 董晨曦 / 季也清 / 金维忻（海外）/ 林娜 / 刘安琪（特约）/ 王展（特约）
Text Editor
Miao Miao / Zhu Youheng / Dong Chenxi / Ji Yeqing / Jin Weixin (Overseas) / Lin Na / Liu Anqi (Contributing) / Wang Zhan (Contributing)

设计总监
朱有恒
Design Director
Zhu Youheng

装帧设计
董晨曦 / 董秋岑 / 谷英卉
Art Editor
Dong Chenxi / Dong Qiucen / Gu Yinghui

英文统筹
苗淼
English Editor
Miao Miao

翻译合作
中译语通科技股份有限公司
Translation Cooperation
Global Tone Communication Technology Co., Ltd. (GTCOM)
新潮澎湃
CWAVE

新媒体主管
董晨曦 / 金维忻
New Media Executive
Dong Chenxi / Jin Weixin

法律顾问
北京市乾坤律师事务所
Legal Counsel
Beijing Qiankun Law Firm

声明

《中国建筑文化遗产》丛书是在国家文物局指导下，于2011年7月开始出版的。本丛书立足于建筑文化传承与城市建筑文博设计创意的结合，从当代建筑遗产或称20世纪建筑遗产入手，以科学的态度分析、评介中国传统建筑及当代20世纪建筑遗产所取得的辉煌成就及对后世的启示，以历史的眼光及时将当代优秀建筑作品甄选为新的文化遗产，以文化启蒙者的社会职责向公众展示建筑文化遗产的艺术魅力与社会文化价值，并将中国建筑文化传播到世界各地。本丛书期待着各界朋友惠赐大作，并将支付稿酬，现特向各界郑重约稿。具体要求如下。

1. 注重学术与技术、思想性与文化启蒙性的建筑文化创意类内容，欢迎治学严谨、立意新颖、文风兼顾学术性与可读性、涉及建筑文化遗产学科各领域的研究考察报告、作品赏析、问题讨论等各类文章，且来稿须未曾在任何报章、刊物、书籍或其他正式出版物以及新媒体发表。
2. 来稿请提供电子文本（Word版），以6000~12000字为限，要求著录完整、文章配图规范，配图以30幅为限，图片分辨率不低于300 dpi，须单独打包，不可插在文档中，每幅图均须配图注说明。部分前辈专家来稿，可安排专人录入。
3. 论文须体例规范，并提供标题、摘要、关键词的英文翻译。
4. 来稿请附作者真实姓名、学术简历及本人照片、通讯信址、电话、电子邮箱，以便联络，发表署名听便。
5. 投稿人对来稿的真实性及著作权归属负责，来稿文章不得侵犯任何第三方的知识产权，否则由投稿人承担全部责任。依照《中华人民共和国著作权法》的有关规定，本丛书可对来稿做文字修改、删节、转载、使用等。
6. 来稿一经录用，本编委会与作者享有同等的著作权。来稿的专有使用权归《中国建筑文化遗产》编委会所有；编委会有权以纸质期刊及书籍、电子期刊、光盘版、APP终端、微信等其他方式出版刊登来稿，未经《中国建筑文化遗产》编委会同意，该论文的任何部分不得转载他处。
7. 投稿邮箱：cah-mm@foxmail.com（邮件名称请注明"投稿"）。

《中国建筑文化遗产》编委会　2020年8月

目 录

CONTENTS

目 录

CONTENTS

张钦楠先生致《中国建筑文化遗产》编辑部的赠书函

我今年 89 岁，正在快步迈向人生的必然结局。在此时刻，回顾过去，最宝贵的莫过于来自各位师长的教诲和亲友的鼓励与帮助。

我总想有什么合适的纪念品可以奉送给各位师友。终于找到了，这就是我现在奉上的《20 世纪世界建筑精品 1000 件》（10 卷本）。

这是在 20 世纪末，中国建筑学会为将于1999 年在北京召的第 19 次世界建筑师大会策划的一项工作，用以表彰和纪念20 世纪全球建筑师的光辉业绩。在学会时任理事长叶如棠的直接指挥下，在国际建协主席和秘书长的亲切关怀下，在中国建筑工业出版社刘慈慰社长等的支持下，我们聘请了美国哥伦比亚大学建筑学教授肯尼斯·弗兰姆普敦为总编，他提出了"十区五段千项"的总原则，即将全球分为十大区，每区聘请中外编辑各1名和 5~6 名"评论员"负责从本区 20 世纪每 20 年的建筑作品中选出最有代表性的 20项左右的精品，每区合计100项，形成1 000 项的精品集，然后分头收集图片并撰写文字评介。在全球近百名中外建筑专家的协同努力下，形成了这套图文集，由中国建筑工业出版社与奥地利斯宾格勒出版社合作于 2002 年以中英文出版精装本全球发行，但由于成本高，印刷和销售量有限。2018年，北京生活·读书·新知三联书店认识到本丛书的现实文化价值，对图片用最新技术再复制并对全书重新编排刊印了适应于广大建筑界、文化界工作人员以及院校师生的普及本，出版后得到了各界的肯定和赞赏。东南大学建筑学教授鲍家声称丛书"作为经典将永载史册"。建筑评论家金磊称它"为全世界留下了弥足珍贵的 20 世纪建筑遗产"。考虑到它的长久保存价值，我郑重地将这套具有"人造化石"价值的精品集作为纪念品奉献给我敬爱的师友，以表达我对各位在我生命各阶段给予的教诲、指导、启示和鼓励的深切感激心情。

20世纪世界建筑精品1000件（10卷本）

    敬祝各位身体健康，万事如意，为建设事业作出更多贡献。

张钦楠敬上

2020年11月

中国建筑文化遗产传播研究"拾"金联想

金磊

2020年10月29日，中央十九届五中全会发布了历史交汇点上的宏伟蓝图——《中共中央关于制定国民经济和社会发展第十四个五年规划和二〇三五年远景目标的建议》，使认知世界百年未有之大变局成为历史命题，更明确了构建高水平开放经济新体制的新机遇。其中强调要加强文化强国建设的时间表，使早在十七届六中全会提出的文化强国战略得到"落地"。实践证明，面对各种风险挑战，文化总是重要力量之源。也正是在10月29日，笔者完成了7 000字的建议书——《关于"文化北京"城市与建筑传承创新的思考及五点建言》，向北京市有关部门表达了如何从"文化强市"走向"文化强国"，如何完成"遗产强国"保障"文化强国"的目标与任务。伴随着2020年10月31日世界城市日的到来，已有一系列文化城市活动应关注：其一，为庆祝第15个"世界音像遗产日"，10月27日—28日，旨在探讨数字档案保护政策的"联合国教科文组织保护濒危文献遗产政策对话会"召开；其二，11月4日，2020年中国世界文化遗产年会暨城市市长论坛召开，旨在通过阐述良渚古城遗址申遗成功的意义，找到延续城市特色、传承中华优秀传统文化的方法；其三，11月4日第三届中国国际进口博览会开幕，其价值是给不确定的世界一个坚定的承诺，为世界提供共享的市场，并作为连接起中国与世界的纽带，彰显了文化自强的中华魅力。

2020年10月，《中国建筑文化遗产》编委会主办了一系列有历史价值、有当代意义的学术活动，使传承与创新思想得到传播与挥洒。（1）10月3日—4日在辽宁义县奉国寺举办了"守望千年奉国寺·辽代建筑遗产保护研讨暨第五批中国20世纪建筑遗产项目公布推介学术活动"，在中国文物学会、中国建筑学会的支持下，单霁翔会长、修龙理事长的致辞分别强调了在千年奉国寺庆典到来之际举办的20世纪建筑遗产公布推介，是传承奉国寺辽代古建筑千年文化的一脉相承之举，更是向中外彰显中华文化古城金字招牌的必然，它乃传承与创新讲述遗产保护"故事"的一种接续。可敬的是，中国营造学社开创者之一刘敦桢之子，已90岁高龄的东南大学建筑学院刘叙杰教授亲临会议。他的致辞感染了大家，同时也对《中国建筑文化遗产传承发展·奉国寺倡议》进行了解读。（2）10月11日—13日在江西赣州龙南市各级领导支持下，建筑文化考察组走访了十多处龙南客家围屋，为其建筑遗产的精湛与整体保护水平而赞叹，尤其是将其融入城市与建筑观念。举办龙南客家围屋建筑遗产保护与利用高峰论坛恰逢其时，从此意义讲，这也是《中国建筑文化遗产》考察活动的重要成果。（3）在四川美术学院成立80周年之际，10月24日本编委会与四川美术学院公共艺术学院、重庆市历史文化名城专业委员会等共同举办的"重庆城市建筑思考：建筑·艺术·遗产"学术研讨会于川美黄桷坪校区召开。会议通过十多位专家的深度交流，在呼吁要加强城市记忆与风貌管理的同时，探讨了用建筑设计与艺术创作营造有生命力的城市文化地标的重要性。近八旬的重庆市建筑设计院院总建筑师陈荣华做了"论大礼堂、文化宫、大田湾体育场的美学呈现与历史经验"主旨演讲，揭示了城市建筑文化的精髓。笔者和郭晏麟院长共同做了小结，我讲了80年川美校庆、90年中国营造学社成立，同时纪念20世纪40年代在重庆与徐尚志大师开办事务所的戴念慈院士100年诞辰；郭院长介绍了将川美黄桷坪校区建设成为重庆长江美术半岛与重庆美术公园核心区的"艺术·空间·城市"总构想等。

如果说，与川美合作的学术研讨还具有协同合作推进成渝双城经济圈文化旅游产业大发展的作用，那么由10月以来的一系列建筑文化活动，还可联想到2006年首创的"重走梁思成古建之路四川行"的活动，想到在致敬20世纪遗产与现当代建筑大师时，要从建筑遗产方面策划好诸如2021年纪念梁思成先生"双甲子"的纪念活动等。10月3日辽宁义县会议上笔者与苏贵宏县长签订了"十四五"期间"文化义县"全方位文创合作战略协议，标志着以义县遗产保护为基础，打造优质IP价值且推动文旅发展新格局等正在酝酿之中，这不仅有资源整合的巨大潜力，也有文化IPd带来的新能量。

2020年11月

Reflections on Ten Years' Promotion and Research on China's Architectural Heritage

Jin Lei

On October 29, 2020, the fifth plenary session of the 19th CPC Central Committee issued *the Proposals for Formulating the 14th Five-Year Plan (2021-2025) for National Economic and Social Development and the Long-Range Objectives through the Year 2035*, an ambitious blueprint at an important juncture in history. While highlighting the fact that we are undergoing profound changes unseen in a century, the session also pointed out such changes presented a new opportunity for making institutional innovations to support an open economy of higher standards. It emphasized the timetable for making China a strong country in culture, calling for efforts to implement the strategy on developing a strong cultural power presented at the sixth plenary session of the 17th CPC Central Committee. Practice has proved that culture always plays an essential role when we face risks and challenges. At the time the Proposals were released, I also finished a 7,000-word proposal titled "Thought on City and Architectural Inheritance and Innovation in 'Cultural Beijing' and Five Suggestions", in which I proposed to relevant municipal departments how to transform "a strong city in culture" to "a strong country in culture" and how to realize goals and tasks in this regard through building "a strong country in heritage". To celebrate the World Cities Day on October 31, a series of activities around cultural cities were launched. For example, UNESCO Policy Dialogue on "Documentary Heritage at Risk: Policy Gaps in Digital Preservation" was staged on October 27–28 to celebrate the 15th World Day for Audiovisual Heritage, aiming at discussing policies for digital preservation of documentary heritage. On November 4, the 2020 China World Cultural Heritage Annual Conference and City Mayor Forum was held, in a bid to explore approaches to extend the city features and inherit fine traditional Chinese culture by illustrating the significance of Liangzhu Ancient City being included in the World Heritage List. And the Third China International Import Expo opened on November 4 has made a firm commitment to the world full of uncertainties. Both the shared market and the link between China and the world have manifested the cultural appeal of the confident Chinese nation.

The editorial board of China Architectural Heritage organized an array of academic activities with both historical and contemporary values to disseminate our ideas about inheritance and innovation. (1) We staged the "Protection of Fengguo Temple and the Liao Dynasty Architectural Heritage and Summary of Academic Activities of the Fifth Batch of Chinese 20th Century Architectural Heritage Projects to Announce and Recommend " at Fengguo Temple, Yi County, Liaoning Province on October 3–4. This event was supported by the Chinese Society of Cultural Relics and the Architectural Society of China, where Presidents Shan Jixiang and Xiu Long made speeches. Both of them stressed that publishing and promoting China's architectural heritages of the 20th century at the celebration for the 1,000-year-old Fengguo Temple can be regarded as the inheritance of profound architectural culture of Liao Dynasty, an inevitable choice to manifest the importance of ancient cities in Chinese culture to visitors at home and abroad, and a continuation of our heritage protection efforts through inheritance and innovation. I really admire Professor Liu Xujie at School of Architecture, Southeast University, who is the son of Liu Dunzhen, a founder of the Society for the Study of Chinese Architecture. Professor Liu, at the age of 90, addressed the event and everyone present was visibly moved. I also gave a speech titled "Fengguo Temple Initiative: Inheritance and Development of China Architectural Heritages". (2) A study group on architectural heritage visited many Hakka round houses from October 11 to 13 with the support of officials of Longnan, Ganzhou, Jiangxi Province. Marveling at the exquisite architecture here and the high level of protection, we planned to incorporate this heritage site into city and architecture concepts. At this opportune time, we held the Protection and Utilization Summit on Architectural Heritages of Longnan Hakka Round Houses, which marks a significant achievement made in our research mission. (3) On the occasion of the 80th anniversary of Sichuan Fine Arts Institute, the editorial board, together with School of Public Art of the institute and the Specialized Committee of Historic City, Chongqing Urban Planning Society, convened a symposium named "Thinking on Urban Architecture of Chongqing: Architecture, Art and Heritage" at Huangjiaoping Campus of the institute. Over ten experts exchanged ideas thoroughly about the significance of building vigorous cultural landmarks for a city by combining architectural mission and artistic creation, calling for the management of urban memory and features. Besides, Chen Ronghua, chief architect at Chongqing Architectural Design Institute aged nearly 80, gave a keynote speech "Aesthetic Rendering and Experience of Chongqing People's Auditorium, Working People's Cultural Palace and Datianwan Stadium", exploring the core of urban architecture. Guo Yanlin, Dean of School of Public Art, and I were asked to recap the discussion at the end of the symposium. I talked about the 80th anniversary of Sichuan Fine Arts Institute, the establishment of the Society for the Study of Chinese Architecture 90 years ago, and the commemoration of the 100th birthday of Academician Dai Nianci who set up an office with Master Xu Shangzhi at Chongqing in the 1940s. Mr. Guo presented the plan for "Art, Space and City", in which Huangjiaoping Campus of Sichuan Fine Arts Institute will be the core of Chongqing Yangtze River Fine Arts Peninsula and Chongqing Fine Arts Park.

Academic discussions with Sichuan Fine Arts Institute also contribute to the development of the cultural tourism of Chengdu-Chongqing economic circle. A series of architectural activities we have held since October remind me of "Retracing Liang Sicheng's Route for Protecting Ancient Buildings in Sichuan", a commemorative tour we organized in 2006, commemorative activities for architectural heritage in the 20th century and modern and contemporary architects, and the upcoming event in commemoration of the 120th birthday of Mr. Liang Sicheng in 2021. On October 3, I signed a strategic agreement on all-round cultural and creative cooperation with Su Guihong, the head of Yi County, to build a "Cultural County" during the 14th Five-Year Plan, thus generating an excellent brand, on the basis of heritage protection in this county, and forming a new pattern of cultural tourism development. This cooperation will not only integrate all resources to create greater potential, but empower the cultural tourism with cultural brand licensing and cultural and creative products.

November, 2020

有"世界围屋之都"美誉的龙南客家围屋，图为乌石围建筑群古韵（金磊摄，2020年10月12日）

Speech at the 2020 BRICS Seminar on Governance and Cultural Exchange Forum

"2020金砖国家治国理政研讨会暨人文交流论坛" 上的发言

单霁翔*（Shan Jixiang）

在国际博物馆协会第22届大会开幕式上致辞（拍摄于2020年11月6日）

阿斯旺大坝

埃及努比亚遗址

尊敬的各位专家学者，大家好！

今天非常高兴也非常荣幸地参加金砖国家人文交流论坛。一场疫情使我们前所未有地更加关注我们人类的环境、人类的生存状况。我们这个蓝色的星球已经有40多亿年的历史，我们人类在这座星球生活也已经有三百多万年。但过去的一万年我们已经从原始环境向往更加辽阔的生存空间。就在12月3日，中国的"嫦娥五号"上升器顺利飞离月球表面返回地球，这些都服务并促使我们长久地脚踏实地地生活在地球上和城市中。

城市是什么？它是我们今天人类居住的家园，同时也是我们人类智慧的结晶。这些城市中遗留了祖先创造的大量的奇迹，但是当它们受到威胁的时候，我们会举全国之力甚至国际社会齐心协力来进行拯救。如著名的埃及努比亚遗址，当阿斯旺水库建设的时候，它受到了威胁。当时埃及政府和其他50多个国家集体对其进行了拯救，使得我们今天仍然可以看到它完整的面貌。就是这样一次又一次的拯救行动使我们认识到，文化遗产不是一个国家、一个民族所独有的，它是人类共同的遗产。人类共同的遗产这个理念问世以后，国际社会很快达成了共识，于是在1972年诞生了著名的《保护世界文化和自然遗产公约》（以下简称《世界遗产公约》）。中国加入《世界遗产公约》时间相对比较晚，我们在1985年加入了《世界遗产公约》，但是中国在1987年就拥有了第一批世界文化遗产，当时包括6项：长城、周口店遗址、秦始皇陵兵马俑、故宫、敦煌莫高窟和泰山。

这些大型的、巨型的遗产被列入世界遗产也改变了我们对待这些文化遗产的态度。比如说泰山，我们过去保护的是那些摩崖石刻，今天我们知道这些摩崖石刻上面的内容与整个泰山文化是不可分割的，于是中国政府把泰山整体作为一个项目申报世界遗产获得了成功，也改变了世界遗产的内容。过去世界遗产只有文化遗产、自然遗产两类，泰山的加入就出现了第三类——文化和自然双遗产，我们更尊重人与自然共同创造的这些文化景观。

从那以后，很多的国际遗产会议不断在中国召开，我们同国际组织和国际各界加强交流，比如2004年在中国苏州召开了世界遗产大会，2005年在中国西安召开了国际古迹遗址理事会的全体大会，2010年在中国上海召开了国际博物馆协会第22届大会。这一次次交流使我们更加强了对于这些人类共同遗产保护的决心。我们也不断地跟国际组织的相关人士交流，比如，联合国教科文组织世界遗产中心主任班德林、国际古迹遗址理事会主持人贝萨特、著名意大利遗产学家布什那提，跟他们进行交流，如何才能把世界遗产保护得更好。我们每年只有一个名额进入《世界遗产名录》，为此必须付出不懈的努力。2004年中国的高句丽王城、王陵及贵族墓葬申报世界遗产成功，2005年澳门历史城区、2006年殷墟、2007年开平碉楼与村落、2008年福建土楼、2009年五台山、2010年登封"天地之中"历史建筑群、2011年西湖文化景观、2012年元上都遗址、2013年哈尼梯田均成功入选《世界遗产名录》。而2014年两项成功，一项是大运河，一项是丝绸之路，为什么能有两项呢？因为丝绸之路是跨国申报，中国、哈萨克斯坦和吉尔吉斯斯坦三国共同申报，用的是吉尔吉斯斯坦的名额。2015年土司遗址、2016年花山岩画艺术文化景观、2017年鼓浪屿申报成功，2018年"申遗"没有成功。事实上，

*中国文物学会会长、故宫学院院长。

没有一个国家年年都申报，更没有一个国家年年都成功，所以2019年良渚古城遗址申报世界遗产成功之时，中国一跃成为全世界拥有世界遗产最多的国家。

但我认为数量最多不重要，关键在这个过程中我们抢救保护了大量的世界遗产。我举三个例子，讲三个小故事。

五台山

一个是五台山。当年五台山提出申报世界遗产的时候，我们到现场发现20多个地点全需要整治。特别是核心的台怀镇的山下，居然汇集了上千个历史遗留下来的"小门脸"，要恢复它的景观就要付出努力，只有把这些问题整治以后，深山藏古刹的意境才会回来，才能成功申遗。

第二个例子是杭州的西湖。杭州西湖地处蓬勃发展的大城市中心的广阔区域，它的特色叫"三面群山一面城"，也就是说要保护三面群山就不会出现任何侵入文化景观的新的建筑，做得到吗？尤其是在快速发展的大城市周边。杭州作出了承诺，为了保护这处文化遗产，它走出了10年申遗路。今天大家去看，无论是荡舟西湖还是漫步苏堤，都看不到任何一栋侵入到西湖文化景观的新建筑。它一举成为世界遗产，贵在获得了保护。但是杭州的经济社会发展受影响了吗？没有。就从它申报世界遗产之时，杭州就坚定不移地从西湖时代走向了钱塘江时代，在钱塘江两侧气势磅礴地建了新的杭州城。几年前的G20峰会在这里召开，它的美丽图片传向了世界各地。

西湖

第三个例子是在去年。2019年世界遗产大会上中国提交良渚古城遗址时，我们进行了申报的陈述，有10个国家进行了发言，13分钟以后大会主席轻轻地敲响了锤子。实际在我看来这是一个重锤，因为它实证了中华民族五千年的文明。长期以来，国际社会的人士包括一些汉学家也在质疑，你们中国是不是只有三千多年的文明。其实我们的考古学家、历史学者几十年来通过中华文明探源工程早已在广阔的中华大地上，无论是辽河、黄河，还是长江领域，都实证了五千年文明。但良渚古城遗址作为世界遗产走向了国际社会并得到了认可，它距今5 300年到4 300年，在这1 000年的历史中，庞大的三重城墙的古城和它11条高坝、低坝、长堤组成的水利工程，实证了它确是一个国家的代表，也是五千年文明的实证。

在大遗址保护良渚论坛致辞
（2009年6月11日）

那么，良渚古城遗址成为世界遗产之前是什么样子的呢？就在十多年前它还是一般农村地区的景致，遗址里面还有印刷厂，老百姓搭建住宅，整个山区还存在不合理的开采。今天我们为保护这五千年文明的代表——良渚古城遗址，进行了艰苦卓绝的努力，使它真正地变成了一个值得尊重的遗产地。我们在良渚古城申遗的过程中喊出了一个口号："要叫良渚古城遗址像公园一般。"今天，走在世界遗产良渚古城遗址里我觉得非常地欣慰，它真正实现了像公园般的景色，过去稻作农业的田地，八个城门都是水城门，只有一个旱城门，今天都得到了再现。走近莫角山的山上宫殿，可以看到这些古迹、这些历史的墓葬群和宫殿遗址都得到了妥善的保护，博物馆隐蔽在良渚古城遗址的绿树林中，非常恰当地处理了新建筑与遗址的关系，但又将80多年前的考古资料和考古的出土文献进行了新的展示。

最近我去良渚考古遗址公园考察多次，虽然是疫情期间，但每天都有数以千计的观众来到公园。最让我欣慰的是70%到80%的观众都是年轻人，还有很多的国际友人。他们来到这个公园里参加各种活动，体会考古遗址给他们带来的惊喜。遗址展示中，当时粮仓部分有20万到30万公斤的粮食储存在这里，它无疑体现了国家的力量。遗产体验馆通过5G技术能够再现五千年辉煌的文明和当时人们的生存和生产的状况，同时还有大量的参与性的活动，使观众能在这里体验他们过去没有感受过的考古遗址给他们带来的愉悦。我也有幸在国际研学中心跟他们交流。年轻人组成的民谣乐队、国风乐队在这里频频演出。公园中养了鹿，人们和鹿接触，以家庭为单位的制作体验活动也在里面展开。总之，今天良渚古城遗址变成了人们能享受考古学文化，享受五千年文明的一个打卡地。

就是这样的世界遗产申报，使得我们今天可以关注那些乡土建筑、文化景观、文化线路、工业遗产，以及关心如何能够把文化遗产真正带入人们的现实生活。我们要努力实现习近平总书记反复强调的要"让收藏在博物馆里的文物、陈列在广阔大地上的遗产、书写在古籍里的文字都活起来"。以上，就是从共同保护的世界遗产上所获得的体会。

谢谢大家！谢谢！

Creative Evolution and Development of Chinese Traditional Culture in the Research and Development of Cultural and Creative Products

文化创意产品研发的"两创"启示

单霁翔*（Shan Jixiang）

文化自信感来源于文化认同感，真正的文化认同感则源于中国优秀传统文化。文化认同感是人类群体对于文化的倾向性共识与认可，使用相同的文化符号、秉承共同的文化理念、遵循共同的思维方式和行为规范、追求共同的文化理想是文化认同的依据。文化认同感对于人类个体、社会、民族和国家都有着巨大作用。文化自信与文化认同互为根据，互相成就。对个人而言，文化是个体识别的重要标志之一，是个体融入群体的依据。对于民族和国家而言，文化认同是群体形成的核心要素之一，是群体特性的表现，是区别"我们"和"他们"的依据，具有增强群体凝聚力的功能，是社会和谐统一的基石。在不同的文化进行交流之时，增强文化自信能更加坚定地以文明交流、文明互鉴、文明共存的立场，推动相互理解、相互尊重、相互信任，与其他文化及其族群在平等的关系下相互交流，共同进步。

博物馆及其文物是一种富含文化信息的载体，因此也是人们形成文化认同、建构自身身份从而实现文化自信的重要资源。新时期的博物馆除了表达民族认同，还能表达文化认同、国家认同、政治认同等，使参观民众对中国传统文化产生归属感，更好地适应当今这个变化的社会。博物馆作为文化事业的重要组成部分，通过展览、教育等传统方式，在提升文化认同感中起到独特的作用。在新形势下，就更加要求博物馆通过更多的途径和方式不断坚定文化自信，提升文化品格，以增强中华民族的自信心和向心力。同时也应该看到，随着时代的发展，博物馆的传统方式已经不足以满足大众日益增长的文化需求和文化消费诉求。

* 中国文物学会会长、故宫学院院长。

成立于1925年的故宫博物院，是明清两代皇家建筑群与宫廷史迹的保护管理机构，也是首批全国重点文物保护单位及中国最早被列入《世界遗产名录》的国家级博物馆，作为世界上唯一一座年接待观众达到千万级的博物馆，截至2016年底，故宫博物院共有1 862 690件（套）文物藏品。在未来的规划中，故宫博物院将以不断创新的文化传播方式为手段，发展成为亿万级访问量的博物馆。基于文化遗产保护的要求，故宫博物院的接待观众数量不可能无限增长。因此需要通过构建数字博物馆，研发文化创意产品，出版图书刊物等多种形式，从不同维度、面向不同受众，努力扩大博物馆文化传播的广度与深度，真正做到习近平总书记提出的"让收藏在博物馆里的文物、陈列在广阔大地上的遗产、书写在古籍里的文字都活起来"。

故宫博物院文化创意研发在经历早期探索阶段后，自2011年起逐步受到关注，截至2018年，故宫博物院共研发有11 900多种文化创意产品。随着文化创意的丰富及品质的提升，"故宫文创"在社会公众中的影响力不断提高，逐渐成为故宫博物院对外进行文化传播的重要

建福宫花园初雪

敬胜斋内景装饰

敬胜斋内景陈设　　　　　　　　　　乾隆花园建筑屋顶藻井

载体。故宫博物院也在文化创意产品研发过程中总结出以下十条体会。

以学术研究成果为基础。创造性转化和创新性发展要求我们不仅要尊重和继承中华优秀传统文化，而且要善于转化和发展中华优秀传统文化。在故宫文化创意产品的实际研发中，故宫博物院大量优秀的专家学者组成了科研中坚力量，他们的研究成果成为故宫文化创意产品研发的宝贵资源。文化创意产品研发人员邀请文物专家进行专项指导，深入梳理和解读文物藏品内涵，选取出特色鲜明且兼具文化价值、艺术价值与情感价值的文物元素，为文化创意研发寻找正确方向。研发部门将所选取的文物藏品元素详细介绍给设计团队，包括文物藏品的历史渊源、文化寓意、昔日的使用者及背后的故事等，使设计团队充分领会文物藏品所蕴含的文化底蕴，了解研发对象与传统文化的紧密关联，让文物藏品的气质与文化创意产品的品质有效结合。2012年"故宫人最喜爱的文物"系列评选活动就是集合故宫专家助力故宫文化创意研发的主题活动。在历时三个月的评选过程中，首先由故宫博物院学术委员会的22位专家组成评委会，通过评判文物的经典性、象征性、影响力等因素，结合文物的艺术欣赏价值，从26个文物大类中评选出书画、陶瓷、建筑、金银器等"十大类别"；随后由33位专家筛选出"十大类别"中的115件代表文物藏品，并将其纳入1 062名来自故宫博物院各领域职工的评选范围，最终从故宫上百万件藏品中评选出了包括绘画类《清明上河图》、陶瓷类《定窑白釉孩儿枕》、法书类《冯摹兰亭序》、建筑类"角楼"、金银器类"金瓯永固杯"等在内的10件"故宫人最喜爱的文物"。此后的文化创意实践不断证明，针对这10件集合故宫博物院全体专家、职工智慧而当选的文物进行文化创意研发，产生出了大量广受关注的精品，成为故宫文化创意中社会效益与经济效益兼顾的典范。

以文化创意研发为支撑。在注重文化深度挖掘的同时，应强调其故事性、艺术性、实用性、时尚性、创意性及功能性，提升受众互动体验，力求多元体现文化创意，使人们真实感受和正确理解故宫博物院所传递的文化信息，从而更好地构建文化认同感。例如"海水江崖"系列产品设计元素，提取自寓意"社稷永固、江山一统"的织绣龙袍以及永乐宣德青花瓷器藏品。"动意盎然"系列领带设计元素，源自院藏郎世宁绘画作品《弘历射猎图像轴》中飞奔的白色骏马，图案形象姿态豪放、动态盎然，产品有浅灰、浅橘、蓝绿和紫灰4种颜色，融合了现代人对色彩的审美追求。

以社会公众需求为导向。创新性发展，要求我们使中华优秀传统文化与当代文化相适应、与现代社会相协调，不断焕发新的生机活力，以滋养当代中国人的精神世界、提振当代中国人的精神力量。过去的博

敬胜斋侧景

敬胜斋入口上方挑檐及斗拱

故宫城墙步道

物馆纪念品过于强调历史性、知识性、艺术性，忽略趣味性、实用性、互动性而缺乏吸引力，与大量社会民众消费群体，特别是年轻人的购买诉求存在较大距离。如果要传播好传统文化，就要与时俱进、贴近人们的需求，例如故宫最受欢迎文化创意产品之一"朝珠耳机"，便是文化、时尚与功能的结合。耳机是现代人日常生活中不可或缺的功能性产品，特别是年轻人在购买耳机上，更有着通过佩戴耳机彰显个性的需求。因此将耳机的功能性与朝珠这一文化载体相结合，所产生的文化创意，立即引发了年轻人对故宫文化创意产品的关注。通过拉近传统文化与现代生活之间的距离，从简单说教式的灌输转变为感染式的对话，进而在使用的过程中引发对传统文化的兴趣。

以文化产品质量为前提。文化创意产品不是简单的一般商品，也不是一般的销售品，而是代表着博物馆的身份和尊严进入市场的文化产品。故宫文化创意产品应是文化精品，在传递优秀传统文化的同时，也要有精湛的工艺制造。故宫博物院在研发文化创意产品的过程中，适时提出从"数量增长"走向"质量提升"，在后期不断加强对产品设计、生产、营销各个环节的把控，力争"故宫出品，必属佳品"。

以科学技术手段为引领。故宫文化创意产品的另一种表现形式是新媒体和数字化建设。为了使更多观众了解故宫文化，故宫博物院建立"数字故宫社区"，不断研发优秀的数字文化创意产品。这种形式突破地理的限制，通过官方网站、各类应用软件、社交媒体等，让世界各地的人们在线上感受故宫的文化魅力，体味中国传统文化。同时将专家的研究成果与民众感兴趣的话题紧密结合，利用更加亲切、更加口语化的方式向大众传播，深受年轻观众的喜爱。

以营销环境改善为保障。为推动中华优秀传统文化创造性转化，针对红墙内古建筑区域，故宫博物院开展"去商业化"行动，拆除了昔日占用古建筑的故宫商店的临时建筑，还故宫古建筑以尊严，着重塑造产品、环境、文化内涵为一体的整体文化体验空间，将文物商店转化成为"文化创意馆"，使之成为离开博物馆前的"最后一个展厅"，通过参观让传统文化"飞入寻常百姓家"。

以举办展览活动为契机。故宫博物院为配合每一次的展览活动，及时研发与展览主题相吻合贴切的文化创意产品。观众可以在附近的随展馆，看到与此次展览相关的随展文化创意产品，真正做到了文化传播的"立体化"，即相关出版物、学术研讨会、数字技术应用、文化创意产品、媒体宣传等，使每一系列配合展览主题的文化创意产品的推出，都能够获得观众的喜爱，让更多的观众实现"把故宫文化带回家"。

以开拓创新机制为依托。不断创新研发和营销机制，是发展文化创意产品的基础和动力，也是推动中华优秀传统文化创造性转化和创新性发展的助推力。通过不断引进专业人才，改善自主

建福宫花园一隅1　　　　　　　　　建福宫花园一隅2　　　　　　　　　建福宫花园一隅3

研发团队结构，与专业团队合作，制定授权管理规定，保障研发工作的创新性和专业性。

以服务广大观众为宗旨。研发过程与持续的市场调查并线而行，始终坚持以服务广大观众和社会公众为宗旨，围绕深厚的文化历史内涵，依托丰富的文化资源，通过文化创意产品将文物背后的富有永恒魅力，具有当代价值的人文情怀、艺术造诣、优秀文化精神弘扬开来，播种在广大观众和社会公众心中。

以弘扬中华文化为目的。故宫博物院作为中国文化的代表，以传播优秀中华传统文化为己任，通过深入挖掘丰富文化资源，研发出传统文化元素突出的文化创意产品，使之符合时代审美，贴近观众实际需求，在发出中国声音的同时，讲好中国故事。自2015年开始，故宫博物院积极参加国际授权展等世界性的展会，通过国际性的平台积累经验，向世界展示、介绍、传播故宫文化，特别是把中华民族优秀传统文化通过适宜的传播方式展示给世界，实现中华文化在对外传播上的创新性发展。

故宫博物院学艺馆内景1

今天，中国国内越来越多的博物馆，都在努力以文化创意产品的形式让博物馆文化走进千家万户，越来越多的社会民众过年贴的是故宫春联，使用故宫日历看日期，年轻人踩着敦煌博物馆的滑板，用着国家博物馆的书签，喝着苏州博物馆的茶，收集着各个博物馆的胶带做手账。越来越多的品牌与博物馆进行授权合作，实现了产业升级。将文化创意通过整合注入到制造产业中，为制造产业添加新的活力与动力，也使制造产业的创新意识推动文化创意的不断发展，真正做到制造产业文化化，文化创意产业化。我们更欣慰的是，越来越多的年轻人将去博物馆作为一种新风尚，他们愿意经常走进博物馆参观，文化自信心在整个过程中不断地被加固，文化认同感在一件又一件的文物和历史故事中不断增强，而这种强大的认同感，能让我们向着同一个方向前进，能够进一步促进为建设中国特色社会主义文化强国固本拓新，为构建人类命运共同体奠定基石。

故宫博物院学艺馆内景2

Research on Architectural Inheritance and Innovation in Beijing during the 14th Five-Year Plan: Written on the Eve of the 120th Anniversary of Liang Sicheng, Who Paved the Road of Chinese Architectural Heritage in the 20th Century

北京"十四五"期间建筑传承与创新问题研究
——写在铺就20世纪中国建筑遗产之路的梁思成诞辰双甲子前夕

金 磊*（Jin Lei）

摘要： 创意虽是城市发展的核心竞争力，但缺少传承的文化创新，是没有生命力的。国内外的城市文化发展一再证明：从时间纵轴，可以"以史明鉴"并推演发展态势，而区域比较的"兼容并蓄"更能从中发现关键差异。在文化成为城市经济的内在品性和高级形态的当下，北京的首善文化已备受关注，尤其综合评介是要产生辐射带动作用。党的十九届五中全会提出的"文化强国"建设是庞大的文化系统工程，只有做到"文化强市"，北京才算是为"文化强国"建设贡献了北京智慧。

本文基于2020年10月末参与北京市"十四五"规划建言献策的文论，围绕北京作为历史文化名城与国际化大城市，应有怎样的文化格局展开。北京"文化强市"的规划，无论是标志建筑、标志性的城市符号乃至市民理念，都离不开北京融入现代文化建设的信心，都需要传承与创新的建筑文化的纯粹，都需要关注城市历史空间的丰富内容。2021年4月将迎来中国20世纪建筑学家梁思成（1901-1972）诞辰双甲子，文章还立意于他对首都北京城市建筑的贡献，研讨该如何纪念学术巨人的思路。

关键词： "十四五"文化规划；北京文化强市；遗产强国；20世纪遗产；梁思成精神遗产

Abstract: Creativity is the core competitiveness of urban development, but cultural innovation without inheritance has no vitality. The development of urban culture at home and abroad has repeatedly proved that learning from its past we can infer the development trend, while learning from others we can identify key differences and become more inclusive. Today, when culture has become an intrinsic character and advanced form of urban economy, Beijing's culture towards the "Prime Virtue" has drawn much attention, especially when it is evaluated for its overall ability to facilitate the development of surrounding areas. The development of a strong socialist culture in China proposed on the Fifth Plenary Session of the 19th CPC Central Committee is a tremendous cultural system project. Only by making Beijing into a strong cultural city can Beijing contribute its wisdom to the development of a strong socialist culture in China. Based on an article making proposals to Beijing's 14th Five-Year Plan at the end of October, 2020, this paper focuses on what kind of cultural pattern Beijing should have as a famous historical and cultural city and an international metropolitan. The planning of a strong cultural city in Beijing, whether through landmark buildings, iconic city symbols or even citizens' values and ideas, cannot be separated from Beijing's confidence in integrating into modern cultural development, and thus requires carrying forward and innovating the pure architectural culture, and the attention to the rich contents of urban historical space. April 2021 will mark the 120th anniversary of Mr. Liang Sicheng (1901—1972), a 20th century

* 中国文物学会20世纪建筑遗产委员会副会长、秘书长
中国建筑学会建筑评论学术委员会副理事长
《中国建筑文化遗产》《建筑评论》"两刊"总编辑。

Chinese architect. The article also discusses Mr. Liang's contribution to the urban architecture of Beijing, and how to commemorate the academic giant.

Keywords: the Cultural Plan for the 14th Five-Year Plan Period; Beijing as a Strong Cultural city; a Country with Influential Heritages; 20th Century Heritage, Liang Sicheng's Spiritual Heritage

一、引言

从"十三五"收官看，北京这个千年古都高质量发展，已在问计于民的共建共治共享上拥有了不同层面的顶层设计。2017年9月29日，《北京城市总体规划（2016-2035年）》"新总规"正式发布，它是中华人民共和国成立后的第七版北京城市总体规划，在明确"都"与"城"的关系后，再次强调"四个中心"的定位，确定未来20年的发展目标，即"要立足北京实际，突出中国特色，按照国际一流标准，坚持以人民为中心，建设国际一流的和谐宜居之都。"从可"赞"的点上讲，有高标准引领，助推北京城市建设的高品质发展，有一系列创新项目的涌现，文化惠民的力度及覆盖面都使首都北京在全国位居前列。但若从"十四五"时期国家开启"第二个百年奋斗目标"看，北京确应在诸方面筑牢发展根基，并在建设国际一流首都"文化强市"上创新思维，认真发现"短板"。贵在要立即解决老城与历史建筑不可再拆的问题，推动北京文化建设的高质量发展。

如在多方面审视城市精神品质背后传承与创新问题上，北京城市文化建设的发展尚未做到"多维度"，以往太过关注宏观的城市产业的发展，对包括城市对传统文化的传承认知不够；仅满足于用传统思维去修编历史文化名城保护条例，调整历史街区与历史建筑管理办法；满足于用修复历史文脉和胡同肌理等同于开展了城市更新的创意设计与建设，而对具有国际视野且代表《世界遗产名录》大趋势的（如20世纪建筑遗产）认知不够，以致近年来的全国重点文物保护单位名单中，北京20世纪建筑遗产项目入选数量不多……据此，本文从国际化视野与当代中国顶层设计、"十四五"规划层面的"文化城市"建设角度，学习并借鉴了国外先进文化导向的城市传承与更新策略，具体谈五点思考及对策，以期在梳理新与旧交融上，为人民不断增长的精神需求与国家文化自信，提升理念并扩容城市文化新空间。首都北京无论从任何方面都该为建设"文化强国"在文化治理与创新上提供"北京智慧"，无论从北京文化的禀赋特征与内在价值、历史传承与创新发展、传播途径与方式方法诸方面，北京"十四五"文化规划都要高屋建瓴、脉络清楚，用改革之思大胆解读新格局与新趋势，重在通过挖掘并提升北京市民建筑审美与北京城市文化特质，在全国率先培育一个可永葆北京城市"生命印记"的市民社会，这是"文化强市"的姿态、胸襟与高度这一举措既是政府服务社会的睿智，更是让全社会共享发展的"红利"。

文化是什么？有无数解释，是对城市建设有独具特色与厚重典雅的，更是务实笃行与刚柔相济的，特别需要有广阔胸襟与世界语境的文化建设之策。对社会与公众的守望而言，文化本身又是人类对自身生命过程的一个解释系统，确实可以帮助自身应对生存困扰，发现希望。文化传承至少有三个要素，即文化现象是历史发生的，需一以贯之的、一直发生且产生作用的，任何超越规律的文化"建设"，本质上都可能是一种破坏。所以，忧患意识是传统与当代建筑保护最需要的文化观。关注、理解、认同与行动是建筑遗产保护之关键。如何使北京文化与遗产保护知识普及到位，体现在对古建筑上的认知，尤其对理解故宫文化显得尤为重要。如在"丹宸永固——紫禁城建成六百年"展览活动中，通过"宫城一体、有容乃大、生生不息"三大主题，系统展示了紫禁城规划、布局、建筑、宫廷生活，以及建筑修缮与保护印记，尤其将紫禁城与北京城的关系作了命运般的陈述，北京人不了解紫禁城不行，对于北京文化的认知更缺不了故宫。但当下绝不可曲解了城市更新，不可对既有建筑设计与传承利用缺乏策略。北京是古都，更是现代化国际大都市，建设文化北京不仅要见证紫禁城历史，还必须留存并发展好现当代建筑遗产。如弗兰克·彼得·耶格尔编著的《旧与新——既有建筑改造设计手册》，从更新观念、改造设计技法与技术操作层面，展示了自2006—2009年世界多国既有建筑改造设计的好案例。中外城市更新中涉及的既有建筑，一般指尚存的所有建筑，包括具有一定历史文化价值的历史经典建筑，也有大量存在的一般性建筑。城市更新（含有机微更新）涉及技术设备的翻新，包括室内外环境的原真性之价值判断和深层次文化背景、城市情感等因素。

二、北京应率先在全国成为传承与创新城市建筑遗产的榜样

以下从北京应率先开展的城市文化建设谈五点思路。

建言1：20世纪建筑遗产保护传承的示范

2020年9月下旬在"北京城市建筑双年展2020先导展"上，由中国文物学会、中国建筑学会支持，中国文物学会20世纪建筑遗产委员会举办了"致敬中国百年建筑经典——北京20世纪建筑遗产"展览，展示了自2016至2019年，向业界与社会公布推介的四批396项中国20世纪建筑遗产项目中北京入选的情况，并从国际化及中国建筑文化的自信诸方面，解读了背景20世纪遗产的特殊分量（《中国20世纪建筑遗产大典（北京卷）》，2018年出版）。从联合国教科文组织每年发布的《世界遗产名录》看，各国20世纪经典建筑与世界当代设计大师的作品已经纷纷入选。截至2019年第43届世界遗产大会统计，在总计1 121个遗产项目中，文化遗产占869项，其中还有近百项属20世纪遗产，占总遗产及文化遗产的比例为1/11和1/8，但遗憾的是中国作为世界遗产数量大国尚没有20世纪遗产及著名建筑师入选。

瞩目国际视野，中国确已有所行动，推介了共计4批396项"中国20世纪建筑遗产"，它们分布在全国30余个省市。其中，北京"国庆十大工程"等88项作品入选，居全国之首。这些作品设计风格多样，传承与超越传统建筑技法，成为古都北京的当代缩影及联系历史的纽带。它们构成的记忆载体，连同那些创造了它们的建筑师、工程师们一道，串起了北京百年建筑的经典城市篇章。北京建筑形式的多元与丰富至少有9大类型：纪念建筑9项，如毛主席纪念堂等；宾馆建筑9项，如北京友谊宾馆等；观演建筑8项，如人民大会堂等；教科文建筑34项，如中国美术馆等；办公建筑8项，如"四部一会"办公楼等；体育建筑5项，如第十一届亚运会国家奥林匹克体育中心等；住区建筑5项，如台阶式花园住宅等；交通与工业建筑4项，如京张铁路南口段至八达岭段等；医疗建筑3项，如北京儿童医院等。北京20世纪建筑遗产的"闪光点"，更表现在中华人民共和国建成项目占80%的高比重上，从一定侧面反映了值得大书特书的首都建筑师的非凡贡献。展览共涵盖了35位对北京20世纪建筑遗产项目作出成绩的中外建筑师，实现了"见物与见人"和从作品见设计精神的难得深度。这些建筑师的年龄跨度从1888年出生的庄俊到1962年出生的庄惟敏，其间相距近百年。这不仅体现对中国建筑经典与建筑师的敬畏之情，也是以建筑历史的名义给文化北京"筑史"的最真挚书写。

具体建议： 北京要在全国率先珍视20世纪建筑遗产，这是一项专业化行动，但确有学术与社会基础，如对中华人民共和国成立至1999年评选过的三次"北京十大建筑"（2009年评选了第四批"北京十大建

人民大会堂

军事博物馆

民族文化宫　民族饭店

钓鱼台国宾馆

北京火车站

全国农业展览馆

北京工人体育场

华侨饭店

中国革命博物馆和中国历史博物馆

筑"），是否应考虑按国际通用规则，整体申报第九批全国重点文物保护单位呢？在此基础上，将有希望把中国杰出建筑师的作品系列纳入国家"申遗"预备名单。如张镈大师（1911—1999年），他一生的百余作品中就有人民大会堂、民族文化宫、北京饭店、北京友谊宾馆、北京自然博物馆、北京友谊医院、民族饭店、全国供销合作总社办公楼等8项入选中国20世纪建筑遗产项目名录。当然还可以例举出许多建筑师的功绩。

建言2：应率先在《建筑遗产保护法》立法上作出突破

已经修订了多年的《中华人民共和国文物保护法》，是国家文物管理的保护大法，但由于其涵盖面广泛，不可能对全国所有复杂分类的建筑遗产提出明确保护要求与界定措施，因此，从北京建筑遗产保护的实际出发，按照《中华人民共和国立法法》（简称《立法法》）界定的省（市）立法权限，北京要依法保护城市化进程，建筑遗产的法治保障显得极其必要。2015年我国对《立法法》（颁布于2000年3月）予以修改变动的条文，占原法律条文数量的近1/2，专门赋予设区的市以地方立法权。面对全国建筑遗产保护与城镇化发展的矛盾，面对国家（省市）文保单位授权的限制，关系国计民生与城市文脉的20世纪建筑遗产领域却存在法律保护的"空白"，也跟不上国际上20世纪遗产发展的大势，所以从保障人民基本文化权益、城市发展目标及文化法律制度诸方面，以《立法法》为依据，率先研究《建筑遗产保护法》极为迫切与必要。

为了响应国家文化复兴的号召，不少既有建筑都保留了属于自身的文化标签和形象标志，而简单地一拆了之成为城市建设的"败笔"。利用20世纪建筑遗产讲百年的特色故事，激发旧建筑的新活力，甚至嫁接新兴业态成为潜力无穷的事。就20世纪建筑遗产的城市更新和既有建筑活态利用来说，相当于激活生根于城市的精神脉络，它能使改善民生与保护历史风貌并举，能在强化优秀历史建筑严管制度的同时，有效避免人为毁坏。国家文物局早在2008年就发布《关于加强20世纪建筑遗产保护工作的通知》，2018年6月27日又印发《不可移动文物认定导则（试行）》。《导则》第七条强调对近现代建筑，从工业建筑到名人旧居、传统民居，乃至所有建筑类型都要重视，尤其强调对新建材新科技的使用，从年代划分上指向1949年以后的时段，特别重要的是要审视具有典型代表性的建筑；《导则》第九条更加具有20世纪建筑遗产内涵，不仅有近现代重要史迹遗址（战争、工业、重大事件等），还涉及"见物见人"的历史遗存，强调历史、艺术、科学价值的突出作用。此"导则"无疑是在改革开放40年，以文博建筑改革之名，对中国20世纪建筑遗产作出"立法"贡献。应该看到，中国20世纪建筑遗产项目认定，自一开始就紧紧把握国际化趋势，使中国建筑遗产保护步伐与世界同步。2018年9月末住建部针对20世纪建筑遗产保护，换视角发布了《进一步做好城市既有建筑保留利用和更新改造工作的通知》，该要点直指新中国及改革开放后，各地对一批公共建筑更新用简单拆除的粗暴。如对20世纪建筑遗产的保护必将以城市为引，为丰富文化遗产保护体系建立思路。据此，住建部对既有建筑的通知中又规定了四方面遗产保护有机更新机制：（1）做好城市既有建筑基本状况调查，对存在问题的既有建筑建台账；（2）制定引导和规范既有建筑保留和利用的政策；（3）在加强既有建筑更新改造管理中，按历史文化保护原则，传承文脉；（4）对拟拆除的既有建筑要严格履行报批程序，特别要求对体现城市特定发展阶段，反映重要历史事件，凝聚社会公众情感记忆的既有建筑，要尽可能更新改造利用。

具体建议：2020年住建部、国家发改委的一系列文件强调要加强城市与建筑风貌管理，如要求"保护历史文化遗存和景观风貌，不拆除历史建筑，不拆传统民居，不破坏地形地貌，不砍老树"等。事实证明，一个有生命力的城市文化地标，不是凭借炫目奇特的视觉效果和文化元素的简单堆砌，而要看其是否流淌着活生生的历史文脉，是否唤起人们共同的情感记忆。北京确有必要率先在建筑遗产保护与利用上"立法"，不仅使通过建筑挖掘城市历史资源合法化，更为创建并拓展文化城区提供保障。它至少应有如下举措：建立建筑遗产普查认定公布责任机制；建立城市更新改造对建筑遗产的先普查后征收制度；建立建筑遗产保护规划设计管控机制（含国家、北京市的专家评审机制等）；建立对传统建筑构件及相关历史档案资料的回收利用机制；建立建筑遗产的预警、活化利用的系统化发展机制；建立建筑遗产保护与检测结果向社会公开机制等。

建言3：应率先利用"阅读季"，开展市民建筑文化阅读

从城市文化建设上看，读书或阅读乃一切文化及启蒙教育最可贵的事，阅读应融入城市的文化根脉及公众的精神血脉中。北京每年的"读书季"，突破了传统书业经营模式，创造性应用"跨界"理念，打造复合式、一站式的阅读文化中心。"阅读空间"虽遍及京城，但尚未解决读什么的问题，尚没有普惠公众的建筑文化与城市文脉类图书"菜单"（全国各城市也一样）。尽管有人讲，漫无目的的阅读最令人着迷，但如果让中小学生从孩童时就从阅读城市与建筑入手，他们会从一个城市、一个街区、一个学派乃至一个群体去认识城市建筑演化的时代，发现北京的某个建筑背后还有那么多丰富的故事。为什么要"读城"？为什么要选择"读建筑"？建筑界有太多的用自身的研读进行"城市阅读"的跨界者，文学界也有不少大家一直倡言并关注建筑领域，如冯骥才、刘心武、张抗抗、肖复兴等都有专论建筑师与建筑文化的专著问世，重要的是建筑与文学家的交流，确实对建筑评论与鲜活且理性的建筑文化有帮助，问题在于我们如何恰如其分地搭建城市阅读的平台。如"礼士书房"所在地为与新中国同龄的北京市建筑设计研究院有限公司尚存的最后一处"建筑遗产"地，无论对北京建院办公楼群，还是南礼士路62号前前后后，它均已成为20世纪50年代的"精神地标"，这里有太多反映中华人民共和国建筑初创的"故事"。

具体建议： 恰如良好的文化、优质的学说和思想，对每个成长的人、一方城市的水土之养育和滋润之功是无尽的助力一样，希望北京规自委与教委、出版管理方等牵头，在每年的读书活动中，有意识、有目标地融入建筑文化内容，可行的做法参考如下。

（1）以建成且正在使用的公共图书馆（含高校）为载体，邀请建筑师为公众讲述图书馆建筑背后的故事。这样的嵌入式交流互动，可吸引读者的兴趣，特别是养成读者每进入一个馆舍都要思考的习惯，了解它的建筑师是谁，其背后有哪些趣事及感人故事。如北京图书馆老馆（与北海公园相邻），已有百年历史，其中发生了什么演变？在北京图书馆新馆（白石桥紫竹园公园相邻）的建设过程中，周恩来总理如何关怀，其中"五老方案"怎样确定，该建筑出现的五位老一辈建筑师都是谁？他们用作品为北京、为中国书写下怎样的建筑风采等，这样的阅读多么有价值。（2）北京应支持于2008—2010年举办过三届的"中国建筑图书奖"的评选活动，其意义不仅在于向业界及社会推荐建筑、城市、艺术类好书，还在于普及建筑文化，解读对北京建筑有贡献的建筑师与工程师乃至建筑作品。

建言4：应重塑"人文奥运"理念，并纳入2022年冬奥会建设中

2019年2月，北京冬奥组委发布了《2022年北京冬奥会和冬残奥会遗产战略计划》（以下简称《遗产战略计划》），这个"一场一策"的《遗产战略计划》是奥运会筹办者需要完成的创造性工作，也是奥运会将带来的有形遗产。2008年北京夏季奥运会与2022年北京冬奥会，使北京成为世界上第一个在一个城市先后承办两届奥运会（夏季与冬季）的城市，所以总结并提升奥运遗产是件大事，奥运遗产既包括有形的，也包括无形的。无论夏、冬季奥运会，其遗产都是奥运会成功举办的成果之一，包含所有通过举办奥运会而为观众、为城市乃至区域发展以及奥林匹克运动带来的有形和无形的长期收益。如2022年遗产战略计划就包括体育、经济、社会、文化、环境、城市发展和区域发展等七大方面的35个重点领域。需要说明的是，在文化建设与城市发展上，并没有发现筹划奥运文化对城市发展的影响的细节，在"绿色办奥、共享办奥、开放办奥、廉洁办奥"的四大冬奥会理念上，也未体现2008年奥运会提出的人文奥运的可持续原则。无论从哪方面讲，北京作为千年古都、文化城市其冬季奥运会都不应该缺少拥抱世界的人文情怀，这是中华民族文化自信的标志，是北京奥运遗产的可持续性表征。

具体建议： 在坚持"创造冬奥遗产，带来发展动力"的同时，现行的一系列举措，要力求体现奥林匹克的可持续发展理念，至少应在自身提出的理念上有传承，如十几年前倡导的"人文奥运"理念不应丢失。2020年2月，国际奥委会批准"北京国际奥林匹克学院"的命名，并正式将"北京国际奥林匹克学院"列入国际奥林匹克研究机构名录，如果从该学院肩负的使命看，"人文奥运"理念的教育、普惠作用就是最不可缺失的。北京开创性地成为"双奥之城"，传承"人文奥运"遗产的初心应贯穿始终。以北京正筹建的京张铁路遗址公园为例，它是个绝好体现人文奥运遗产的文旅项目，应努力挖掘百年京张铁路的文化自信与自觉，编织好冬奥会的"人文奥运"品牌并向世界传播中国奥运遗产，具体有三点思考。

（1）虽然京张铁路遗址公园短期难有令人忘怀的高品质藏品吸引众多文博和城市专业学者的目光，但由于它一开始即在探寻文博场馆天地与文化发展，所以，它一定不仅仅是表达，还几乎可以定义出最新的社会价值和人们的体验。京张铁路遗址公园的新功能、新作用、新的运营方式及其发展潜力，会造就意想不到的重生机会，构建面向海内外公众与中小学生的发展的必然。

（2）京张铁路遗址公园用文博园区推进城市文化进程。任何文博园区的成功，不仅体现在建筑有象征意义，更体现在社会可鉴的城市文脉上，也就是说它可以是天生"漂亮"的建筑，但对城市而言更是一个有文脉的"装饰品"。它应是令人敬仰的，但不能是久违了的精神之所。进行过深入的主题挖掘后的京张遗址公园，不仅升华了北京罕有的20世纪工业文化遗产，还一定会成为北京另一处城市文化中心。

（3）京张铁路遗址公园用文博馆舍体现着一种信仰与价值观。京张高铁沿京张铁路建成，让人们联想到似乎远去的人文奥运精神，去张家口参加冬奥会的中外人士来回速度也许并非都要最快，当代可持续发展倡导的"慢生活"，能让人联想起多少中国百年前就拥有的创造智慧呢？在2022年冬奥会的人文理念中，嵌入文化遗产"活化"政策，将带来新鲜且深远的影响。

建言5：以望京中央美术学院为基地建设国家级美术公园

创意文化是近30年国际文化城市建设的重点，它缘自20世纪80年代出现的新社会群体和创意文化产业，现在已越来越成为城市发展的核心竞争力。北京拥有城市中产阶层和创意阶层即受过高等教育有艺术素养的各类从业者和创意文化产业群体，更有如中央美术学院这样持有特别话语权的权威美术机构，使创意文化产业在城市经济发展及地域文化营销中扮演重要角色已成可能的大趋势。这些创意文化产业包括城市公共艺术、设计与工艺、非遗文化传承、媒体传播与艺术表现等。西方国家在创意型文化策略上确有成功招数，如佛罗里达所推崇的文化城市创意理念是："创意产业和有趣且独特的场所往往有吸引市民与观者的资本"。显然，虽创意型文化策略侧重文化效益，但其对启动商业式策略作用不可小视。这里会有标识性文化旗舰活力，融"娱乐—购物—展示"为一体的文化消费活动，由大型文化节庆假日产生的文化生产及吸引游人与市民的街头表演等。要看到以北京为代表的大城市，更新项目也愈发重视文化策略，但不少城市和区域的实际做法以商业发展占主导，甚至是商业利益凌驾于公共利益之上，城市的文化价值往往被忽略。有不少现实的项目，历史记忆与新中国建筑只被当作营销项目知名度及提高土地价值的载体借口，只保留少量的建筑遗产，推平了大部分历史建筑，如此这般，何谈真正的"文化强市"的软实力呢？

2000年前后进驻北京朝阳望京的中央美术学院，在社区文化建设上沉默了20年，至今唯一让路人留下印象的是在这里有一个庞大的灰调性建筑群及周边培养参加艺考学生的宣传广告，若不是美术、建筑等专业人员，根本不知这里是中国最好的美术教育资源地。虽然北京城市夜景文化与夜间经济渐浓，但中央美术学院及其周边永远是黑暗的世界。如今距中央美术学院一公里的"望京小街"的开办，同时国内不少城市已开办规模不等的美术公园，这无疑是倒逼北京美术界要有服务城市新作为的文化契机。

具体建议：北京已连续在每年9月末至10月初创办了整整十届设计周，但它仅仅是应时应景的，并不能代表中央一再倡导的要提升全民文化美育素养的持续举措。因此从填补北京美术公园欠缺、全面布局北京的国家级美术创造与普及的营地出发，以中央美术学院为中心的望京国家美术公园建设，不仅会服务北京，更会激励京津冀大美术圈的艺术氛围与创新性，还会让更多市民（尤其是中小学生）在了解、认知、享受美术文化与建筑文化的同时，也为北京的"都"与"城"注入蓬勃向上、不懈拼搏的活力，完成文化艺术与城市精神的双向赋能。具体而言，在"北京美术公园"的周密规划下，至少要在"十四五"的中期如2022年前后，配合北京冬奥会完成第一期建设，即让国家级美术公园成为刺激文化建设的新动力，一方面要让中央美术学院周边晚上亮起来，另一方面要让反映创意思维的、有引导的文化北京、文化中国、文化世界的高水平涂鸦作品遍布周边，最后一个方面，要将封闭的中央美术学院面向社会打开，成为一处让公众可自由进出的美术"家园"，这是美育教育真正面向社会开端的标志。

三、纪念建筑学家梁思成诞辰双甲子的当代价值与思路

截至2019年年末，中国世界文化遗产共有726项承诺事项。2020年11月4日在中国世界文化遗产年会上

参加纪念梁思成先生诞辰105周年座谈会合影。前排左4为罗哲文

发布的由中国文化遗产研究院等编写的《中国世界文化遗产2019年度总报告》显示，超过99%的承诺事项处于正常履行状态。它们指遗产地承诺完成的具体工作，或源于通过联合国教科文组织世界遗产委员会审核的申遗文本、申遗补充材料，或来自世界遗产委员会会议的大会决议等材料。本文认为，从延续历史文脉，强化可持续发展战略讲，中国遵守国际公约就应该瞩目《世界遗产名录》中涉及的如20世纪建筑遗产等新类型，建筑巨匠梁思成的建筑思想及指导参与的项目设计等应成为中国"申遗"的预备名单，这是由他及其开创的中国建筑理论与实践的特殊地位与贡献所决定的。

法国的弗朗索瓦丝·萧伊认为，保护建成遗产的最终目的，是为了保护我们延续和再现它们的能力。对中国20世纪建筑界代表人物梁思成先生的研究与传播，是一场没有终点的文化接力，它犹如文化可照亮城市与建筑的底色一般，梁公的思想的传承与发展会创造美好的生活。事实上，传承梁思成的建筑思想，恰是创建一场建筑文化的接力长跑，只有起点没有终点；是一个崇高追求，只有更好更完善地完成，并没有最好。回想2006年4月，北京市建筑设计研究院《建筑创作》杂志社与中国文物研究所（现中国文化遗产研究院）联合召开纪念梁思成诞辰105周年座谈会，当时的立意既为了纪念中国第一个"文化遗产日"的到来，也为总结刚刚结束的"重走梁思成古建之路四川行"活动。那时，在迎接梁思成诞辰105周年之际，既要延续梁公开创的中国建筑历史传承的文脉，也要承接厚重而丰富的文化信息。中国百年建筑发展虽历经磨难，但也激扬恢宏，学术巨人梁思成开辟的中国建筑之路，文脉与理念、作品与人才，正待续华章。早在2001年梁思成诞辰百年，全国历史文化名城保护专家委员会原副主任郑孝燮在清华大学"梁思成先生诞辰一百周年纪念会"上发言中说："梁公文脉包含着理论学说、经验积累，都是依托他呕心沥血、鞠躬尽瘁对无字史书、对凝固交响乐的探索、发掘、研究、整理，著书立说，开课授徒，并参与重大设计和城市规划等全心全力投入得来的结果。"郑孝燮特作诗一首表达对梁公诞辰百年的缅述："无字史书寄国魂，春风化雨百年深。体形环境有机论，凝固乐章中而新。"

由梁思成先生双甲子前夕纪念的思考，我们想到梁公的遗产范式是以传统文化固本，落实到建筑遗产上体现在三方面。（1）挖掘传统文化资源，彰显中华文化魅力。梁公自觉向匠师学习，从中华建筑营造技艺中汲取营养。（2）充分展现建筑文化符号功能，增强民族文化的认同。梁公一再表示要传承传统优秀的内容，史实也证明，大屋顶及我国古建筑的各种构件历朝历代都没有固定不变的。（3）要在满足公众之需基础上，推动文化传承与创新。梁公既是中国传统建筑文化的捍卫者，也是中国20世纪现代建筑和建筑教育的开创者，研究他的创新思想重大价值。

仅以他对北京城市建设的一系列贡献看：梁思成是中国人民政治协商会议第一届委员会的特邀代表，从改建中南海怀仁堂作为这届政协大会堂，到人民英雄纪念碑的定址和设计，以及国徽的设计，国旗方案的初选，他都付出了心血。清华大学的新林院8号宅院的客厅，不仅是这位建筑系主任的会议室，也成为那时研讨、设计来自全国政协的重大任务的工作室。新林院8号客厅的灯光常常彻夜通明，那里有梁公与其夫人林徽因及建筑系教师工作的身影，是为新中国建设贡献奋斗的一个个印记。梁思成心中有北京，自1948年他提出《北平文物必须整理与保存》一文后，他一再艰难地为实践北京都市计划的杰作而耕耘着，体现了难能可贵的建筑大家的世界观和方法论。如1950年2月他与从英国归来的陈占祥总建筑师共同提出了北京发展的规划，即"关于中央人民行政中心区位置的建议"。这是一个在70多年后的今天愈发感到切实可行的挽救北京城的方案。其特点是：（1）提出了独具魅力的旧城中心改造设想；（2）建立从什刹海经北长河到颐和园的水上游览线；（3）提出"古今兼顾、新旧两利"的改造天安门前广场的计划；（4）建议将北京城墙改造成世界上最特殊的独一无二的全长达39.75公里的环城立体公园……尽管"梁陈方案"被称之为"异想天开"，被指责为与苏联专家的方案分庭抗礼，但这些闪光的思想，不仅今日仍令人震撼，更体现了重大文化思想境界下的前瞻性，这是至少近一个世纪中国建筑界都没有的气度，是中国建筑界特有的大建筑观的代表。

对于中国建筑文化的发展及公众普及，早在1932年梁思成在祝贺东北大学建筑系第一班毕业生的信中说："非得社会对建筑和建筑师有了认识，建筑才会得到最高的发展……如社会破除对建筑的误解，然后才能有真正的建设，然后才能发挥你们的创造力。"如此我们可以发现，站在工匠与公众记忆的立场上，对建筑的优劣予以评判，在中国，梁思成先生当属第一人。梁先生正是一个能从宏观上把握中国建筑发展方向，同时能真正领会并践行中国建筑实践智慧的人，这是梁公迄今区别于中国当代一批"建筑理论家"的出色之处。要知道，在西方建筑界，建筑师产生于工匠之中，建筑上的文艺复兴运动仍然是在传统工匠中产生，每当建筑设计受到各种潮流时，工匠的力量总会将其引回建筑的本质。法国巴黎艺术学院教授、建筑理论家及历史学家、建筑师勒·杜克（1814—1897年），是对20世纪现代建筑有重大贡献的人。他对梁思成有相当影响，如他从哥特教堂修复的大量的实践中真正理解了古代工匠的建造思想。与勒·杜克一样，梁公也是从传统建筑的研究中，探寻古代建筑文化的精髓之所在。在20世纪30年代初的中国营造学社期间，在朱启钤的支持下，他曾让单士元先生"遍访老工艺师傅"，要研究瓦、木、扎、石、土、油漆、彩画、糊等各工种，并深入研究工具、备料、工艺技术等。在当时贫富悬殊、颇讲等级的社会环境下，出身名门且留美归国的大专家，虚心向社会地位卑微的工匠学习，以他们为友，体现了什么样的境界及观念？如果没有超凡的世界观与价值观，怎能有所为；如果没有对中国工匠发自心底智慧的理解，又怎能开辟着中国建筑文化的方法论。

面对学贯中西，对西方建筑史了如指掌的梁公，我们后人在研究思考中要体味并发现，为什么他在继承西方"结构理性主义"时，又能从中国传统工匠那里找到共通的中西方建筑文化的点。这是梁思成的高明之处，这更是他坚守时代建筑的一贯追求。中国建筑设计研究院建筑历史研究所傅熹年院士领衔编写了《北京近代建筑》一书，这是对尘封了五十载的北京近百年建筑珍贵历史文献的整合出版。该书很感染人的是第一页，呈现了1957年3月梁思成率助手们在东交民巷圣米厄尔教堂前留下那清瘦的身影的照片。书中记载：1956年在梁思成主持下，清华大学建筑系与中科院土木建筑研究所合作，成立建筑历史与理论研究室，梁思成任主任，研究1840—1949年间北京近百年建筑；到1958年春，在近一年时间内他们对北京近代兴建的各类型建筑物做了调研，拍摄了数千幅照片，测绘了若干图纸。2007年中国建筑设计研究院建筑历史所在编辑该书时归纳道：它是历史资料，让世人了解半封建半殖民地时代北京历史面目；它是历史档案，为北京城市规划和历史建筑遗产保护工作提供依据与借鉴；它是学术资料，为深入研究北京和中国近代建筑史提供基本史料。所以，梁思成的建筑设计与研究，在中国古代建筑史上属开创，他也是中国20世纪建筑遗产研究的奠基人之一，且对建筑设计有新理念的指导性。

本文围绕"文化北京"城市与建筑设计研究的传承与利用展开思辨，希望对北京建设"文化强市"提供参考价值。此外，希望笔者以敬畏之心对建筑巨匠梁思成诞辰双甲子的思考，可以支持中国20世纪建筑遗产研究与传播的深入开展。

二 奉国寺纵轴线鸟瞰

For the Next Millennium of Fengguo Temple : Study on the Protection of Fengguo Temple and the Liao Dynasty Architectural Heritage and Summary of Academic Activities of the Fifth Batch of Chinese 20th Century Architectural Heritage Projects to Announce and Recommend

为着奉国寺的下一个千年
——守望千年奉国寺·辽代建筑遗产保护研讨暨
第五批中国20世纪建筑遗产项目公布推介学术活动综述

CAH 编辑部（CAH Editorial Office）

编者按： 值辽宁义县奉国寺千年之际（1020-2020），2020 年 10 月 3 日，"守望千年奉国寺·辽代建筑遗产保护研讨暨第五批中国 20 世纪建筑遗产项目公布推介学术活动"于辽宁省锦州市义县奉国寺隆重举行。活动在中国文物学会、中国建筑学会的学术支持下，中共锦州市委、锦州市人民政府、《中国建筑文化遗产》编委会联合主办，义县人民政府、中国文物学会 20 世纪建筑遗产委员会、《中国建筑文化遗产》编辑部、锦州市文化旅游和广播电视局承办，河北鑫达集团辽宁京东管业有限公司协办。在中国文物学会会长单霁翔，中国建筑学会理事长修龙，东南大学建筑学院著名教授刘叙杰（中国营造学社开创者之一的刘敦桢先生之哲嗣），全国工程勘察设计大师刘景樑、黄星元、赵元超，中国文物学会副会长黄元、刘若梅，锦州市委书记王德佳，天津市历史风貌建筑保护专家咨询委员会主任路红，辽宁省文化和旅游厅副厅长王晓江，锦州市委宣传部部长、义县县委书记张智明，以及辽宁省住房和城乡建设厅、中共锦州市委市政府等百余位领导与专家的见证下，公布推介了 101 项"第五批中国 20 世纪建筑遗产"项目，自 2016 年至今，共推介五批 497 项中国 20 世纪建筑遗产。学术活动由义县人民政府县长苏贵宏，中国文物学会 20 世纪建筑遗产委员会副会长、秘书长金磊共同主持。10 月 3 日下午，在义县人民政府招待所会议室举行"纪念中国营造学社成立九十周年'千年奉国寺·辽代建筑遗产研究与保护传承'学术研讨会"。10 月 4 日部分与会嘉宾考察了义县丰富的自然与人文遗产资源。

以下为本次学术活动的综述报道：
上篇——守望千年奉国寺·辽代建筑遗产保护研讨暨第五批中国 20 世纪建筑遗产项目公布推介学术活动；
下篇——纪念中国营造学社成立九十周年"千年奉国寺·辽代建筑遗产研究与保护传承"学术研讨会及学术考察。

Editor's note: On the occasion of the millennium of Fengguo Temple in Yi County, Liaoning Province

会议手册 "会序册" 封面

(1020—2020), It was held in Fengguo Temple, Yi County, Jinzhou City, Liaoning Province on October 3, 2020 that Study on the Protection of Fengguo Temple and the Liao Dynasty Architectural Heritage and Academic Activities of the Fifth Batch of Chinese 20th Century Architectural Heritage Projects to Announce and Recommend. With the academic support of the Chinese Society of Cultural Relics and the Architectural Society of China, the Jinzhou Municipal Committee of the Communist Party of China, the People's Government of Jinzhou City, and the "Chinese Architectural Cultural Heritage" editorial board co-sponsored the event. The People's Government of Yixian County, the 20th Century Architectural Heritage Committee of the Chinese Cultural Heritage Society, "Chinese Architectural Cultural Heritage" editorial department, Jinzhou City Cultural Tourism and Radio and Television Bureau, co-organized by Hebei Xinda Group Liaoning Jingdong Pipe Industry Co., Ltd. Shan Jixiang, president of the Chinese Society of Cultural Heritage, Xiu Long, chairman of the Architectural Society of China, Liu Xujie, a famous professor at Southeast University School of Architecture (son of Liu Dunzhen, one of the founders of the Chinese Society of Architecture), national engineering survey and design masters Liu Jingliang, Huang Xingyuan, and Zhao Yuanchao, Huang Yuan and Liu Ruomei, vice presidents of the Chinese Society of Cultural Heritage, Wang Dejia, secretary of the Jinzhou Municipal Committee, Lu Hong, director of the Expert Advisory Committee for the Protection of Historic Buildings in Tianjin, Wang Xiaojiang, deputy director of the Department of Culture and Tourism of Liaoning Province, and Minister of Propaganda of Jinzhou City, Secretary of Yixian County Party Committee witnessed the event with more than 100 leaders and experts from the Department of Housing and Urban-Rural Development of Liaoning Province, and the Jinzhou Municipal Committee and Municipal Government of the Communist Party of China. The announced and recommended "The Fifth Batch of Chinese 20th Century Architectural Heritage" projects. add up to 101. From 2016 to now, five batches of 497 Chinese 20th century architectural heritage have been announced and reconnended. The academic activities were co-hosted by Su Guihong, the county chief of the People's Government of Yixian County, and Jin Lei, the vice chairman and secretary general of the 20th Century Architectural Heritage Committee of the Chinese Cultural Heritage Society. On the afternoon of October 3, the conference room of the Guest House of the People's Government of Yixian County held the meeting on "Marking the 90th Founding Anniversary of the of the Society for the Study of Chinese Architecture and the "Millennium Fengguo Temple: Liao Dynasty Architectural Heritage Research and Protection Inheritance" Seminar". On October 4th, some guests visited the rich natural and cultural heritage resources of Yixian County.

The following is a summary report of this academic activity:
Part I: Study on the protection of Fengguo Temple and the Liao dynasty architectural heritage and the academic activities of the fifth batch of Chinese 20th Century Architectural Heritage Projects to announce and recommende;
Part II:Marking the 90th founding anniversary of the Society for the Study of Chinese Architecture and the academic seminar and investigation on the "Millennium Fengguo Temple: Liao Dynasty Architectural Heritage Research and Protection Inheritance.

专家领导于奉国寺大殿前步道上

专家领导考察奉国寺（组图）

上篇：守望千年奉国寺·辽代建筑遗产保护研讨暨第五批中国 20 世纪建筑遗产项目公布推介学术活动

  2020 年 10 月 3 日，"守望千年奉国寺·辽代建筑遗产保护研讨暨第五批中国 20 世纪建筑遗产项目公布推介学术活动"开幕前，以千年奉国寺古建筑庆典为主题，举行了"千年鼎、千年赋、千年纪念碑"揭幕仪式。庆典活动在辽宁省锦州市义县宜州小学同学们诵读的《奉国寺千年贺颂》中正式拉开帷幕。在阐释会议主旨时，主持人之一的金磊副会长强调：之所以将义县奉国寺的千年瑰宝价值与 20 世纪建筑遗产时代意义的定位相融合，因为在千年奉国寺的文化厚土下，展示《世界遗产名录》中日益受到重视的 20 世纪建筑遗产，是我们建筑文博界的国际视野与中国行动，它是把握时代大势的适时命题。20 世纪建筑遗产是有经典榜样力量的，在千年奉国寺这座首批全国重点文物保护单位的衬托下，展开纪念、传承的行动，不仅是城乡文旅事业高质量的开放与创意发展之需，也是当代中国建筑、文博与媒体人乃至公众对文化遗产惠民的迫切诉求。活动由河北鑫达集团辽宁京东管业有限公司协办，正如总经理王金付在发言中表示的那样，企业肩负着助力支持并积极参与建筑遗产保护传承的使命，以坚守中国传统文化自觉自信的精神，在文化公益事业中勇于担当、积极奉献。

奉国寺"千年鼎"揭幕仪式

奉国寺"千年赋"揭幕仪式

奉国寺"千年纪念碑"揭幕仪式

专家领导考察奉国寺大雄殿内部 1

专家领导考察奉国寺大雄殿内部 2

专家领导观看《慈润山河——奉国寺千年华诞大展》1

专家领导观看《慈润山河——奉国寺千年华诞大展》2

义县小学生朗诵《奉国寺千年贺颂》1

单霁翔（中国文物学会会长）

单霁翔会长在致辞中指出，在充满地域风土气息的辽宁义县，在千年奉国寺庆典到来之际举办本次活动，不仅是传承奉国寺辽代古建筑千年文化的一脉相承之举，更是用好"文化义县"文旅名城金字招牌的必需。在此举办的"第五批中国 20 世纪建筑遗产项目公布推介活动"具有现实意义，它向中外表明中华民族对建筑遗产的呵护从始至终。我们中华 5 000 年文明就是靠一代一代的这样的传承，历史的链条是不能断裂的。今天，在奉国寺千年庆典之际，我们要学习前辈先贤，敬畏他们的智慧。义县，不仅有古朴雄浑、豪劲气势的千年奉国寺大雄殿，也有记载着 20 世纪风雨历程的义县老火车站与铁路特大桥，而它们在 2019 年被中国文物学会、中国建筑学会联合推介为"第四批中国 20 世纪建筑遗产"，这都成为我们在此致敬中国建筑文化遗产的底气。我们要为 20 世纪遗产、为杰出的百年建筑师树碑立传，这样就使传承的链条更加清晰，使我们一代一代的文化遗产保护更加有自信。今天看到奉国寺雄伟的建筑，很受震撼，也很受鼓舞。这也激发我们要立志将更多精力更有效地投入到我们文化遗产保护的行动中来。我特别想说一句话：请大家共同努力，把一个壮美的奉国寺完整地交给下 1 000 年。

修龙（中国建筑学会理事长）

修龙理事长特别用梁思成先生曾对义县奉国寺的高度赞美予以评介——"千年国宝、无上国宝、罕有的宝物。奉国寺盖辽代佛殿最大者也"。他表示，奉国寺作为辽宁罕有的几处全国首批重点文物保护单位，守护得这么好，实在令人感慨。中国传统建筑延续着华夏历史文脉，深入挖掘其建筑文化的内涵与时代价值意义重大，尤其要践行革故鼎新的创新精神，讲好奉国寺文化传承的故事。今天的主题活动是千年奉国寺古建筑庆典，也是第五批中国 20 世纪建筑遗产项目的推介活动，之所以将千年辽代建筑纪念与 20 世纪百年建筑研讨融为一体，因为它们在建筑学术上有共通性：传统的雕塑、壁画、装饰等多附属于建筑，依托建筑母体而生存，无论是古代建筑还是现代建筑，它们之间并没有不可逾越的鸿沟。在千年奉国寺的厚重底色上，唱着 20 世纪建筑创新的歌，非但不冲突，而且是更高层次的浑然一体。党的十九大报告中指出"要推动中华传统优秀文化的创造性转化、创新性发展"。建筑遗产乃中华民族几千年发展史中的优秀遗存，是民族智慧的结晶。千年奉国寺庆典与 20 世纪建筑遗产的传承，都是中华优秀建筑遗产的典型代表。中国建筑学会与中国文物学会多年来合作，矢志中国 20 世纪建筑遗产项目的公布与推介，从学科交叉上推动了建筑与文博的大联合。建筑师从传承与创新的实践讲述建筑遗产保护的故事正是一种接续。

会议主持人

苏贵宏　　　　　　张智明　　　　　　金磊

锦州市委书记王德佳在致辞中表示，锦州历史文化悠久，旅游资源丰富，拥有潮涨隐、潮落现、堪称"天下一绝"的笔架山，全国五大镇山之一的北镇医巫闾山、宜州魏和广陵城两座古城，开凿于北魏太和二十三年（公元 499 年）的万佛堂石窟，以及全国著名的爱国主义教育基地和军事文化旅游胜地辽沈战役纪念馆等一批知名的自然和人文景观。特别是始建于公元 1020 年的义县奉国寺，今年适逢建寺 1000 周年，中国 5000 年历史文化传承，可移动和出土文物浩若繁星，但遗存千年以上的伟大建筑却凤毛麟角。奉国寺大雄殿见证了一段中华民族的辉煌历史，是建筑技术与历史文化艺术完美结合的典范。义县地处辽西故道要冲，是"一带一路"先进文化哲学思想向东北亚传播的重要驿站。奉国寺是向世界展示中华文明乃至亚洲文明具有代表性的旷世杰作。宣传纪念庆祝奉国寺建寺千年，除了充分展示奉国寺蕴含的博大精深的中华文化，更重要的是展示全市人民对历史文化的尊重，体现对奉国寺更好的保护和维护，弘扬所承载的灿烂文明，延续中华民族的精神血脉。锦州市委、市政府将一如既往重视文物、保护文物，传承历史文化遗产，发展文化旅游产业，营造全社会参与文化遗产保护的良好氛围。

王德佳

王晓江副厅长在致辞中谈到，奉国寺始建于辽开泰，繁荣于金朝明昌。鼎盛金元，历经清明，千年古刹，皇家寺院，佛教圣地，艺术殿堂。国内二百名寺，其建筑规模雄居第一。奉国寺是国务院公布的第一批全国重点文物保护单位，2012 年进入"中国世界文化遗产预备名单"。作为穷极伟丽的历史遗存建筑和文化遗产中华艺术极珍，奉国寺的一砖一瓦、一草一木、一楼一阁，乃至一书一画，不仅实证了人类发展的历史脉络，也展示了中华文明灿烂的成果。其背后的历史、建筑、艺术、园林、科学等价值不可估量。今天，我们有幸在这座历经华夏沧桑而荣存的古寺中，共同为它的千年而纪念。我相信，它不仅能唤起人们的文化记忆，增强民族的认同感，也会为世界感知中国增加内涵。这无疑也将为有着"辽西故道"美誉的神奇的锦州义县，增添浓墨重彩的一笔。千年鼎、千年赋、千年纪念碑驻立，也将见证有着悠久历史的奉国寺下一个千年的荣盛辉煌。辽宁省文化和旅游厅、省文物局将一如既往地支持锦州市和义县文物保护和利用工作。让文物活化、让历史说话、让人类文明瑰宝绽放出新的光华。

王晓江

锦州市委宣传部部长、义县县委书记张智明在致辞中说道，往事越千年，宜州有一篇，时光蹉跎，千载书过，公元 2020 年极不平凡的年份，奉国寺迎来了它建造千年的耀眼时刻。饱经沧桑的奉国寺是辽西历

千年国宝、无上国宝、罕有的宝物。

——梁思成

义县小学生朗诵《奉国寺千年贺颂》2

会议现场 1

张智明

刘叙杰

史文化的自豪与骄傲，是中华文化的瑰宝，早在 1961 年就被国务院公布为第一批全国重点文物保护单位，2009 年被国家旅游局评为 AAAA 级旅游景区，2012 年进入了中国世界文化遗产的预备名录，它以独特的风格和完美的遗存，使辉煌的中华文化通过建筑、雕塑、彩绘等形式展现给世人。奉国寺是一种文化精神的载体，是义县古城历史记忆的符号，是激发文化自信和爱国热情的实物例证。我们无比珍惜这笔宝贵的文化遗产，高度重视奉国寺文物保护工作，使它的文化历史因素得以比较完整的传承和表达。我们会充分把握和利用好这次盛会的良机，深入挖掘奉国寺建筑遗产的文化价值、历史价值、美学价值和旅游价值，广泛宣传推荐，以文化的力量，让光彩夺目的文化散发永久的魅力，不断提升辽西故道省级一线的文化旅游品牌效应，推动锦州的全方位振兴。

特别引人注目的是，中国营造学社开创者之一刘敦桢之子、已 90 岁高龄的**东南大学建筑学院著名教授刘叙杰先生**亲临大会并发表感言。他表示中华民族几千年来对木构建筑体系所作出的探索和取得的成就居世界之冠，特别是在唐、辽、北宋时期，已经达到炉火纯青的至高境界。鉴于受到自然和人类的种种影响，这个时期的众多建筑实物难以保存，以致今日得以见到的大约只有 20 座，而且都是佛教建筑，其中最有代表性之一的就是奉国寺大殿。依据记载，奉国寺坐落在辽国宜州，始建于辽开泰九年，寺内的殿堂楼阁和僧舍、仓储等房屋多达 200 多间，而且还统领着城内城外下属寺院 13 所，一直到清代才出现较大的变化。这个大殿在建造以前已经被列为最高等级，而且对施工用料和管制也更为严格，因此提升了这座建筑的总体质量与安全。由于辽国当政者一贯注重吸收中原文化，使国内各方面都获得很大提升。建筑理论领域也不例外，在吸取基础上有进一步的发展。关于这方面的情况，一直都有学者，如陈明达先生、傅熹年院士等在从事研究。在佛像塑造方面，大殿中供奉的 7 尊大佛，以不同的神态举止和衣冠服饰使观者产生更多的人性亲切感。在彩绘题材与色彩使用上，大殿绘有大量大幅的飞天图像，为我国古代木构建筑所少见，它的形态与色彩虽然已年代久远而略呈变化，但在文化艺术上创新的价值并未因此稍减。如此众多的国家级珍贵文物遗产居于一殿，乃是辽代诸多建筑艺术工种合作的杰作，弥足珍贵。而后千百年来，为保护和传承这些

义县人民政府与《中国建筑文化遗产》编辑部签署战略合作协议

极具特色的文化遗产，当地历朝历代政府、人民大众以及今天我国各级人民政府与相应的机关、学术单位、高等学校、社会企业和广大人民，还有长期对此进行研究和保护的专业文化工作者，都作出了积极的贡献和付出了大量辛勤劳动和血汗，甚至生命。为此，我们都应以最诚挚和最感激的心情向他们表达最坚定的支持和崇高的敬意。

在领导与专家见证下，义县人民政府与《中国建筑文化遗产》编辑部就"十四五"期间奉国寺出版与文化传播、文旅与文创品牌 IP 等项目设计研究议题签署了战略合作协议。

会议现场 2

黄元

中国文物学会副会长黄元宣读了以暨南大学早期建筑、京华印书馆、中国建筑东北设计研究院 20 世纪 50 年代办公楼、武汉黄鹤楼（复建）、西安钟楼邮局、南开大学主楼、锦州工人文化宫为代表的，由中国文物学会、中国建筑学会联合公布推介的"第五批中国 20 世纪建筑遗产项目"部分推介项目名单。以下为发言全文。

自 2016 年至 2019 年，在中国文物学会、中国建筑学会的指导下，共计公布推介了 4 批 396 项"中国 20 世纪建筑遗产项目"，无论是建筑与文博界，还是社会公众，都提升了对于 20 世纪建筑遗产新类型的认知，20 世纪建筑遗产对城市更新与城市文脉保护起到了越来越重要的作用。我受中国文物学会、中国建筑学会的委托，特宣布"第五批中国 20 世纪建筑遗产项目"推介名单。

"第五批中国 20 世纪建筑遗产名录"的推介工作分初评及终评两阶段。终评是在公证处全程监督下完成的，投票率均在 70% 以上，最终产生了：暨南大学早期建筑、京华印书馆、中国建筑东北设计研究院 20 世纪 50 年代办公楼、武汉黄鹤楼（复建）、西安钟楼邮局、南开大学主楼、锦州工人文化宫等 101 个作品，推介为"第五批中国 20 世纪建筑遗产项目"。

限于时间，项目名录在此就不一一宣读了，会议手册中已有完整名单，同时中国文物学会网、中国建筑学会网等将正式发布《关于公布推介"第五批中国 20 世纪建筑遗产项目"的通知》。

向推介项目的管理单位及建筑师与设计机构表示祝贺。

奉国寺景观 1

奉国寺景观 2

天津市规划和自然资源局一级巡视员、天津市历史风貌建筑保护专家咨询委员会主任路红诵读了《第五批中国 20 世纪建筑遗产项目特点评述》，全文如下。

路红

受中国文物学会、中国建筑学会及 20 世纪建筑遗产分会的委托，我谨在此对第五批经专家委员会审定的 101 个 20 世纪建筑遗产项目进行点评。

2020 年是我国全面建成小康社会收官之年，也是"十三五"规划总结与"十四五"规划的开启之年，我们刚刚欢庆中华人民共和国 71 周年华诞，2021 年又逢中国共产党建党 100 周年，中华民族伟大复兴正是进行时，这些都是"第五批中国 20 世纪建筑遗产项目"评选的重要背景，我用几个关键词来表述。

①遵循标准：这批项目认真遵循《中国 20 世纪建筑遗产认定标准（2014 年 8 月 30 日北京）》。

②红色遗产：2021 年是中国共产党建党 100 周年，第五批遗产高度关注红色记忆的保护与传承。如建于 1921 年的江西省南昌市八一南昌起义纪念馆（原江西大旅社）、1927 年的湖北省武汉市八七会议会址、湖北省武汉市武汉农民运动讲习所旧址、20 世纪 30 年代的湖北省武汉市汉口新四军军部旧址。

③新中国成就：推介项目密切结合了新中国 70 年建筑发展的实际，体现了中国特色社会主义建设的伟大成就，重点选择与新中国建设奋斗史相关，同时在建筑样式、建筑技术、建筑材料、建筑艺术、建筑历史等方面极具时代标志性的"事件建筑"，一是与新中国建设奋斗历程相关的 20 世纪优秀纪念建筑；二是新中国成立后建设的具有代表性的工业建筑遗产；三是体现新中国艰苦奋斗精神并取得卓越成绩的标志性建筑遗产；四是体现新中国成立后少数民族地区建设成就的标志性建筑，如：建于 20 世纪 50 年代的陕西省西安市西安交通大学主楼群（"西迁精神"是在 1956 年交通大学由上海迁往西安的过程中，生发出来的一种宝贵精神财富）、1974 年的广东省广州市中国出口商品交易会流花路展馆（中国对外开放的先河）、20 世纪 80 年代的广东省深圳大亚湾核电站、1999 年的西藏拉萨市西藏博物馆等。

20 世纪建筑遗产项目推荐既是传承红色基因、延续红色血脉的有力举措，也为开展"不忘初心，牢记使命"教育提供生动历史教材。

④抗疫特色：为纪念 2020 年初举国抗击新冠肺炎疫情的非凡壮举，专家委员积极推荐与健康、医疗、

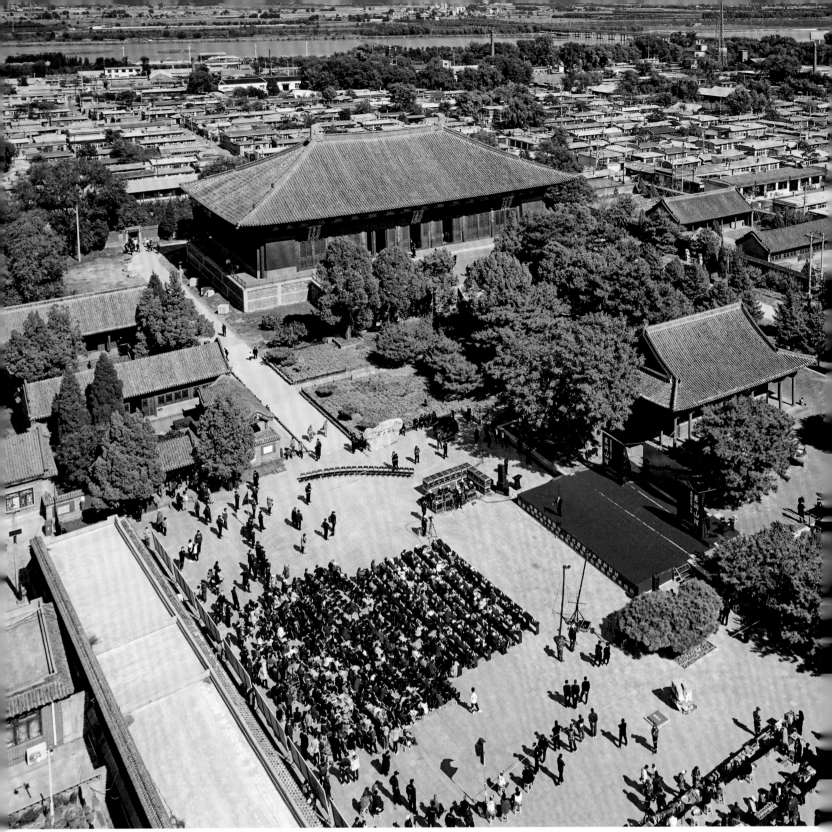

会议现场航拍

传染病防治相关的优秀20世纪建筑遗产（1900年以来建设的医疗建筑），并且突出了武汉和湖北省内的地标性建筑遗产。这些医疗建筑包括了建于20世纪初的浙江省瑞安市利济医学堂（旧址）、20世纪60年代的陕西省西安市西安第四军医大学历史建筑群、1951年的广东省广州市广州第一军医大学（南方医科大学）、20世纪50年代的北京积水潭医院（老楼）、20世纪50年代的湖北省武汉市武汉医学院同济医院、20世纪50年代的武汉华中理工大学建筑群、1985年的湖北省武汉市黄鹤楼（复建）。

这是建筑遗产保护界发扬"生命至上，举国同心，舍生忘死，尊重科学，命运与共"的伟大抗疫精神的担当。

⑤广泛性：第五批建筑遗产推介项目具有类型上、地域上更加广泛的特色，项目分布在全国29个省区市，在建筑风格上也更多样性。非常值得一提的是，第四批遗产项目中有义县火车站，第五批在遥远的云南也有一个火车站——红河州碧色寨火车站入选。

中共中央政治局9月28日下午就我国考古最新发现及其意义为题举行了第23次集体学习。中共中央

总书记习近平在主持学习时强调，当今中国正经历广泛而深刻的社会变革，也正进行着坚持和发展中国特色社会主义的伟大实践创新。我们的实践创新必须建立在历史发展规律之上，必须行进在历史正确方向之上。要高度重视考古工作，努力建设中国特色、中国风格、中国气派的考古学，更好认识源远流长、博大精深的中华文明，为弘扬中华优秀传统文化、增强文化自信提供坚强支撑。

习近平在主持学习时发表了讲话。他指出，历史文化遗产不仅生动诉说着过去，也深刻影响着当下和未来；不仅属于我们，也属于子孙后代。保护好、传承好历史文化遗产是对历史负责、对人民负责。我们要加强考古工作和历史研究，让收藏在博物馆里的文物、陈列在广阔大地上的遗产、书写在古籍里的文字都活起来，丰富全社会历史文化滋养。

习近平总书记强调，在历史长河中，中华民族形成了伟大民族精神和优秀传统文化，这是中华民族生生不息、长盛不衰的文化基因，也是实现中华民族伟大复兴的精神力量，要结合新的实际发扬光大。

今天，在千年奉国寺的雄浑背景下，推介20世纪的建筑遗产，正是代表了中华民族5000年的文明传承、文化传承，也正是对习近平总书记重要指示的生动实践。

祝福千年奉国寺长存，中华传统文化生生不息！

此后，中国建筑东北设计研究院有限公司副总经理、总建筑师任炳文，全国工程勘察设计大师赵元超，同济大学建筑与城市规划学院教授张松作为20世纪建筑遗产评介专家代表，向与会嘉宾分别讲述了中国建筑东北设计研究院20世纪50年代办公楼及陕西省西安市、上海市20世纪建筑遗产项目概况。与会嘉宾还听取了金磊副会长扼要解读的《中国建筑文化遗产传承发展·奉国寺倡议》。

任炳文总建筑师表示：作为一名建筑师，我非常荣幸能够参加今天的学术活动。作为一名老中建东北院人，对本院50年代办公楼入选第五批中国20世纪建筑遗产备感荣耀，更要感谢专家委员会对我们的肯定。 中华人民共和国成立后，为了适应大规模建设需要，东北人民政府于1952年10月成立建筑工程局，其下属的设计处即为中国建筑东北设计研究院有限公司的前身。直到1954年5月，东北建筑设计院正式挂牌成立，隶属中央人民政府、建筑工程部设计总局，随之而来的办公楼建设提到了东北院人的面前，东北院办公楼为自主创作，建筑面积6 229m²，1954年7月25日动工，同年11月15日竣工投入使用。项目整体建筑风格协调统一，建筑比例尺度考究，外观朴实简洁，体现了中国现代建筑与传统结合之美，并蕴含着民族特色与地域文化，成为当时全国大型办公楼的佳作，并长期成为沈阳市标志性建筑和城市名片。其具体特点表现为：办公楼面向方形广场布局，以方形广场形成协调统一的城市空间，平立面布局中轴对称，主入口突出稳重，采用横向三段式手法，两侧随屋脊形成自然平顺的石坡顶，中段5层以攒尖收顶，檐口简化，重组了斗拱的符号，体现了传统建筑的韵味。立面上的装

任炳文

会议现场 3

刘景樑

黄星元

刘若梅

饰构建水泥雕花层次丰富，线角细腻，混凝土透花窗格，提炼了传统建筑窗格的图案，工艺精美，纯手工制作，真正体现了当代的工匠精神。2009 年老办公楼荣获建国 60 周年中国建筑学会建筑创作大奖，与人民大会堂、北京火车站等 34 项著名建筑一起成为 20 世纪 50 年代新中国建筑的经典作品。文化传承是保护利用的根本追寻，老办公楼是本立体的史书，在保护与利用中沉淀了东北院独特的文化基础。我们深知只有重视研究历史和传承文化，方可使东北院的优秀传统不断创新发展。建筑文化遗产不仅具有极强的历史文化研究价值，更是我们铭记历史，将中华文明发扬光大的精神载体。在这里，我谨代表东北院全体员工，对中国文物学会 20 世纪建筑遗产委员会、《中国建筑文化遗产》编委会功在当代、利在千秋的创举，表示崇高的敬意和感谢。

赵元超

赵元超大师表示：作为一名来自千年古都西安的建筑师，谨向千年奉国寺致以崇高的敬意。我很荣幸在此将陕西省入选中国 20 世纪经典遗产的情况向大会略做介绍。陕西省在前四届评选中一共入选了 18 项中国 20 世纪建筑遗产，占全国入选项目的约 1/20。其中包括清代末年流传下的古老宅院，更有革命红色遗产，还有中华人民共和国成立初期以及改革开放时期的一系列的经典建筑。我深深地体会到：建筑创作当顺应时代而发展。20 世纪所发生的重大事件，建筑都在忠实地记录，我们能够看到那个时代充满理想、充满激情的一代人所寄托的一种建筑情感。当然也要看到中华人民共和国成立初期推出的中西合璧的一批经典建筑，更有我们改革开放时期一批建筑师辛勤劳作的建筑创作。这些入选项目本身是对建筑师辛勤工作的最好的褒奖。如我们院的张锦秋先生有 5 项作品入选了 20 世纪的遗产，这是对建筑师在一个城市工作的最好的奖励。同时用 21 世纪来评价 20 世纪的建筑，用时间的纬度去客观地、非常理性地考验它们是十分必要的。

在此千年建筑的脚下，我们也祝愿 20 世纪建筑遗产的推介工作取得更大的成绩，为我们共同守望建筑文化遗产的家园而欣慰。

张松

　　张松教授在发言中说道：我们在千年古寺中交流 20 世纪建筑遗产的话题，如单霁翔院长所言，建筑的历史链条是不能断的。在第一批中国 20 世纪建筑遗产中就包括上海市的"中共一大会址"，2021 年是建党 100 周年，我相信一定会有更隆重的纪念活动。从这个层面来讲，20 世纪遗产的保护在当代更有它的特殊重要意义。在"第五批中国 20 世纪建筑遗产名录"中，上海入选了两处，其中的华东电力大楼建于 1988 年，是由当时一位很年轻的建筑师罗新阳按西洋风格主持设计的，是 20 世纪 80 年代上海超过 100 米的两栋建筑之一。2013 年办公机构搬走，这座建筑转交给鲁能集团，后被改造成为高档酒店。在设计改造方案时，业主希望做新艺术风格，一经提出就被建筑师和学者们反对。可尴尬的是这座建筑实际上是没有文物保护身份的，只是在历史风貌区的边上，后来经过努力，其外立面得以保留。所以大家现在看到的还是 20 世纪 80 年代的风格特色，也是非常不容易了。开业之后大概生意不是太好，业主又要调整外立面颜色，上海市建筑学会的专家又强烈反对，终于把这个事情制止。20 世纪 80 年代建筑还那么年轻、那么安全，但有时候也遭到被拆除的命运，也会得不到很好的保护。所以我呼吁中国文物学会 20 世纪建筑遗产委员会等学术团体要团结更多的力量，为 20 世纪遗产保护作出更多的努力和奋斗。

　　中国文物学会会长、故宫博物院原院长单霁翔为大会做了题为《让文化遗产资源活起来》的主旨演讲，极大启发了作为第一批全国重点文物保护单位的义县奉国寺文创工作，他提到如何根植千年沃土让文化遗产资源活起来，如何通过传承与创新设计、营造具有奉国寺特色的品牌 IP 及产品，如何让每一位奉国寺的造访者将奉国寺文化带回家等，博得全场阵阵掌声。

会议现场 4

单霁翔为会议做主旨演讲 1（组图）

单霁翔为会议做主旨演讲 2（组图）

中国建筑文化遗产传承创新·奉国寺倡议
（讨论稿）

  中国建筑是世界历史上最具连续性最长的独立体系，完备的木构系统在国际上更加独树一帜。近代，特别是 20 世纪建筑虽融入了国外的理念与技术，但建筑呈现中华文化完整的风格与形象并没有变，中国建筑作为承载万流归海的历史必然载体，展现中华优秀传统文化的渊源、脉络、技艺的态势没有变。今天，在中国文物学会、中国建筑学会及全国百余名建筑与文博专家领导的见证下，于千年奉国寺大殿广场隆重举办"守望千年奉国寺·辽代建筑遗产保护研讨暨第五批中国 20 世纪建筑遗产项目公布推介学术活动"，彰显出多重意义。

  回顾中国建筑之演变，参会各界认为：如果说千年悠久广袤的时空中，古代哲匠营造了"浑厚华滋"昭垂天下的奉国寺大殿，书写了中国辽代木构建筑经典的"建筑说"，那么纵观百年中外建筑变局的中国 20 世纪建筑经典，则印证了一位位现当代建筑师坚守华夏传统，以国际视野与设计方法将中国建筑融入世界的自信与自强。在"千年奉国寺"对话"百年建筑"里，不仅有建筑与文博人探索的身影，更有弦歌接续的建筑风景。据此，在奉国寺大殿下，举办中国 20 世纪建筑遗产项目推介特别有价值，其充分的理由是可探寻到新技术尺度下整体建筑观的"新史记"，为此，与会者达成以下共识。

1. 中国建筑的完整性要守正创新
  早在 1999 年吴良镛院士在第 20 届世界建筑师大会的《北京宣言》中说："经数千年的积累，科学技术在近百年来释放了空前的能量，建筑需在综合的前提下予以创造，中国古语'一法得通，变法万千'证明，设计的基本哲理是共通的，而形式的变化是无穷的。"奉国寺大殿与 101 项第五批中国 20 世纪建筑遗产，虽在建筑文化上和而不同，但它们根植于文化沃土，具有多元化的技术与艺术建构，都体现出中国建筑一脉相承、服务全社会的思想。守正，需长存妙道，永固福田，既要打通古今之变，也要将守望尊为要义；创新，呈现守正之最好底色，使"文化营城"的抱负有了点睛之笔。于是，建筑遗产让文化游径古今，在时间全域上唤醒人们记忆。

2. 中国建筑遗产保护不应满足名录公布的固有模式
  作为首批全国重点文物保护单位的奉国寺保护有加的史实，令人信服地说明，永葆奉国寺文化的"生命印记"是可持续发展的永续。同时，也启示人们：除了要保护文物建筑，具有文化与科技价值的现当代建筑遗产及各级历史文化名城也要保护。有鉴于各级法规的欠缺，对数量巨大的表现百年城乡风貌的 20 世纪经典建筑保护却顾及不到，再优秀的 20 世纪建筑项目也难免以各种借口遭遇修缮保护性拆除。20 世纪遗产需要创新保护制度，它是《世界遗产名录》下的国际视野，更是建筑人与文博人从借鉴中付诸的中国行动。创新建筑遗产保护模式，离不开新路径的手段及做法，要有底气地向世界遗产界申明：中国建筑遗产传承发展是充满创意的。

3. 中国建筑遗产需要用创意设计讲好城市故事
  今年是 2015 年召开的"中央城市工作会议"5 周年，检视人民城市为人民的作为，会在留住城市"基因"的文化进步上发现：无论是如奉国寺建筑保护与传承，还是连续五批共计 497 项 20 世纪建筑遗产项目被推介，都表明城市（县城）已在历史传承、区域文化、时代要求、城市精神等方面，用文化特色与建筑风格凝聚人心、开创未来。从创意到生意、从作品到产品、从单幢建筑到园区，乃至线下与线上齐发力，都使创意成为中国城市复兴的核心竞争力。中国城市文化传承与创意研究表明：古建奉国寺与20世纪遗产是不同文明的交织与叠加，是风景更是财富，重在要找到融入生活，在传承中带来福祉的技巧与方法；从时间轴上要遵循"以史为鉴"的全链条推演规律，从区域轴上要彰显不同城市、不同时代建筑"兼容并蓄"的发展竞争力，它给了我们讲好不同历史建筑"故事"的理由与依据。这里有对标国内外一流文物建筑的保护之法，也要为创建一种常态化的创新机制提出"智库之思"。

4. 中国建筑遗产的"十四五"顶层设计要搭建普惠公众的文旅舞台

在奉国寺遗产地，丰富的历史文化就像一个多元艺术的博物馆，人们在此有太多的感触和求知欲，这是遗产地最应体现的教育功能。从文化遗产的多重属性看，无论千年奉国寺如何赢来下一个千年，无论全国20世纪建筑遗产如何传承与发展，"活化"利用都是我们的使命和必须正视的命题。

● 一方面要向公众讲明奉国寺何以因历史价值与文化科技价值成为抗鼎之作，要创立"奉国寺学"；另一方面也要以建筑文化为基调，搭建文化走廊，感悟文明演绎，让中小学生在此为艺术美育开源。

● 一方面要编研"十四五"规划顶层设计大计，如"一带一路"的文化倡议与不同属地的关联，还要研究针对市（县）全域文化旅游品牌，要在方案中体现如何能使文化古城变"老"为"宝"的实招；另一方面要研讨提升遗产"活化"的共享质量的方法，如举办"千年风雅 走近辽代"文创设计比赛等建筑文化旅游主题节庆活动。

● 一方面要强调"活化"利用，让老建筑"活"在当下，而非毁在城市更新中；另一方面要让它们成为能走进的"可读""可听""可看""可游"的"网红"项目。做到这些，建筑遗产就受到尊重了，它自然成为造福城市与公众的"红利"。

"守望千年奉国寺·辽代建筑遗产保护研讨暨第五批中国20世纪建筑遗产项目公布推介学术活动"，让与会各界仁人志士，穿越时空，在奉国寺"走进"与20世纪建筑遗产项目的"发现"中，读懂最中国的建筑文化。从建设"文化遗产强国"目标出发，除了构建文旅IP体系，注入有"故事"的引爆点和催化剂外，更要让旅游成为人们可感悟华夏文化、增强自信与幸福感的难忘体验。搞活做深文旅，中国建筑文化遗产保护传承才有力量，重要的是要开创能呈现共生之道、培育出让历史文化与现代生活相遇的新业态与新引力。

出席"守望千年奉国寺·辽代建筑遗产保护研讨暨第五批中国20世纪建筑遗产
项目公布推介学术活动"全体代表
2020年10月3日

义县奉国寺1000年纪念徽章

与会嘉宾会后合影

附表："第五批中国 20 世纪建筑遗产"推介项目名录

序号	名称	地点
1	暨南大学早期建筑	广东省广州市
2	广西医学院建筑群	广西壮族自治区南宁市
3	京华印书馆	北京市
4	南通博物苑	江苏省南通市
5	重庆工人文化宫	重庆市
6	安礼逊图书楼	福建省泉州市
7	南开大学主楼	天津市
8	通崇海泰总商会大楼	江苏省南通市
9	西安第四军医大学历史建筑群	陕西省西安市
10	梧州近代建筑群	广西省梧州市
11	天津市第一工人文化宫（原回力球场）	天津市
12	中原公司	天津市
13	中南民族大学历史建筑	湖北省武汉市
14	湖南图书馆	湖南省长沙市
15	黑龙江省博物馆（原俄罗斯商场）	黑龙江省哈尔滨市
16	旅顺215医院（旅顺红十字医院）	辽宁省大连市
17	桂园（诗城博物馆）	重庆市
18	河北张家口市展览馆	河北省张家口市
19	天津市耀华中学（老楼）	天津市
20	大连火车站	辽宁省大连市
21	南昌八一起义纪念馆（原江西大旅社）	江西省南昌市
22	东北烈士纪念馆（伪满洲国哈尔滨警察厅）	黑龙江省哈尔滨市
23	北京新侨饭店（老楼）	北京市
24	中山大学中山医学院历史建筑	广东省广州市
25	哈尔滨工人文化宫	黑龙江省哈尔滨市
26	内蒙古自治区博物馆	内蒙古自治区呼和浩特市
27	清陆军部和海军部旧址	北京市
28	广州先施公司附属建筑群旧址	广东省广州市
29	商丘市人民第一医院	河南省商丘市
30	包头钢铁公司建筑群	内蒙古自治区包头市
31	中国人民银行吉林省分行（原伪满洲国中央银行）	吉林省长春市
32	成都量具刃具厂	四川省成都市
33	西安仪表厂	陕西省西安市
34	中国钢铁工业协会办公楼（原冶金部办公楼）	北京市
35	东北农业大学主楼（原东北农学院）	黑龙江省哈尔滨市
36	无锡荣氏梅园	江苏省无锡市
37	保定市方志馆（光园）	河北省保定市
38	武汉农民运动讲习所旧址	湖北省武汉市
39	曲阜师范学校旧址	山东省曲阜市
40	丰润中学校旧址	河北省唐山市
41	国际礼拜堂	上海市
42	龙山虞氏旧宅建筑群	浙江省慈溪市
43	青岛圣米埃尔教堂	山东省青岛市
44	韶山火车站	湖南省湘潭市
45	中国建筑东北设计研究院有限公司20世纪50年代办公楼	辽宁省沈阳市
46	全国供销合作总社办公楼	北京市
47	黄鹤楼（复建）	湖北省武汉市
48	利济医学堂旧址	浙江省温州市
49	华东电力大楼	上海市
50	武汉青山区红房子历史街区	湖北省武汉市
51	洛阳博物馆（老馆）	河南省洛阳市
52	乌鲁木齐人民电影院	新疆维吾尔族自治区乌鲁木齐市
53	广汉三星堆博物馆	四川省广汉市
54	航空烈士公墓	江苏省南京市
55	雅安明德中学旧址	四川省雅安市
56	圣雅各中学旧址	安徽省芜湖市
57	辽宁工业展览馆楼	辽宁省沈阳市
58	广州美术学院主楼	广东省广州市
59	南京五台山体育馆	江苏省南京市
60	中国出口商品交易会流花路展馆	广东省广州市
61	基泰大楼（现酒店建筑）	天津市
62	郑州第二砂轮厂	河南省郑州市
63	安徽省博物馆陈列展览大楼	安徽省合肥市
64	大理天主教堂	云南省大理市
65	八一剧场（新疆乌鲁木齐）	新疆维吾尔族自治区乌鲁木齐市
66	太原天主堂	山西省太原市
67	中华全国文艺界抗敌协会旧址	湖北省武汉市
68	天香小筑（曾为苏州图书馆古籍部）	江苏省苏州市
69	广西经济文化展览馆	广西壮族自治区南宁市
70	太原工人文化宫	山西省太原市
71	淮安周恩来纪念馆	江苏省淮安市
72	国民革命军遗族学校	江苏省南京市
73	天津友谊宾馆	天津市
74	碧色寨车站	云南省红河哈尼族彝族自治州
75	太原化肥厂	山西省太原市
76	白沙沱长江铁路大桥	重庆市
77	阎家大院	山西省忻州市
78	清华大学9003精密仪器大楼	北京市
79	浙江体育馆	浙江省杭州市
80	广州市中国大酒店	广东省广州市
81	中国科学院陕西天文台	陕西省西安市
82	汉口新四军军部旧址	湖北省武汉市
83	天津礼堂	天津市
84	大名天主堂	河北省邯郸市
85	西安钟楼邮局	陕西省西安市
86	八路军武汉办事处旧址	湖北省武汉市
87	文昌符家宅	海南省文昌市
88	岳州关	湖南省岳阳市
89	北京市市委党校教学楼	北京市
90	合肥稻香楼宾馆	安徽省合肥市
91	华夏艺术中心	广东省深圳市
92	宁园及周边建筑	天津市
93	锦州工人文化宫	辽宁省锦州市
94	肇新窑业厂区	辽宁省沈阳市
95	怡和新房（含八七会议旧址）	湖北省武汉市
96	昆明邮电大楼	云南省昆明市
97	浦口火车站旧址及周边	江苏省南京市
98	西藏博物馆	西藏自治区拉萨市
99	怀远教会建筑旧址（怀远一中内）	安徽省蚌埠市
100	无锡县商会旧址	江苏省无锡市
101	奉天驿建筑群	辽宁省沈阳市

下篇：纪念奉国寺大雄殿建成一千周年——"千年奉国寺·辽代建筑遗产研究与保护传承"学术研讨会纪略

王飞

王飞（义县文物局局长）： 今天下午的活动由我、金磊老师和殷力欣老师共同主持，我作为义县文博方面的代表，非常欢迎和感谢远道而来的专家老师们参加上午的奉国寺纪念活动和第五批 20 世纪建筑遗产项目公布推介活动。下午参加活动的有来自全国各地的大专院校、科研院所的各位专家老师。首先，由我简短地对奉国寺的情况跟大家再介绍一下。

今年是建寺 1000 周年。我们过去在金老师、殷老师共同的帮衬下搞了若干次活动，包括奉国寺第一本专著的出版，还有通俗版本的《义县奉国寺》，都是在诸位老师共同努力下完成的。天津大学的代表，如成丽等老师也帮了我们很多忙，还有辽宁工业大学建筑学院、鲁美艺术设计学院、沈阳大学等，也一直都在积极关注义县奉国寺，参与奉国寺文化遗产的保护传承工作，奉国寺文物保护项目的参与单位——陕西省文物保护研究院、西北大学刘成教授也参与前期保护工作。

金磊

金磊（《中国建筑文化遗产》主编、中国建筑学会建筑评论学术委员会副主任委员）： 奉国寺这些年从建筑修缮到保护、宣传经过了风风雨雨，希望下午的研讨能够有更多专家发言。今天会议以后我们还要出一本论文集，用比较大的篇幅反映与会专家对奉国寺大殿乃至义县文旅的发展的想法。此时我想到对义县奉国寺建筑遗产挖掘作出贡献的诸位专家。在上午大会的展览中已有专版记载梁思成、刘敦桢、陈明达、杜仙洲、杨烈等人，但我尤其要提及自 2006 年起英年早逝的刘志雄（1950—2008）、温玉清（1972—2014）两位中青年学者对挖掘奉国寺建筑文化所做的扎实贡献。很可惜，他们已经看不到今天会议的盛况了，我们尤不可忘记他们。希望今天的研讨是对辽代木构建筑特点更深入的分析，通过这样的研讨，大家相互头脑碰撞，出现一些思想的火花，更希望这个会议犹如一个小小的智库，为文化义县的文旅创新发展留下痕迹，也算是为新千年所做的发展铺垫。

殷力欣

殷力欣（《中国建筑文化遗产》副主编）： 本人自 2006 年 12 月起有幸跟金磊和天津大学的师生合作，做奉国寺专题研究，至 2008 年，以建筑文化考察组名义出版了一本专著《义县奉国寺》，一晃已经有 12 年之久了。当时我们这本书的分工是这样的，我写综述，丁垚、成丽、温玉清写专题分论。丁垚先生今天因故未能到会，而温玉清博士已英年早逝，很可惜。

时隔 12 年，感触很多，今天只讲三个问题。第一个问题，应把义县众多文化遗产视为一个整体。当年我做综述的时候，视角是把义县作为一个整体，除了奉国寺之外，另外的一些文化遗迹都作为一个地方文

建筑文化考察组首次义县奉国寺考察合影（右一温玉清，左三刘志雄；摄于 2006年 12 月）

《义县奉国寺》首发式嘉宾合影

化整体的组成部分。十二年之后，我个人还是想继续呼吁一下把义县作为文化名城去建设。在义县文化遗产分布图上最北边有明代的长城，城墙内是现存辽代的义县奉国寺大殿、广胜寺塔等。中间的十字路口是当年的鼓楼。我呼吁在条件许可下复建鼓楼——这个鼓楼，可以统领县城整个的景观格局，向东北望可以看到大殿，向西南看可以看到广胜寺塔，而且在那个位置可以看到义县东北地区比较有特色的完整的囤顶式居民街区，在低矮的居民区间矗立着雄伟的大殿和高耸的广胜寺塔。四个城门虽然没有了，但也可以作为一个标志物。另外，将大铁桥和义县老火车站串联起来，会使得古代的遗产和近现代遗产形成一个发展脉络。而且去年公布的20世纪建筑遗产名录是包括了这座铁路桥和老火车站。我自己在东北地区走过的一些地方，比如说河水更宽阔的松花江、嫩江，但像这样特大型的铁路桥还是非常少见的。

第二个问题是我12年前写综述文章时的一个自问自答。当时我给自己出了这么一道题："究竟是为供奉七佛而建九间大殿，还是建了九间大殿，为适应既定的建筑空间而安置七佛？"我给我自己出了这么一道题，之后一直没有找到很有说服力的答案。有位老朋友干脆跟我说："头疼死了，干脆你去问问辽圣宗好了。"这是句玩笑，但也有一点道理：如果我们转换角色，以辽圣宗的立场设想一下，大致能有一个较为合理的解释。其实早在北魏时期就有云冈石窟昙曜五窟造像"人王即法王"的先例，辽圣宗以七佛造像象征包括自己在内的七位辽代皇帝，这是顺理成章的。而一旦他决定塑造象征七位帝王的造像，则势必要为此建造适宜的建筑空间。这样看来，为了安排七佛而建九间大殿的可能性更大。具体分析一下建筑形式。对比当年中国营造学社所绘五台山佛光寺大殿和十二年前天津大学建筑学院所绘奉国寺大雄殿，我们会发现：不仅仅九间大殿能够更从容地安置七佛，而且这座大殿所采用的结构形式——厅堂二型，即陈明达先生所命名的"奉国寺形式"，可以在容纳造像尺度方面做到极致（采用适应此形式的彻上明造，显然比适应佛光寺形式的藻井更能安置大尺度造像）。陈明达先生认为奉国寺大雄殿的结构形式是殿堂结构与厅堂结构的结合。这种结构的艺术效果很好，但是它建造起来是很难的，很复杂，所以，陈先生说过这样一句话："美中不足的是这种结构较为复杂，设计、施工都要付出较多的劳动。"现在看来，这句话也正说明了这座建筑是按特殊需要而量身定制、精心设计的。

第三个问题，多民族工匠携手共建。在我12年前的论文里，比较强调奉国寺大殿是多民族工匠携手合作的一个产物，是民族团结的象征。后来我发现杜仙洲先生在其论著中也强调契丹工匠与汉族工匠的携手合作。有关这一点，我们过去主要是查阅历史文献，从《辽史》《宋史》等历史记载中推测。辽代政权自愿汉化，吞并幽云十六州的时候接纳了许多后晋国的汉族工匠，因而辽代建筑沿袭了唐代建筑风格……有关这些问题的历史记载较多，而实证资料相比文献资料要少一些。大概是5年前，我无意中看到20世纪80年代大修替换的构件——角梁下的四个角神的原件。这四个角神分成两种形象，分别是中原汉族文化的艺术形象和契丹人形象。汉族形象与中国营造学社考察四川汉阙时所见的角神形象显然一脉相承，而契丹人

苏贵宏

王惟

奉国寺相关出版物

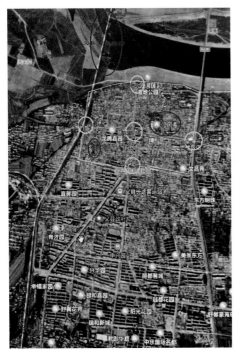

义县老城及周边重要文物示意

义县旧影（明钟鼓楼旧影）

形象则常见于众多契丹器物。这个大殿在四个角神形象上选取两个契丹人的形象和两个汉族传统形象，是"携手共建"的有力物证。

12年前，我写过这么一句话："奉国寺大雄殿见证着这段辽宋金元历史中最意味深长的时段：平息战火，走向和解与文化宽容，于是，由多民族组成的中华民族创造了华夏文明史上最伟大的建筑。"今天，我想再次强调一个拉丁文单词——复兴（renaissense）——这个单词还含有重新认识之意。西方的文艺复兴代表着西方文明的一种革新，这个革新是建立在本民族文化传统的基础上的，我们中国的文化复兴也应该在自己的传统上。我刚才提到12年前的测绘工作，现在正好有一个当事人在场，她就是华侨大学的成丽副教授。现在请她回顾当年的工作以及她个人的研究工作。

成丽（华侨大学建筑学院副教授、2007年奉国寺测绘参与者）：12年前我还是位博士在读研究生，跟

奉国寺大殿东南角神（汉族艺术形象）

奉国寺大殿西南角神（契丹人形象）

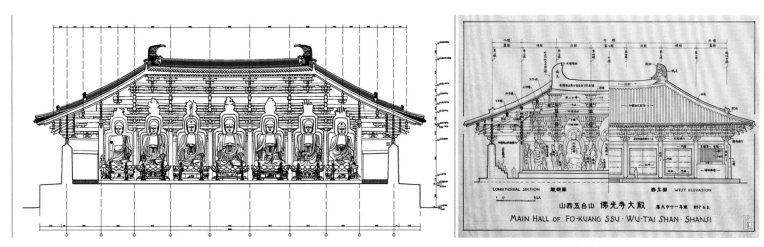

奉国寺大雄殿与佛光寺东大殿纵断面比较

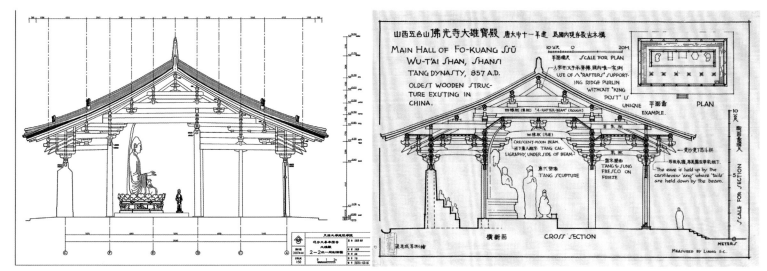

奉国寺大雄殿与佛光寺东大殿横断面比较

着殷力欣先生、金磊先生和几位天津大学的老师一起来奉国寺测绘。当时，我还跟时任文管所所长的王飞先生说等奉国寺千年纪念的时候要来参加庆典，今天真的实现了这个愿望，感觉特别荣幸。那一年我还许了一个愿望，就是在千年纪念的时候写一篇《奉国寺研究史》的文章，近期会加油实现。最近我把关于奉国寺研究的文献和资料收集了一下，整理了这份较为粗浅的汇报，还没到学术的层面，也请各位老师多多指正。

关于奉国寺的研究，首个成果大概出现在 1933 年。当时日本著名的建筑史学家关野贞先生读了日本考古学家编著的《续满洲旧迹志》后找到了义县奉国寺，随后撰写了《满洲义县奉国寺大雄宝殿》一文，发表在日本的杂志上；1934 年又在其所编图集《辽金时代的建筑与佛像（上册）》中收录了奉国寺的照片；不久，刘敦桢先生在《中国营造学社汇刊》第 5 卷第 3 期（1935 年）上撰文介绍此书，提及奉国寺大雄殿。随后，又有一些日本学者也写了相关的研究文章。这些算是日本学者对奉国寺的初步研究。

1941 年，王鹤龄、赵仲珊编撰了带有寺志性质的《奉国寺纪略》，由奉国寺住持净慈发行，可谓是中国人首次对奉国寺所做的较为全面和详细的记录，在卷末还提出了奉国寺修理工事计划书。当时也作过一些测量工作，将数据以文字记录的方式列于书中，为后世留下了十分珍贵的数据和资料。

中华人民共和国成立后，陆续刊发了《义县奉国寺调查报告》（1951 年）、《辽西省义县奉国寺勘查简况》（于倬云，1953 年）、《义县奉国寺大雄殿调查报告》（杜仙洲，1961 年）三篇研究论文。其中，比较详细的当属杜仙洲先生的《义县奉国寺大雄殿调查报告》，可谓当时关于奉国寺大雄殿最为全面和细

成丽

致的调查报告，其后的很多相关研究都以此为参考。

20世纪80年代，中国文物研究所（今中国文化遗产研究院）对奉国寺大雄殿进行了为期五年的全面修缮，由杨烈先生主持。修缮情况记录于《义县奉国寺修缮工程总结报告》（此次维修工程的资料后来编著为《义县奉国寺》一书，于2011年正式出版）。同期，还有曹汛先生撰写的《义县奉国寺无量殿实测及整治图说》一文。此外，1988年还发现了清代山门以外的遗址及部分遗物，1989年进行了勘探、挖掘，形成了《义县奉国寺建筑遗址勘探与发掘报告》。

2006年，建筑文化考察组主持编撰《义县奉国寺》专著，邀请天津大学建筑学院合作。天津大学师生数次赴义县对奉国寺进行系统的调研和测绘，拍摄了大量照片，获取了详细的测绘资料。2007年4月，首次将三维激光扫描技术与传统手工测量相结合，真正实现了对大雄殿的全面测绘，由此获取的三维点云模型为之后的各种分析和研究奠定了坚实的数据基础。《义县奉国寺》一书收录了几篇研究论文和文管所整理的碑铭、大事记等，还有单霁翔先生作的序。其中一篇论文是丁垚老师带着我撰写的调查报告，对以前的研究做了一些补充。汇报PPT有两幅图是我画的（见大雄殿梁架俯仰视图和正立面图）。我现在在华侨大学，在做建筑史教学，每次讲课这几幅图都是必放的，当年参加的奉国寺大雄殿测绘成为我人生中特别珍贵的、值得骄傲的经历。

2017年，辽宁义县奉国寺管理处与《中国建筑文化遗产》编辑部合作还出版了《慈润山河·义县奉国寺》一书，围绕奉国寺的建筑、彩绘、塑像乃其历史上的"人和事"等，做了一个全景式的展示。

除了前面的专著和早期的研究，到2007年、2008年之后，更多的学者开始关注奉国寺；2009年奉国寺成为AAAA级景区，也加强了其在学术界的影响力。之后陆续出现一些多样化的研究，相关成果越来越多，也引发了一些学术争鸣，是非常难得的研究历程。

从1933年开始到现在，大致可以获知：早期的研究更关注奉国寺建筑的基本特征，到后期则越来越细化，涉及断代、大木、佛像、彩画、壁画、复原、保护等方面。我搜集了60多篇与奉国寺相关的文献，除了占据大部分比例的学术研究成果，还有一些发表在不同类别期刊上的科普性介绍，加强了公众对奉国寺的认知。

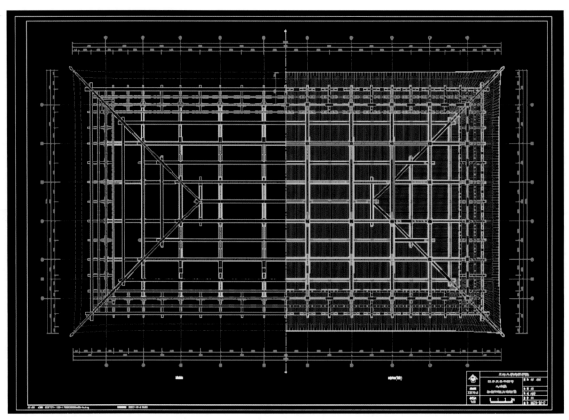

大雄殿梁架俯仰视图（绘图人：成丽等）

　　以上讲的是针对奉国寺的专项研究。除此之外，很多建筑通史类的专著也都会提到奉国寺，比如梁思成先生虽然没有实地调查过奉国寺，但是在他撰写的《中国建筑史》中对大雄殿做了简要介绍；刘敦桢先生主编的《中国古代建筑史》就奉国寺的典型结构和彩画等做了分析，提出奉国寺大雄殿由功能导致的不对称柱网布局是"金代建筑减柱、移柱法的前奏"的观点，提示我们古建筑会为了功能需求，专门进行木

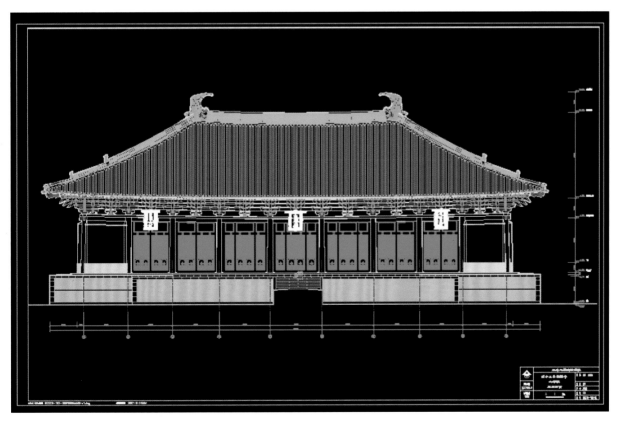

大雄殿正立面图（绘图人：成丽等）

构架上的调整，古建筑也是有空间设计的；陈明达先生编写的《中国古代木结构建筑技术：战国——北宋》一书首次将已知的唐、五代、辽、宋、金重要木构的梁架结构分为"海会殿""佛光寺"和"奉国寺"三种形式，把奉国寺大雄殿当成一种范式或类型，确立了大雄殿主体结构在中国古代建筑史上的地位。其他还有《中国建筑类型及结构》（刘致平，1957年）、《中国古代建筑技术史》（张驭寰，1985年）、《中国建筑艺术史》（萧默，1999年）、《中国古代建筑史（第三卷）》（郭黛姮，2003年）、《中国科学技术史·建筑卷》（傅熹年，2008年）以及国外学者撰写的《辽代建筑》（夏·南希 N.S.Steinhardt，1997年）等专著，对奉国寺都有所提及或研究。

以上是我今天汇报的内容，仅是非常浅显的材料收集，这些成果之间的关联和学术价值还有待进一步挖掘和完善，谢谢！

永昕群

永昕群（中国文化遗产研究院研究馆员）： 我有一个非常不成熟的想法，跟殷先生简单聊了一下。因为今天这个主题是辽代建筑遗产的研究与保护传承，我想跟大家分享一下我的一些工作。

今天，非常高兴看到一千年的大殿焕发着光彩，我觉得它再保存一千年也没有问题，这座大殿具有国家级建筑的性质。辽代是非常善于建造的一个朝代，虽然是北方的游牧民族，但是具有华夏和内亚两面性的特点。建筑艺术、技术的成就是很大的，辽代建筑可以说是相当坚固的，因此才能够留存下来不少。我觉得它的类型也是非常多的，一方面我们可以看到在中国北部遍布着辽代砖石佛塔，分布在辽宁、内蒙古赤峰，包括河北北部、山西北部和北京周边也是很多的。木构留存也比较成规模，有大型佛殿，也有中、小型殿宇，还有高层的木构佛塔，都有遗存，总之是类型很多，分布较广的。还有一种类型是陵墓，也有一些留存下来了。前两年大家做了一些系统的发掘，有非常好的考古成果。锦州的辽陵和赤峰的辽陵形成整个辽代帝陵系列，并且我们曾经把它们标在地图上看过，也挺神奇的。赤峰的辽陵，包括辽祖陵、辽怀陵、辽庆陵，这三个陵在赤峰的巴林左旗和巴林右旗，本身这两个旗是挨着的，辽祖陵最早，然后是辽怀陵、辽庆陵，三个陵是东南向西北斜向的，在一条直线上布局。这个斜向一直延伸到锦州北镇的辽显陵和辽乾陵，所以，辽人在不同地区帝陵的布置上，其方向选择、位置选择也是比较有意思的一件事情。

另外，我本人早几年做过赤峰辽陵及奉陵邑的保护规划，其中有一个辽代太祖纪功碑，是在辽祖陵祖州城之间龟趺山的一个遗址，是中国社会科学院考古所董新林研究员发掘的。最早发掘出来就是像明清皇帝陵碑楼的长方形平面，然后让我们做保护性设施。我们先做了复原性的研究，根据遗址做了下面一圈厚墙，上面是重檐歇山碑楼。同时，我们还设计了功能性的现代形式的钢结构、玻璃地面的保护建筑，并进行实施。施工之前我们要求做进一步的考古发掘，怕施工时把可能的遗存破坏了，在这个过程中，我们发现墙外面还有一圈柱础，这很有意思，因为带周围廊的帝陵碑楼从前没有见过，现存明清帝陵的碑楼都没有回廊，这是一个新发现。我们推测，它的形式类似于应县木塔底层情况，带一圈副阶。所以，当时没有用所谓的复原的方案来做保护建筑，我们觉得是比较稳妥的，要不然历史信息出入还是比较大的。在保护过程中，

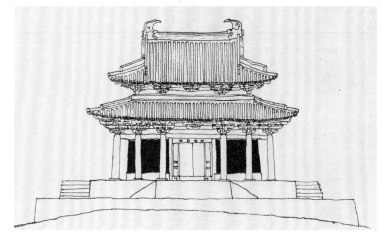

辽祖陵太祖纪功碑复原草图（永昕群绘）

自祖州城北墙观景台望太祖纪功碑楼遗址保护建筑及步道（建筑师：永昕群）

辽祖陵太祖纪功碑保护建筑雪景（建筑师：永昕群）

应县木塔正立面

对于古建筑遗址的保护设施的设计要谨慎一些，复原的思路未必是一种比较好的选择。

从这说起佛塔。庆州城是保存非常好的辽代大城址，辽代时期庆州的范围就很大，近似于京城，在诸城里是非常大的，沈括来过，说跟辽南京的繁华程度差不多。庆州是庆陵的奉陵邑，庆陵埋着三个皇帝，辽圣宗、辽兴宗和辽道宗，所以，这座奉陵邑很大。在这里，在兴宗重熙年间建了八角七层的砖塔（1049年建成），就是庆州白塔。庆州白塔是楼阁式的，也是带平坐的。这个塔非常秀丽，可以说是中国楼阁式古塔里最美丽的，并且它的外观跟我们现在看到的同样是辽代木构的应县木塔是非常近似的。根据文献记载，应县木塔是辽清宁二年奉敕而建的，就是1056年，而咱们锦州的大广济寺塔是辽清宁三年建的，是一前一后的。

应县木塔外观5层，内部是9层，除了底层夯土墙围护以外，全部用木头搭起来的。外观5层实际上可以理解成是5层佛殿。5个佛殿，一个个佛殿摞起来，就是这么一个分层结构。这个分层，从建筑上来讲，佛殿有屋身、屋檐，下面还有平坐；平坐类似于奉国寺大殿的砖台阶，这就算一个单元。但是，从结构上来讲分层不一样。由佛殿层的两圈柱子，内部是8根柱子；外边也是八边形，每边4根，总共32根，由32根柱子围成非常空阔的空间。这里可以布置佛像，人员可以在里面参拜，灵活使用。在空阔的空间之上，有一个铺坐层（斗拱、梁栿），还有一个暗层，其中斜撑很多，非常坚固。暗层起什么作用呢？一个是从空间上提升整体高度，暗层中间是中空的，佛像在中空的空间里比较高大。更重要的是暗层和铺作层形成刚度很大的盘体。如何理解每层结构层是怎样的受力特征呢？就像一个大磨盘压在很短的柱子上，如果风吹过来，短粗的小柱子产生摆动，但被大磨盘压住了，所以抗侧能力非常好，通过摇摆就把水平力消解掉了，这就是这种建筑抗侧的基本原理。实际上应县木塔就是陈明达先生总结的殿堂式构造的典型。殿堂式的单层建筑就是佛光寺的东大殿，底下柱子都是等高的，等高的柱子上面加一层铺作，再加上上面的梁架。应县木塔的每个竖向单元是一层刚性层、一层柔性层布置，刚柔相济。当代先进的结构工程研究认为高层结构的出路是什么，就是刚柔相间的结构做法，包括日本、美国、我国的专家也在做相关研究。应县木塔的结构，一千年前就做到了这点，这个科学价值不单是历史上的价值，可以对我们现代结构的研究有很大的借鉴意义。

当然，应县木塔现在局部倾斜比较严重，主要的就是二层从西南向东北方向的倾斜。我们经过几年的监测已经基本搞清楚了倾斜变化的基本情况，这个我不再说了。

刚才殷力欣先生也说了，奉国寺大殿一般认为可能属于厅堂和殿堂的结合。我是这么想，第一，我们一直说殿堂是最高级的结构形式，一般用在最重要的建筑上，而义县奉国寺大殿是面阔九间、进身五间，55 米 ×30 多米，在古代是顶级的重要建筑。它的建筑结构应该是当时比较高级的形式，这是没有问题的。第二，它之所以和佛光寺东大殿的结构不太一样，跟它的规模是有关系的，佛光寺东大殿是七间的，比奉国寺大殿规模小不少，如果奉国寺大殿也采取佛光寺东大殿同样的结构形式的话，前檐柱就会非常高，屋顶也高，在满足内部空间情况下，外部的体量与形象过于高大，用料、用材也会过大。所以，奉国寺大殿采取檐柱和内金柱不等高的做法比较合理。我觉得，柱子等高不等高可能不应作为殿堂式和厅堂式分辨的主要特征，因为檐柱和内柱高度不同，在大型殿堂里是很容易出现的情况，如果高度相同，会带来很多浪费或者材料不足的问题。在不等高的情况下，关键要看受力情况，厅堂式柱子上部的结构相对来说比较弱，需要靠柱子之间加以拉结的枋子穿插增加整体稳定性。殿堂式的柱子不需要拉结，所有上部结构都集中在柱头之上，柱头之上有一个刚性层。我们现在看奉国寺大殿，柱头之上铺作梁架整体性很强，尤其是纵向的襻间非常多，类似于应县木塔暗层，刚度很大，这样就不需要加穿插的枋。下面加穿插枋有一个重要问题，会影响下部空间高度，会影响大殿的使用，你要安置佛像，必须有足够高度做这个事。奉国寺大殿梁下空间非常宏伟，梁下再没有其他穿插的梁枋。所以，从这个角度来讲，事实上就是一种殿堂的形式，当然，这种殿堂形式是柱子不等高的形式。这是我一个非常初步的想法，很不成熟。

奉国寺的保护修缮也是我们院前辈的重要贡献。最早是 20 世纪 50 年代杜仙洲先生写了报告，到 90 年代杨烈先生主持做了全面的修缮，当时也有不少的创新之处，不全面落架修缮也是创新，包括壁画的保护也是一种创新的做法。这个工程对我们现在也是很好的指导，并且当时把修缮的构件、更换的构件和可以使用的原构件都做了细致的统计，现在看来，经修缮和更换了的构件占到 70%，我们可以看到落架大修或者不落架大修，对于构件的更换量有了比较直观量化的印象，这是非常好的参考。

再有一个，奉国寺大殿的格局。我也读过曹汛等老先生的文章，还有在座的赵教授写的复原研究的文章，我觉得奉国寺在金元之前的格局是非常完善的，也是非常宏伟的，如何把这个格局更好展示出来，包括现在的寺内地面跟寺外街道的地面有很大的高差，可能有很多文章可做。还是应该做进一步的考古发掘、调查，进一步搞清楚寺院的格局，然后在研究的基础上提升现有的展示，尽量把原来的回廊以及前面观音阁等大的格局更好地凸显出来。

这是我要说的几点，谢谢！

刘临安（北京建筑大学教授、博士生导师）：首先非常感谢义县政府和中国文物学会给了我这个机会，令我大开眼界。也很碰巧，大概三四天以前，我刚到巴林左旗上京遗址看了，今天又来看奉国寺大殿，都是辽代建筑，刚好形成一条线。

义县，我是第一次来。我对奉国寺大殿很熟，这个熟也就是从信息上，因为它是教学上很重要的案例。但是，今天是第一次见真容，确实很震撼。其实我今天上午看了看，具体讲，不亚于报国寺大殿。上午开会的时候说我要有发言，我说发言我讲什么呢？我就一直在想，回来坐在车上一直到开会以前都在想，结合我 30 多年的教学，我个人认为，辽代建筑实际上有许多可以引人入胜深入到这个地方，比如说刚刚前面几位专家讲到殿堂式结构、厅堂式结构，奉国寺大殿是这个特点。营造法式分得很清楚，殿堂式、厅堂式，而且前面有先例，佛光寺大殿是殿堂式的。奉国寺恰恰相反，跟它不同，这是在功能要求下还是在文化交融下的一种现象？比如说我们以前研究元代建筑，元代建筑有大量的减柱造，甚至在很重要的建筑中出现，流行说法是元代人不受汉代中原地区建筑制度的约束。

其实，我对辽代建筑以前有很清晰的认识，我说辽代建筑对中国大建筑或者高层建筑是非常关键的一页，这一页揭开了，比如两个很著名的辽代建筑，一个是应县木塔，还有一个是天津独乐寺观音阁。应县木塔很有意思，严格遵循古代"三位一体"的构图方式，即腰檐、屋身、群座。我们理解它是一个单纯建筑在竖向的叠加，叠加就有问题，平座如果是台阶没有问题，夯实了就完了。在高层建筑里，平座层没法夯实，做了暗层，暗层的处理还特别巧，因为是高层建筑，它要加强整体钢固，把好多斜撑放到暗层里，起到的

刘临安

研讨会现场 2

效果是什么呢？既不影响外观，又加强了结构。

同时期，你们观察，如果是砖石塔，有的叫楼阁式塔，如果砖石塔没办法做平层，就刻出来平座层，这反映什么呢？中国人建筑学构图的概念，不管建筑多高，我这三个东西必须要有，没有就不符合规制，这就想起喻皓写的《木经》，凡屋皆三分，上分、中分、下分，这就是一种建筑学的理论或者建筑学的一种概念，辽代建筑很好地继承了这个概念。三分为一层或者三分合一为一层，这就是中国古代建筑或者中国建筑美学上的构图要素。世界很多三分为一的东西，法国的三色棋。运用"三为一"那就更多了，老子一生二、二生三、三生万物，这就是三分一，三和一的关系很巧妙，这可能会引发到更大范围的思考。这个在给学生讲课时候使他们产生兴趣，给他们讲故事。

唐代建筑的案例很少，通俗一句话说，如果要理解唐代的建筑，你们就多看看辽代的建筑，就把它过渡过去。那么，宋代建筑相应的又比较多，但是，宋代建筑在建造规模上跟辽代建筑还是有区别的。从文化遗产旅游角度来说，是否可以搞一个辽代文化旅游线，从都城开始，有陵墓，有建筑，再挖掘一些更丰富的内容。因为我这两年经常带学生出去，西方人现在对建筑文化的考察已经不是我们过去一个一个建筑看，特别对于历史，他要看一条线或者一个面，通过这种考察或者这种旅游，对这个东西有一个纵向或者有深度的认识。下一步我们再去做做工作，形成辽代的线路，将来还要形成元代的线路。这次我们走了一圈内蒙古，那几天晚上我特别有兴致，研究完了之后突然发现列宁祖母有八分之一蒙古血统，深入研究你会发现有很多值得探讨的内容。最后一天，我说建筑从建筑单体、建筑个体、建筑结构、建筑图画，是不是更大范围内可以做一些研究，一个是辽代建筑文化线，如果再往大了做，这些民族文化跟中国大的统一结合起来，从元代、从北魏开始最后都是走向中原，包括辽，甚至清代都是这样，虽然发源于边疆、边陲，但是，最后走向中华文化中心，以后都强大起来了。

我最后总结性地说一句，辽代在中国建筑史上是非常关键的时代，肯定是承前启后，唐以前的东西很少了，宋的东西比较多一点，辽代既有唐代又有宋代建筑文化的特点。义县当地也可以借助今天会议做一个系统的研究，展现辽代历史文化，当然，包括建筑文化。

金磊：接着刘临安老师说的话，2008年7月11日，就在这个房间，上午是《义县奉国寺》一书的发布会，下午就在这个房间举办辽代木构建筑研讨会，当时义县的领导我记得只有蒋副县长来了一下。但是今天的会不一样了，苏先生、王副县长一直都在这里。我听了刘临安教授的一番话，有一点联想，一个联想是领导坐这听，很重要，如果领导不听，刚才您按遗产线路的文化旅行这件事说给谁听呢？我主要想说什么呢？实际上我们现在到国外，建筑线性旅游做得很好，到芝加哥就是线性旅游。咱就说义县，今天单院长做的报告的目的是什么呢？让文化遗产活起来。这么好的瑰宝奉国寺，还有化石，是两个金字招牌。刚才刘老师出了这么好的招，让我有一系列的联想，首先作为辽代木构建筑申遗这个体系的一部分，据说咱们还是辽代这些建筑的组织单位，当初大运河申遗也有办公室单位，谁是办公室单位？是扬州政府。义县这样的，要进一步强化；再一个，什么时候申遗，这个事咱定不了，是国家战略。但是借这个机会，我们把文旅做起来，认真打扫大殿里的佛像身上的尘土，就展露出它更好的容貌，我几次跟王飞说你一定告诉我是不是涂了颜色，他们回答保证没有。

刘成

刘成（西北大学文化遗产学院教授）：很荣幸跟奉国寺的壁画结缘，从2016年到今天也有5年了，今天在研讨会让我讲讲感想。我们在做5年规划调查过程中遇到了一些问题，也想突破文物保护界的一些界限，因为现在有很多矛盾的问题。保护文物原真性很重要，尤其刚才各位建筑大师讲的，当年杨烈先生的工程思路是新颖的，给我们保留了大量彩画，保留了壁画的完整性。在这个过程中，我们看到完整的壁画留下来了，我们认为初心很好，只是在当年最先进的技术支持下，环氧树脂和玻璃纤维作为它的保护材料，来支撑画面的完整性或者说它的稳定性。但由于玻璃纤维和环氧树脂在二三十年的老化过程中出现了大量的病害，很多人参观奉国寺时都没有留意到壁画，都被大佛吸引走了，甚至第二次才注意到油彩画，原因是什么呢？剥落太严重。

我们在研究过程中思考，初心这么好，该怎么能够把这个初心延续下去。经过我们这几年的监控和测试，尤其是对画面的表面温度、表面含水率、整个大殿一年四季的环境变化都做了实时在线监控。我们甚至用两个监控系统，一个是浙江大学的，一个是（西安原子）公司的，来判断大殿壁画现在的稳定性到底受什么影响。经过这4年的监控，我们找到了根本的原因，就是在当年修复过程中，采用的玻璃纤维和环氧树脂的距离，4米×2米作为一个区，实际上两个柱子之间是一个单元，单元和单元之间没有有机地很好地结合，在环境变化中，结合部就出现了问题。

在调查过程中，我们想对比从20世纪80年代修复之后到今天都发生了哪些变化，变化背后的原因是什么。到目前为止能够用的手段我们都用了，包括内窥镜，因为我们对壁画不能有任何破坏，想知道里面是怎么回事儿，又没办法用X光透视，怎么办呢？用内窥镜进行探测。人家说3D是用来扫描的，但是，我的3D是用来监控的，我是每3个月会扫描一次，看大殿的壁画在每天的早中晚和每3个月之间有没有形状的变化，发现最厉害的时候壁画伸起来3毫米的距离，有3毫米的起伏，这种起伏对壁画的开裂是非常重要的。有些部分已经开始看不到了，很淡，我们用紫外、红外、斜光、平光各种形式判断它还剩多少。

在这种困惑下，我们总结出一些经验，一个是多光谱，用来解释一些看不太清楚的画面。已经剥落的画面，各种手段都用了，依旧没有用，怎么办呢？我们就想起了关野贞先生原来的画面，他的照片我们可以矫正，矫正之后可以用灰度计算颜色，可以把当年丢失的信息找回来。我们跟王局长也探讨过，如果这个事情能够实现，不管手工绘，还是机器打印，还是怎样，我们可以让1934年时奉国寺的壁画再现，当然这个是虚拟再现，肯定不会再画了。虽然信息丢了，是丢在物质上，从精神上它丢不了。因为有照片，我们可以复原它。

我们分析这些病害根源时发现是外界的污染物，比如大量的微生物在上面，拿手电筒从侧面打光，到处是金丝，灰非常重，甚至会把一些起撬的画面拽下来，就是剥落。在整个4年过程中我们最心疼的就是有时候看到画面小碎片掉下来，这些都跟污染有关系。但这些都还属于表层的伤，真正伤害它们的是裂隙。477平方米的元代壁画，我们画的病害图应该有上万张，画面很小。从底下打光看，其实画面根本不平，纵向有裂缝，横向有突起，而突起恰恰就是4米×2米玻璃纤维板的结合部，也就是后面有龙骨，可能有抓手把壁画固定，壁画固定过程中，画面在温湿度变化中要起伏，但是有龙骨抓它不让它动，于是出现反作用力，这个出去了，那个不出去，越来越鼓，越来越变形。我们调研的结果发现它的裂隙几乎遍布所有画面，我们找到了16条大的裂隙，而这16条裂隙都是动态的，都在动，而且裂隙最宽的有3厘米，内窥镜可以自由进出。我们放一个微风机在那，有三级风都可以出来，风从哪来的呢？当初我们在做修复的过程中，为了保证檐柱不被腐朽，留了5厘米的空隙，柱子周边是空的，裂缝一裂以后，外面有洞，里面有裂缝，这就成了坑道，里外温度一差，就刮风，风再起来，温度变化更大。根据我们实测，有上下贯穿的6条非常大的裂缝，原来是三层结构，变成七层结构，因为多了环氧树脂，结构多了，在温度的变化下也会出现各种不同的变化系数，也就是会出现差异，所有埋在土地或者包裹在里面的柱都存在这个问题。

所以，20世纪80年代的修复，我觉得非常成功的就是体现了大面积和原真性保护，这是非常好的出发点。明代十八罗汉，它就放在大殿内部，没有受到环境的干扰，所以目前明代的壁画除了落灰很多，结构没有受到任何影响，保存得非常好。当时受到工艺的限制，一来是内部结构，二来就是保护材料本身。我们在关野贞先生的画面里也找到一些裂缝，不是所有裂缝都跟20世纪80年代的修复有关系，其实20世纪30年代也有了。在20世纪80年代之后，就是因为修复材料带来的问题，之后我们的保护方案一定会针对根本性的影响而进行针对性的展开，比如背后环氧树脂带来的动态问题，我们将来肯定会把它去掉。但是，无论后面怎么去掉，前面的画面，既然当年杨先生全面保留下来，我们今天依然全部保留下来，任何措施不能破坏当初的原真。我们希望未来的修复方式不干扰画面的完整性。

今天单霁翔会长也讲了用原工艺保护它。辽代壁画的原工艺在20世纪80年代已经弄没了，现在把它弄回来，弄回来也不是当年的，已经有很薄的画面与很厚画面之间的问题，用一个什么样的材料能够减少环境对它的影响。最后，就是画面信息的提取，我想我们保护文物都是为了提取它的信息和价值，这批已经被损耗的信息，现在画面的信息量应该是过去的60%左右，30%多已经失掉了。但是，怎么复原回来，我跟王局长聊过很多次，我们叫虚拟展示，进到大殿，戴上我提供的眼镜，你看到的全是完整的画面，摘下眼镜是残破的，未来肯定能实现。在不伤害文物本体情况下，最大限度展示文物信息。

白鑫（沈阳大学美术学院公共艺术系主任）：我是2006年在北京大学做硕士研究生的时候开始对奉国

奉国寺大雄殿造像

白鑫

寺的彩画进行研究，因为我硕士论文写的就是彩画部分。我第一次来奉国寺大雄殿感到非常震撼，当时查的是杜仙洲老师1961年发表的论文，他记录的是十二躯飞天。然而，我到现场发现不仅有十二躯，经过详细的调查是四十二躯飞天。内槽六根六椽栿各绘飞天二躯，共十二躯飞天；外槽前槽四椽草栿绘飞天十四躯，其中东西两侧两根四椽草栿各绘飞天一躯，其余六根四椽草栿各绘飞天二躯；外槽后槽乳栿绘飞天八躯，其中东西两侧第二根乳栿（二椽栿）各绘飞天一躯，其余草乳栿底部各绘飞天一躯，损坏严重；南北丁栿绘飞天八躯，南北对称，各绘飞天四躯，其中南北两侧飞天在上部草丁栿底部，中间二躯飞天在下部丁栿底部。外槽飞天位置的分布头部皆朝向内槽佛像。我那时候就觉得非常的震惊，因为绘画水平极高，大殿里光线很暗，飞天画在梁栿上，很难观察。在王飞老师的支持下，我们进行了详细的拍摄，再对图片进行整理。彩画为什么可以画得那么好？这是当时困惑我的一个大问题。调查时发现它是先画在梁栿上，然后再进行搭建，因为飞天部分和云纹被木构架遮挡住了，几年后我也从梁超老师那里也得到了印证。四十二躯飞天绘画技法和艺术水平很高，色彩中的朱砂依旧非常艳丽，但污渍较多，难窥全貌。飞天的样式有带胡须的，有漂亮小姑娘的，有结双环髻等多种样式，与其说是飞天，更像菩萨，是运用传统的中国绘画手法进行绘制的。它的绘画方法跟明清的彩画不同，运用的是壁画，也就是中国画的手法。这些飞天应该是有粉本的，调查后发现飞天的手画得很牵强，姿势也很不舒服，因为梁栿很窄，手很难安放，工匠在处理画面时，外槽乳栿（丁栿）飞天绘画痕迹清晰，绘画步骤为：用墨线勾稿，然后染色绘制，最后要醒线。这与中国传统绘画方法一致。传统建筑彩画的图案很自由，很多地方是工匠直接画上去的，彩画与壁画的画法相同，这也是辽代绘画的特点。越往梁架上面，绘画越自由，用写意的手法去画。彩画的题材与唐代的接近，有双尖纹、柿蒂文等，彩画画得很自由。自由是辽代整个艺术的特征，北方民族不受太多的约束。

周学鹰（南京大学历史学院考古文物系教授、博士生导师）： 第一方面，不能说奉国寺大殿是我国现

奉国寺大雄殿斗拱彩画及飞天彩画（组图）

存最高等级的木构建筑，我想进一步说明。当然，首先要提及奉国寺大殿不是目前我国现存古代最大的木构建筑，这个一定要清楚。可以说是现存唐辽木构建筑中是最大的，辽金木构建筑就不是最大的了，最大的是大同华严上寺的大雄宝殿。说到明清就更不是，最大的是清代木构故宫太和殿，明代是长陵的陵恩殿，此两者规模几乎相等，一般共称最大者也可以。因此，目前这个最好不要再说了，这个要注意。

（1）说奉国寺大殿是采用最高等级规制的，这个可能也要注意。你从哪个方面说它是最高等级规制呢？就用材而言，义县奉国寺大殿是相当于宋代一等材的，这是事实。目前，我国现存木构建筑相当于宋代一等材者有四座，例如五台山唐代佛光寺东大殿、五代福州华林寺大殿、辽代义县奉国寺大殿、金代大同华严上寺大殿。但是，佛光寺东大殿仅仅是七开间的山间寺院大殿，理当不是唐代用材最大者。因此，就我们目前的研究来讲，唐代的用材可能比宋代的要大不少。所以，你说最高等级规制，从哪方面来说？这是第一个。

周学鹰

（2）宋代《营造法式》记载得非常清楚，殿堂式、殿阁式建筑的斗拱出跳，最高等级是出五跳八铺作。（当然，后世实例中还有出跳更多者。）不要忘记，义县奉国寺大殿仅是出四跳七铺作，佛光寺东大殿、平遥镇国寺万佛殿、福州华林寺大殿、蓟县独乐寺观音阁等也均是如此。因此，它不是最高等级。

（3）就我们目前的研究，唐代及唐代之前的木构建筑屋顶，应是单檐。宋辽时期开始，出现重檐建筑，（《营造法式》明确记载的副阶周匝即为明证）此时理应已经确立了重檐屋顶等级比单檐屋顶高。这个完全可以明确的是，义县奉国寺大殿屋顶是单檐。据此，为什么说它是最高等级的屋顶形式？这就也要注意了。目前，陕西西安复原的某些仿唐建筑用的是重檐屋顶，可能也是值得商榷的。从现存的敦煌壁画当中可以归纳得出，那么多唐代建筑图像，没有一座是重檐建筑，为什么？《周礼·考工记·匠人营国》所记载的那三句话连起来读"夏后氏世室……殷人重屋……周人明堂……"指的应是三种不同功能的建筑，而不应是造型。所以，杨鸿勋先生的相关复原成果或许应值得商榷。据此，从屋顶形式来看，说它是最高等级者，可能也非如此。

（4）目前为止现存的唐代木构建筑，以及图像资料、考古发掘资料中，没有一座唐代宫殿建筑屋顶全部采用金黄色琉璃瓦。一般是青瓦（青棍瓦，俗称黑瓦），采用绿色、黄色等彩色琉璃瓦剪边，没有全部满铺金黄色琉璃瓦。我们研究认为，屋顶全部采用金黄色琉璃瓦可能是从宋辽时期开始的，并成为最高等级的屋顶做法。而义县奉国寺大殿是青瓦顶，由此不应说它是最高等级的建筑形式。

第二方面，刚才有人讲到殿堂式、厅堂式、奉国寺式等，不应是"式"，应是"型"。殿堂式等，那个是不对的。应叫殿堂（阁）型、厅堂型、奉国寺型，其中奉国寺型是陈明达先生自己创造的。我觉得陈明达先生的创造是有一定道理的，殿堂型、殿阁型在《营造法式》中记载得非常清楚，比如檐柱与金柱等高或者几乎等高，柱头铺作层交圈，屋架构件与斗拱构件之间相互几乎没有穿插，木构建筑整体承重木构架（包括基座）可以分为四个水平受力层，这些《营造法式》记载得也很清楚，不存在太大争议。或许，存在一点点争议的是陈明达先生自创的奉国寺型，我觉得陈先生提得也非常好，为什么？大家都知道，殿堂型、殿阁型是内（金）柱与檐柱是等高或几乎等高，因此它的木架是可以清晰分层的，自下而上，基座层、柱网层、斗拱层、屋架层，可分四层，提出水平层是有一定道理的。当然，我们要注意到，具体到义县奉国寺大殿，陈明达先生说内（金）柱柱头之上铺作交圈，与檐柱柱头之上铺作分别交圈的情况，故而特地提出奉国寺型。其实你如果注意看一下奉国寺大殿的横剖面图，就会发现义县奉国寺的横剖面非常清楚地表明，其前槽金柱的柱头高度与后槽金柱的柱头高度是不一样的，前槽金柱的柱头高、后槽金柱的柱头低。因此，前槽金柱的柱头铺作出跳少，后槽金柱的柱头铺作出跳多。由此，奉国寺大殿内槽柱头之上铺作的交圈实际上是不完整的交圈，与檐柱柱头之上铺作完完全全的交圈是有一定区别的。那么，陈先生提出的奉国寺型，有没有内柱柱头铺作完完全全交圈的情况呢？有的，例如朔州崇福寺弥陀殿就是如此，前后槽内柱等高，柱头之上铺作完整的交圈，它的檐柱柱头之上铺作也是完整交圈，这就是陈明达先生提出的奉国寺型，典型的奉国寺型。

第三方面，为什么要建造奉国寺？我刚刚评审过一篇浙江大学申报的硕士学位论文，推荐为国家级优秀学术论文，作为专家意见之一，我同意。为什么要建造义县奉国寺呢？他写的是关于辽塔研究（包括现存、文献记载、考古发掘），部分提到了义县为什么会出现规模巨大的奉国寺大殿，主要内容是地理位置适中，展现皇家威仪，沟通各民族的文化，联系各民族的桥梁等。

第四方面，义县奉国寺大殿及其周边如何发展，时间关系，我不展开了。这些年来，我们考察了世界上有四十个左右的国家，粗略领略了数百个世界文化遗产。主要目的就是学习、研究他们怎么做、为何这样做，厘清成败得失。我们的研究可能还不深入，存在一些缺憾。昨晚吃饭时，有人说梁思成、林徽因两位先生解放前来过义县奉国寺。据我所知，实际上，梁思成先生、刘敦桢先生、林徽因先生都没有来过义县。这个也没关系，没有来过就没有来过，刘敦桢先生的公子刘叙杰教授不是来了嘛，没必要非说梁思成、刘敦桢先生他们来过，历史就是历史，没来过就是没来过，不要紧。义县奉国寺未来的深入研究，应把建筑艺术和宗教艺术结合起来研究，把佛教文化和建筑文化结合起来研究，如此一来，义县奉国寺就是非常巨大的宝库。可以把全国最好高校的力量结合起来，譬如南京大学愿意做点贡献。

另外，我提一点建议，金磊主编刚才讲到单局长的话很好，我觉得义县奉国寺大殿能不能尽快申报世界文化遗产，如不能，为什么？这个对奉国寺大殿以及义县方面的影响太大了，至少现在可以先把英文网站搞起来。

刘叙杰

刘叙杰（东南大学建筑学院著名教授、中国营造学社创始人之一刘敦桢之哲嗣）：大家非常赞同奉国寺申遗，要向全世界宣扬，在国内也要引起注意。我们这本书叫作《奉国寺》，实际上里面就只讲了大殿，要讲寺的话，不能只有一个大殿，要拿到国外去，寺应该内容很多，这点上我们要承认客观事实。因此，要充实我们国宝的内容，我们必须要加紧多做一些充实的工作。现在再去找辽代的建筑，再给它复原，还是假的，对不对？所以，我觉得作为一个旅游景点为了衬托大殿的存在，是不是可以仿制若干建筑，作为整个建筑群来讲，比如几个阁，现在做的古代的阁，跟辽代的阁完全不一样，我们说这是现在根据推测做出来的，作为旅游来讲，可能更完整。要不然人家来看的话就一个大殿，我们不想做假古董，但是，有的时候后面的东西似乎都是假的，比如现在的几个殿都不是原来的，我们还得用。所以，这个问题我们怎么解决？我们的想法是最好让我们的内容更丰富一点，当然，大殿里内容是很多，如果只是一个大殿的话，其他都是后来做的，跟大殿好像也有点格格不入，这个问题该怎么办？我把这个问题提出来。

金磊：既然刚才说百家争鸣，其实我觉得不仅仅是争鸣不争鸣的问题，我觉得在座的这些学者们是不是应对刘叙杰老师有一种特别的敬意？我为什么要这样说呢？因为现在满天下的大师，什么时候承认错误呀？谁的知识能够这么全面呢？刘老师怎么就苛刻要求对辽代建筑研究这么细。刘叙杰教授给了我们在座全体人一种精神上的东西，这恰恰是当代学者非常缺少的。所以，我们应该以掌声表示对刘叙杰老师的敬意！

殷力欣：谢谢刘叙杰教授！学术研究就是要百花齐放、百家争鸣，刚才周教授也讲了，当然，过去这个问题也有很多专家探讨，有待我们今后再继续研究。下面有请陕西省文物保护研究院、奉国寺彩画项目的参与者马琳燕讲讲她的感受。

马琳燕

马琳燕（陕西省文物保护研究院研究二部主任，研究员）：我们院从 2012 年、2013 年到今天承担彩绘泥塑保护项目，历时也有 8 年了。

我今天对我们承担的项目进展的情况给各位专家做一个汇报。奉国寺七佛在一个大殿里面，宏伟壮丽，给每一个走进大殿的观者留下非常强烈的印象就是震撼。文保院在彩绘泥塑方面之前也承担很多工作，也有一些工作经验。但是，面对大体量的，而且有七尊大佛并列在一个大殿里的情况我们也是首次接触到。体量大，它的结构稳定性和基本结构就成为我们关注的一个重点问题。实际上当时一切都是未知的，我们也有很大工作压力。从 2013 年、2014 年到 2015 年三年的时间，我们做了大量的前期勘查研究工作，从环境调查包括历史资料的收集研究、保存现状的勘察研究、制作工艺及材料的研究以及彩绘泥塑基本结构的探测和结构稳定性的评估，用了多种多样的方法，用了内窥镜，结合 X 射线探伤探测研究，引入探地雷达的

刘叙杰教授在会议中记录

探测方法在大型泥塑上首次应用，通过三维扫描建模开展有限元计算对稳定性进行分析，包括有限元的计算，开展了结构稳定性的分析，多种方法综合应用。经过三年的勘查研究，得出了塑像基本结构及结构稳定性的结论，辽代彩绘泥塑有它比较特殊的工艺。

这是我们做的环境勘查无线监测系统研究，布设了室外气象站，对风速、风向、降雨量等进行记录，大殿内环境及塑像表面的温湿度、二氧化碳浓度以及光照度等监测记录的分析，我不细讲了。这个照片是现场勘查所做的现状记录，大佛、小佛，包括日本所拍摄的历史资料照片和1958年局部修复之后的现状的一些对比。这组照片是对大佛裂缝的调查和记录，通过三维也做了塑像的一些信息调查记录，利用三维扫描建模。我们通过有限元计算，做了结构稳定性相关的研究，包括局部结构稳定性的调查，如大佛手指、手臂或者是塑像法器等悬空以及影响重心的因素。这是探地雷达在现场的工作照片，分别搭了七尊大佛的架子，每个大佛都做了探测，小的佛像也逐一做了探测，包括主体结构和基础的连接方式也都做了，对大佛结构稳定性做了研究。通过现场直接观察的方式，我们可以看到木骨、木骨结构的组成方式，木头纹理清晰，木质还是非常完好，而且它的基本结构也很整齐，保存了一千年，没有什么大的问题。收集各种信息之后，我们通过计算、建模，能够看到大佛及胁侍菩萨的基本结构，反映了大佛的基本木图结构，一根粗壮的中心立柱，在立柱周围是木框架组成的内部的木骨结构，然后在木框架外围用木板组成了它的外形，这样的木骨结构减少了总体重量的同时形成了大佛的基本形状，在木骨的外层再去施加粗泥塑大型，细泥塑造细节的造型，再进行底妆和彩妆，这是大佛的制作工艺基本流程也有最小的胁侍菩萨制作工艺的基本流程。

在2013年、2014年、2015年大量前期检测工作、分析研究工作做完之后，一期方案在2016年已经通过国家文物局的批复。按照国家文物局的严谨和现在文物保护原则以及各种法规的要求，我们把彩绘泥塑保护修复项目在保护阶段分成两个部分，即一个是一期十四尊彩绘泥塑，小的泥塑的保护修复和将来二期七尊大佛和包括倒坐观音的保护修复。在2017年和2018年又对一期彩绘泥塑分两个阶段做了循序渐进的研究，保护研究和修复措施紧密结合，一步一步非常谨慎地遵循最小干预，保持原貌，针对性治理病害，

研讨会现场 3

以这样的一种推进方式往前走。2017 年、2018 年的时候，做了两尊抢救性的保护修复研究，有两尊像倾斜得比较厉害，基础挖开之后，其中一个菩萨地脚的木柱已经完全糟朽，可以看到木头完全中空。我们也进行了采样分析，对地脚木柱做了木材种属分析，对蛀虫进行了种类的分析，有四种蠹虫，木材糟朽的主要原因就是蠹虫。我们对木柱也做了替换方案，对新替换的木柱做了专业的防腐处理，这两尊在 2017 年、2018 年完成了抢救实验。

研究工作量非常大，由于时间的原因，在此做一个简介。这两年的保护修复试验主要对各种病害研究，从木骨、泥层，包括颜料层和表面污染物，针对各种各样病害信息有针对性的治理，经过前期实验寻找到合适的保护方法和修复材料，达到有效保护的修复效果，最小干预，不改变原貌。表面清理是一个基础却又重要的工作过程，比如有些污染物的清理可能会影响到颜料层，若清除会造成颜料层脱落的话，就不会过度清洗。现在，我们在现场看到颜色比之前看起来清亮一些，但是绝对没有添加新的颜料，绝对没有重新涂新的颜料，展现的都是原有的风貌，只是去掉了表面的污染物。

在接下来的过程中，由于今年工作只进行了大概 20%~30%，明年、后年还要继续有一些裂缝的处理，包括 1953 年有一些不是特别恰当的也会进行局部的修整，但是，都是在有依据的情况下，而且我们到时候会定期召开专家会，请各位专家老师和艺术同行包括文物保护专家一起过来帮我们把把关。

崔勇（中国艺术研究院建筑艺术研究所研究员）：我也很高兴参加这次研讨会，辽代的几大建筑我都到过。

我看了奉国寺后同样感到很震撼，前面专家讲很多了，我就简单讲几句话。

先讲一个问题，接着刚才永昕群研究员和周学鹰教授关于殿堂的话题，不管叫殿堂式或者厅堂式，或者陈明达先生说的奉国寺式，奉国寺的平面布局肯定是独一无二的。我们在研究过程中发现一个问题，研究佛教美术的专业人士和研究建筑的专家人有时候总是搞不到一块，最好是搞佛教美术的既要懂建筑，搞佛教建筑的人士也要懂佛教美术。佛教本身有时候在营造道场时候考虑的主体是佛像、壁画怎么放，不是建筑怎样。建筑学者总以为先入为主，以为建筑老大，在宗教美术领域，建筑载体实际上是附属品，如果两方面都注意了，我们的研究会更加深入、更加具体一点。其实，佛教建筑、宗教建筑从印度传过来以后，无外乎这么几种形式，其实大家共知的，一个是佛龛形式，还有一种是塔柱式，再一种就是大象佛，敦煌里面有；还有卧佛式的，敦煌里面也有；再一个是露天大佛。厅堂式是承载佛像、壁画的空间。建筑佛教殿堂，就是营造一个大空间，更何况七个佛像跟七个祖宗连接在一块。再一个是横向的厅堂式的方式跟竖向独乐寺和竖向应县木塔比较，都是解决空间问题。采取这种形式是很自然的，我们研究过程中也发现辽代、元代游牧民族，一方面吸收中原汉文化，一方面在营造建筑空间过程，实际上在柱网结构中采取减柱法。不像辽宋之前唐代建筑密密麻麻那么多柱，减柱的做法可以使得空间扩大，非常震撼，这是很自然的。借这个机会我也谈谈我的看法，这是一个问题。

再提一点建议，现在全国各地文保单位世界遗产问题很多，世界遗产怎么申报？我们现在已经把奉国寺列为世界遗产名单，怎么申报？除了主观的愿望，在方式方法上，可以借鉴开平和福建土楼申报世界遗产的经验，就是采取打包的方式，他们把开平那一带整体打包，申遗成功了。福建土楼申遗也是整体打包。现在江西、安徽、湖北一带，有一个商周时期铜矿遗址，申遗项目也准备以打包的形式，江西九江铜矿和湖北大冶铜矿遗址，还有安徽马鞍山的铜矿遗址，三个准备一起打包申报世界文化遗产，单一的奉国寺申报世界文化遗产很难，一个是规模小，而三个打包在一块，成功率就很高。

奉国寺申报世界遗产我觉得也不难，刚才很多老师包括永昕群研究员也说了，其实辽代的建筑在中国古代建筑是过渡性的，由唐到宋到元明，是过渡关系。在过渡过程中，有游牧民族和农耕民族交互过程，在交互过程中有很多东西，建筑遗产也在其中，辽代建筑不单单独乐寺与楼阁式，还有应县木塔。除此之外，比如在北京昌平的五个塔都是辽代塔，非常漂亮。前段时间我和天津大学建筑学院刘庭风教师共同指导一个博士生叫刘燕，他写的一篇论文叫《辽代园林》，我们只知道明清皇家园林、私家园林，其实辽代也有园林，而且游牧民族的园林空间和大殿空间、时空感觉都不一样，此外还有塔，有楼阁，有园林，还有其他的。这些东西整合成综合的辽代建筑景观建筑及其风土人情，整体上对申遗更有帮助，更全面，类型更丰富，这是我的一个建议。

崔勇

路红（天津市规划和自然资源局一级巡视员、天津市历史风貌建筑保护专家咨询委员会主任）：刚才崔老师说得非常好，刚才回来的路上我跟苏县长也讲了，咱们谈半天，还是围绕两个方面，一个是守望，一个是传承。

守望我们做得很好，现在我们意识都唤醒了，包括大众的意识、政府的意识、专家的意识。传承这个地方需要考虑，刚才听了崔老师的讲话，我有两个感想，对于义县奉国寺这样非常璀璨的一颗明珠来讲，我们要从两个角度考虑它的传承。一个是从地理学上，在地理学上，我们一定要考虑到当时建辽国这样一个大的背景下有多少相同、类似，那个年代在北方辽国地区，在这样一个大背景下讲共同的保护，这又回到了线性遗产或者路线遗产，这样的保护是非常好的。

第二，文化的传承，让更多人知道，而不只是一部分专家知道，我当过很多年专家，又在政府从事了那么多年相关工作，我感觉到政府有这样的意识以后，传播的渠道是非常广的。今天市委书记、县委书记、县长都在做这些事，奉国寺传播的途径就宽广了。所以，从文化的传播上，多种途径做这件事情，形成一个群体的效应，我所在的城市天津有独乐寺，我们也会反思，我也可以把这个信息带回去。要从多个角度以更大的视野来做保护的事情，更多的受众来接受这个传承，我们才能做得更好。

路红

舒莺（四川美术学院公共艺术学院副教授）：在座的各位专家都是我的长辈，我也算是后浪，从传承方

舒莺

面来说，我是后面延续的传承者。每次到北方来看建筑，都给我很大的震撼。毕竟重庆是属于厚今薄古的城市，地面上的建筑，最早到明清，如果实在要找到宋代什么东西，要么刻在石头上，要么往地下刨。现在我们正在搞世界遗产的申遗工作，钓鱼城南宋衙署，也都是我们掘地三尺，挺辛苦的。应该说今天信息量非常大，既看了很震撼的奉国寺的建筑，然后又听专家们激烈的发言，很多专业知识也刷新了我对遗产保护的很多理念，确实觉得非常震惊。加上上午单霁翔院长做的讲座，我觉得给我的启发非常大，因为我在咱们主编的带领下一直在关注建筑遗产的保护和利用，我从一个小的角度谈谈我个人的一点感受。

刚才周老师也在说，说到遗产申遗的问题，我感觉咱们不能为了申遗而申遗，尤其是遗产保护，虽然最好的保护就是利用起来，我们做这个工作有时候太过于急功近利的话，可能会物极必反，太过于功利化。现在咱们年轻一代的信息量远远比我们过去父辈时候面宽得多，这时候公众是不容易被忽悠的，文化到底有多少含金量，人家是会辨别的。为什么通过抖音网红，那么多人跑到重庆来玩，结果消费量多少？ 2019年国庆，在重庆人均消费 428 元，还是 425 元？成都是多少？ 2 200 多元，差得那么远，成都没什么太高调的宣传，人家实实在在，愿意为文化买单，那就不一样。重庆再网红又怎么样，做得很漂亮，很热闹，但实质上人家觉得文化还在成都。同样是做文化，成都做宽窄巷子、太古里，把老建筑和新的东西——时代性、文化性全部很好地有机地融合在一起，重庆做什么？我们都知道，2019 年中国十大最丑建筑排名第一就是重庆的来福士。民众对这个反应很大，那时候重庆人直接抨击政府，直接用来福士广场取代朝天门广场，说的是什么？只听见过卖儿，卖女，没听说过卖地名。所以，搞文物保护别学重庆，真是这样子，多看看成都，用绣花的功夫精心地做文化，这是其一。

再有，还有一些后续的东西，因为我自己也在研究乡土的防御建筑。我关心碉楼。刚才崔勇老师说到碉楼也好，土楼也好，我们看到申遗的后续是什么，因为当时开平市政府花很多钱，大力地做申遗工作，后面看到的是什么呢？现在保护后续缺口达到一点几亿，还是二亿，最近应该还在延续，我后续再去看，情况并不尽如人意。所以，我们还要关心申遗后的东西。这些问题就留给我们的父母官们。

陈日飙（香港华艺设计顾问（深圳）有限公司总经理、深圳市勘察设计行业协会会长）：在被奉国寺大殿震撼的同时，我想到更多的是义县如何通过营建新的设施提升文旅的含金量，无论是民宿，还是必要的酒店业，都对带来游客起到可观的作用。国内外文旅业态成功的经验，无一不是要有好的接待实力为依托，希望"十四五"期间能在中国文物学会 20 世纪建筑遗产委员会等机构的支持下，在诸设计机构的创意下，义县能够在这些方面有根本改观。

张祺（中国建筑设计研究院（集团）总建筑师）：来到奉国寺大殿有两点突出感受：其一，它何以千载魅力永存，这不仅仅在于建筑本身，还在于其传统文化中融入了"道优于器"哲学内涵；其二，作为国有大院的建筑师，我伫立于此，备感历史责任的重要，要建设有新时代文化地位的每幢新建筑，绝不可缺失对历史文化的解读和熏陶。

李海霞（清华大学建筑学院博士后，北京清华同衡规划设计研究院高级建筑师）：我很同意张祺总的话，尤其感悟到除对辽代建筑文化研究外，义县尤其要立足宣传教育，做强奉国寺建筑文化传播的大文章，要想成功"申遗"，就要架设国际化桥梁，打造有影响力的世界博物馆、艺术馆的公众"朋友圈"。

宋雪峰（天津大学出版社书记、总编辑）：过去听金主编多次讲到辽宁的奉国寺，也感受到天津蓟县独乐寺的风貌，也许是眼见为实的缘故，来到此我被千年奉国寺的建筑与精神感染了。上午单院长的"让文化遗产资源'活起来'"的报告点出了奉国寺发展的方向，更给我们出版传媒人以力量。博大精深的中华古建筑文化有太多的命题，我们将不遗余力，特别要全力出版好《奉国寺大殿千年学术论文集》。

韩振平（天津大学出版社原副社长）：在过去 20 多年时光中，我与金磊主编共同开创了建筑文化出版

陈日飚　　　　　张祺　　　　　李海霞　　　　　宋雪峰　　　　　韩振平

事业，仅以义县奉国寺为例，就在 12 年间出版过"两书"，今天看来其社会效益明显且可载入新中国传统建筑研究与传播史册。对"两书"的意义，我用金主编于 2020 年 9 月 25 日《中国文物报》上《从大书小书谈起：千年古建奉国寺纪念的当代文旅意义》一文中的话予以概括："大书——《义县奉国寺》解读出辽代木构经典的建筑说；小书——《慈润山河：义县奉国寺》仿如向公众言说的绘本。"

10 月 4 日，在义县人民政府领导陪同下，与会数十位专家共同考察了入选第四批中国 20 世纪建筑遗产的义县老火车站及非物质文化遗产传承展、始建于北魏年间中国东北地区规模最大的石窟群——万佛堂石窟、大凌河湿地公园及宜州化石馆（古生物化石博物馆）等。

与会嘉宾于研讨会后合影

义县周边文化遗产项目考察图略之奉国寺

义县周边文化遗产项目考察图略之义县火车站

义县周边文化遗产项目考察图略之万佛堂石窟

2008年7月周治良老院长（中）一行考察万佛堂旧影

义县周边文化遗产项目考察图略之老铁路桥及大凌河

义县周边文化遗产项目考察图略之老铁路桥及大凌河

义县周边文化遗产项目考察图略之广胜寺塔

部分与会者合影

雄冠九州的义县奉国寺

全国重点文物保护单位
奉 国 寺
中华人民共和国国务院
一九六一年三月四日公布
辽宁省人民委员会立

奉国寺的总平面图

奉国寺获批全国重点文物保护单位（1961年）

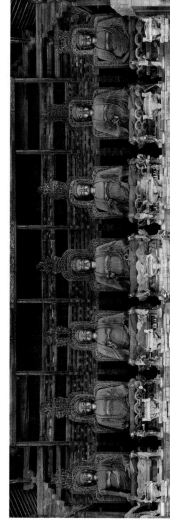

奉国寺大雄殿护卫佛造像

前　言

在我们伟大祖国广袤无垠的大地上，历经数千年沧海桑田般的演进，至今屹立着大量的优秀建筑遗存，公元1020年建成的义县奉国寺便其中大量中最引人注目的瑰宝之一，今天它已满一千周年。这座伟大的建筑由汉至宋……他们以辛勤的汗水和高超的技艺，让这座建筑挤身于中国万里长城、世界建筑史上不朽杰作之列，更象征着中华民族大家庭结奋进的文化精神。今年也恰逢它建成1000周年……梁思成、刘敦桢等开创的中国营造学社90周年，有人评价它是最远古代的中国古建筑瑰宝杰作。

朋友，借此建筑千年华诞之际，谨观赏这组图像历史先贤……护守望传承精神的所有人。

奉国寺大雄殿是我国现存辽代明确纪年满一千周年的十座古代木构建筑之一。这十座千年古建筑是：五台山南禅寺大殿（唐建于中三年，公元782年）、五台山佛光寺东大殿（北汉大中十一年，公元857年）、平遥镇国寺大殿（北汉天会七年，公元963年）、福州华林寺大殿（吴越钱弘俶十八年，公元964年）、涞源阁院寺文殊殿（辽庆历十六年，公元966年）、蓟县独乐寺山门（辽统和二年，公元984年）、蓟县独乐寺观音阁（辽统和二年，公元984年）、苏州虎丘云岩寺二山门（宋至道中，公元995—997年）、余姚保国寺大殿（宋大中祥符六年，公元1013年），义县奉国寺大雄殿（辽开泰九年，公元1020年），……的用材，成为这十座千年古刹中体量最大者，故被誉为"雄冠九州"。

奉国寺大雄殿摄影

奉国寺千年华诞大展
慈润山河

《中国建筑文化遗产》编委会
义县人民政府

如琢如磨　如切如磋——寺内建筑

奉国寺内山门西大雄殿鸟瞰

奉国寺无量殿正殿

如琢如磨　如切如磋——寺内建筑

奉国寺单体法物院

洹山河

千年慈德

奉国寺内山门西大雄殿鸟瞰

清代所建寺内山门顶门座石雕

20世纪80年代新建的山门

奉国寺中性体钟鼓

洹山河

千年慈德

奉国寺概况：奉国寺位于中国辽宁省锦州市义县，始建于辽开泰九年（1020年），初名咸熙寺，后于金代易名为奉国寺。辽金元时期是奉国寺的鼎盛时期，到明清时期仅存大雄殿，四角碑亭、无量殿、牌坊、小山门和西宫禅院。中华人民共和国成立后，奉国寺于20世纪80年代由中国文物研究所主持修缮（包括新建山门及办公区建筑），现占地面积约6万平方米。

奉国寺是中国国内现存辽代三大寺院之一，其标志性古建筑——大雄殿是古代遗存最大的佛殿，殿内有世界上最古老、最大的泥塑彩色佛像群和堪称珍稀孤品的辽代建筑彩画。

1961年被中华人民共和国国务院公布为第一批全国重点文物保护单位。

2009年被中国国家旅游局评为AAAA级旅游景区。

2013年，奉国寺进入世界文化遗产预备名单。

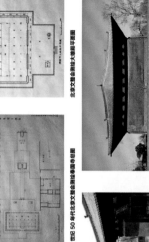

北京文整会测绘大雄殿平面图

20世纪50年代北京文整会测绘奉国寺全图

奉国寺大雄殿东侧立面

大雄殿正面、尽间细部

大雄殿立面正面

大雄殿立面西侧细部

曾有人问：奉国寺大雄殿是当时辽国最高规格的佛教建筑吗？

肯定它不仅仅是最高等级的宗教建筑，而且很可能与辽代皇宫正殿同一等级。

辽代的皇宫及皇家寺庙通观等的面阔间数，目前并没有发现明确的历史文献记载，但同时期的北宋东京皇城的皇宫正殿——大庆殿为九间殿，这是有史书记录的；而奉国寺大殿为九间殿，则是明摆着的事实。以当时辽国的文化背景和经济状况推测，辽国的皇宫不大可能高于北宋皇宫的规模，尽管辽皇原本十分崇佛，但也不大可能使一座佛寺在等级规制上超越皇宫正殿。由此可知：奉国寺大殿确实是最高规格的佛教建筑，并极有可能与当时辽国的皇宫并列为最高等级建筑。

如琢如磨 如切如磋——大雄殿

慈润山河

千年

奉国寺大雄殿剪影

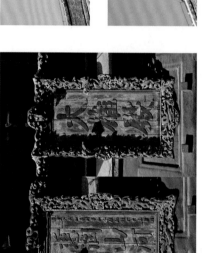

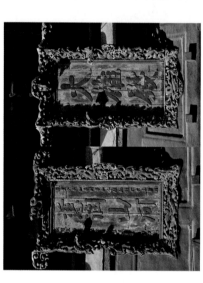

奉国寺大雄殿正脊

奉国寺大雄殿清代匾额

如琢如磨 如切如磋——大雄殿

慈润山河

千年

奉国寺大雄殿侧面

大雄殿柱头铺作

大雄殿内柱内铺作

大雄殿外墙铺作

大雄殿转角铺作重跳

大雄殿梁架局部

大雄殿梁架局部

如琢如磨 如切如磋——斗拱工艺

斗拱是中国古代木构建筑的重要构件，是房顶与屋身之间的过渡构件。在明代以前，斗拱是至关重要的结构构件（铺作），起承重作用，同时也是标志性的建筑装饰。明代以后，斗拱逐渐失去承重作用逐渐减弱，转变为纯粹的装饰符号。（又以位置斗拱的不同，分为柱斗、交互斗等），拱（以位置、大小的不同，主要由斗、拱、昂、翘等组成），拱（以位置、大小的不同，有上昂、下昂、泥道拱、令拱、华拱），昂等上昂的称谓）等大小的分件。按不同位置的建筑体量和位置，组合成繁或简的构件组合。辽宋时明称一组斗拱组合为铺作。

大雄殿转角铺作外测铺层

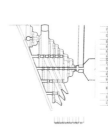
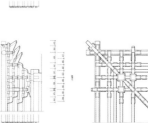

大雄殿转角铺作

意涵历史

如琢如磨 如切如磋——大雄殿

泰顺寺大雄殿内空间

柱础

大雄殿内空间透视（外檐铺作）

泰顺寺大雄殿梁架结构

泰顺寺大雄殿内空间透视（内柱）

意涵山河

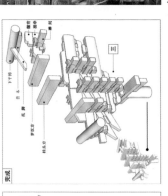

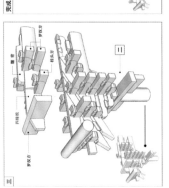

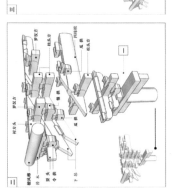

完成

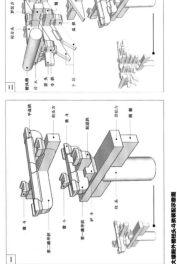

大雄殿殿内斗栱制作

大雄殿外檐柱头斗栱结构示意图

如琢如磨 如切如磋——斗栱工艺

慈润山河

千年

唐辽宋建筑之所以不同于明清建筑，也正因为斗栱作为有承重作用的成熟与艺术风格的力度张扬。这个时代建筑技术的成熟与艺术风格的力度张扬。奉国寺大殿之遒劲阳健，也很大程度上得益于这种来自于斗栱的力度。

奉国寺身斗栱的斗口栱身柱头斗栱，其中柱头斗栱最为基本的，也是能够体现斗栱的结构作用以及其分件组合之巧妙。这里，我们尝试按位置至少为身斗栱，七铺作斗栱，为观众做一次简明的图示。当然，这是为身斗栱，双卷头身，置拱心造，两重四跳偷心，里转出双卷令拱，七铺作华栱，位子里转第二跳出华栱上为柱头方六层。

如琢如磨 如切如磋——造像艺术

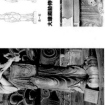

大雄殿背光菩萨线描图

大雄殿胁持菩萨背面

大雄殿胁持菩萨

大雄殿内佛造像

大雄殿天王像

奉国寺创建于辽圣宗时期，至宗是辽国雄大位皇帝，也是执政时间最长的一位，如果加上的皇太后，辽国至此就有七位为天宗的主皇帝。奉国寺大雄殿内的七佛，相传就是这七位皇帝的化身——这也沿袭了北魏时期云冈石窟昙曜五窟以佛教造像象征帝王的传统。当然，造像的初衷更重要像征着民心的和平、安定的愿望。

这七尊大佛，高度在9.2—9.7米之间，虽经清代重新彩饰，但端庄大气的辽塑风格犹然在，古建筑专家杜仙洲先生曾赞叹道："……七佛像高大正严，权衡之整，丰逸优秀，神态庄严，极为壮丽。"

慈润山河

千年

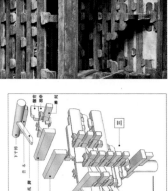

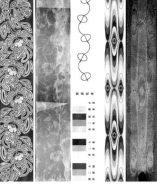
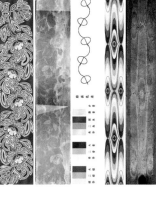

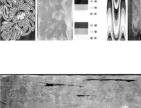

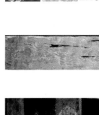

彩画副墨意境摹绘

凤纹彩画

莲花纹、飞天、网目纹的位置关系

如琢如磨 如切如磋——建筑彩画

彩画是中国建筑特有的艺术。由于木材本身的单纯色调，不能不加以装饰，同时它对保护木材也有一定的作用。泰国寺大雄殿深并没有存有的辽代彩画是国内仅存的辽代大雄殿深并彩画风格的重要因素；而其所处位置和是构成大雄殿深并彩画风格的重要因素；而其所处位置和构成了一组华丽而不失庄重的礼佛场景，仿佛走进琳琅满目的艺术世界。

大殿以内槽为中心，前槽为第二中心，内槽的彩画包括十二缘飞天。正有凤纹，卷草和各种网目纹等。近期有学者考证，泰国寺大殿中的网目纹，实为佛光纹，与"飞天等组合，正好应了《法华经》所记"天女散花"的佛国场景。

原大殿三面墙上均有彩画像，菩萨和罗汉，东西两墙各画佛五佛，合力十八。背光环绕流云，从流云形式各佛像坐幅跃坐于莲座上，背光环绕流云，尚能辨认。所画佛像幻面跃坐于莲座上，但佛像的面型具有辽画的画风，但佛像的面型具有辽画的画风，看起近明画画风。所绘唐教佛像，也是年珍贵的文推测可能是元人所画，厚经后世重描，也是非常珍贵的文物。

大佛廊佛造像多佛头形上环佛堪辽代佛造像的局部彩画

飞天彩画

斗栱彩画

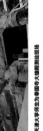
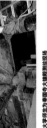
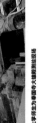

2009年，中日学者在奉国寺合影（日方学者松本清张、金田正惠、大山明彦、中方学者张立方、王飞、丁吉春）

今古奇观　探幽释疑

1955年北京文整会测绘图

天津大学师生为奉国寺大殿做测绘现场

中国建筑学社绘制奉国寺大殿的细部图片

陈明达绘制奉国寺大殿结构分析图

千年奉国寺　慈润山河

纪念2008年中国第三个"文化遗产日"《义县奉国寺》首发式

2008年7月，时任国家文物局局长单霁翔在集成殿研究班（义县奉国寺）开班式上发言

1984—1996年奉国寺的维修过程摄影

20世纪20年代，日本学者伊东忠太拍的影像

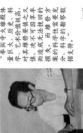

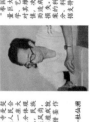

今古奇观　探幽释疑

千年奉国寺　慈润山河

建筑文化考察组测绘奉国寺（左起郭黛姮、金磊、刘临安）2006年12月）

时任国家文物局局长单霁翔考察奉国寺

义县老火车站及其大桥

义县东潮沟展览区

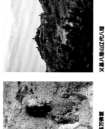
奉国寺周边展馆区

义县八角山辽代八塔

义县老火车站

安泰门及朝阳寺

义县万佛堂

义县明长城

今古奇观　探幽释疑

义县地处辽宁西部大凌河中下游，东部为延绵起伏的医巫闾山；西部为松岭山脉东延之丘陵地带；中部为大凌河，细河冲积平原，谷地绕闾，大凌河贯穿全境，向东南入渤海湾。令义县人民从古至今创造出一系列绚丽多姿的文化瑰宝。勤劳勇敢与聪明智慧，在义县境域东北地区留下的比较珍贵的明石窟遗存，

1. 万佛堂石窟　为我国北方地区最早的比较大的摩崖石窟。

2. 辽代广胜寺塔及造址　在义县城内东侧一隅，八角十三层密檐式砖塔，通高约 42 余米。

3. 八棱山辽代八塔　位于义县城南稍乡八塔子村，始建于辽，是八塔密立以纪念佛祖之海内孤例。

4. 义县境内明长城造迹　义县内存"辽东边墙"140 华里，分石砌子至九省台门、九省台门至清河门等乡乡孤顶山山三段。

5. 义县历史街区　今仅存安泰门，但城垣大格局尚存，并保留了大量的屯顶式民居群。

6. 义县老火车站及其大块路钢梁桥　珍贵的近代交通建筑遗存，今已入选"中国 20 世纪建筑遗产"名录。

"经典是文化创新之源，文化复兴离不开中华之'魂'，若以广阔的视野来传承文化，就要与传统文化为友，从追远的义县境域兴盛有个历时千载的奉国寺，中感知文化之力。义县奉国寺及上述时代不同的文化遗产，都是我们离不开的文化之魂。

慈润山河

珍稀的中国华塔群

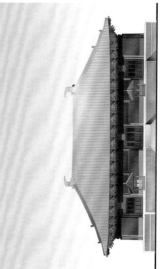

慈润山河　继往开来

参考资料：建筑文化考察组《义县奉国寺》、中国文物研究所《义县奉国寺》《义县通史》中国建筑文化遗产编辑部《慈润山河》等，天津大学建筑学院测绘图、建筑文化考察组历年摄影，鼎力分享个人收藏历史影像资料

奉国寺大雄殿正立面原版－天津大学建筑学院 2008 年绘制

结　语

浏览展览后的人们，会倾服佛认词：奉国寺大雄殿观见过着辽宋金元历史中最意味深长的时段，平是烈烈火，走向和解与复兴，干是，才有多民族出的华夏文明史上最伟大的建筑。

时任国家文物局局长单霁翔早在 2008 年在为建筑文化考察组编著《义县奉国寺》所作序言中写道："我曾经多次造访奉国寺，每次都为此绚丽的建筑艺术风格所倾服，深为我们历史上明有如此伟大遗存至今而深深感叹。我们应须集中各级政府、学术机构、专家学者等各方面的力量，为这样伟大的建筑碑碑立传。以彰显中华民族文化的文化传统。伟大的民族精神。"

抚今追昔，以本奉国寺大雄殿为代表的义县丰富的文化遗产，是我们应承其事的瑰宝。奉国寺千载的倾并丰在保护区在好对其真本身，要以速度文化文化，要设法使公众文化知护它的主动参与者，要让更多的人都知晓中国辽宁有个历时千载的奉国寺。其建筑辉煌及美造遗产与彩绘，更是一份应挖掘不止的世界文化明瑰宝及艺术宝库，它没有理由不成为开发与文旅事业的珍贵资源与宝藏，欢迎大家造访并走进辉煌的义县奉国寺。

慈润山河

From the Watchtower to the Drum Tower: Chongqing Subprefecture 800 Years Ago from the Archaeological Perspective

从谯楼到鼓楼
——考古视野下的800年重庆府

袁东山*（Yuan Dongshan）

摘要：老鼓楼衙署遗址位于重庆市渝中区，地处长江左岸的金碧山下，兴建于宋蒙（元）战争时期，是南宋川渝地区的军政中心。遗址规模宏大，纪年明确，文物遗存丰富，地层关系清晰，是第七批全国重点文物保护单位。遗址填补了重庆城市考古的重大空白，具有重大历史、艺术、科学、社会和文化价值，对保存城市记忆，延续城市文脉，提升重庆文化影响力具有重要意义。

关键词：老鼓楼衙署遗址；谯楼；城市考古；价值研究

Abstract: Located in Yuzhong District, Chongqing City, the Old Drum Tower Government Office Site at the foot of Jinbi Mountain on the left bank of the Yangtze River was built during the Song-Mongolian (Yuan) War Period and served as the military and political center of Sichuan and Chongqing in the Southern Song Dynasty. The site, with a large scale, a clear chronological time frame, rich cultural relics and clear stratigraphic relationship, has been listed one of the seventh group of major historical and cultural sites protected at the national level. The site, which has filled a major gap in Chongqing's urban archaeology, is of great historical, artistic, scientific, social and cultural values, and is of great significance for preserving the city's memory, carrying on urban context and enhancing Chongqing's cultural influence.

Keywords: Old Drum Tower Government Office Site; Watchtower; Urban Archaeology; Value Research

　　老鼓楼衙署遗址位于长江与嘉陵江交汇处的渝中半岛上，地处长江左岸的金碧山下，行政隶属重庆市渝中区望龙门街道巴县衙门片区，遗址中心地理坐标为北纬29°33′24.3″，东经106°34′43.5″，海拔高程约235米。

　　该遗址兴建于宋蒙（元）战争的历史背景之下，是南宋川渝地区的军政中心——四川制置司及重庆府衙治所。著名的川渝山城防御体系即在此筹建经营，在一定程度上影响了世界文明的发展进程。考古发掘证明遗址规模宏大，宋元、明代、清前期三个时期的衙署建筑叠压分布，纪年明确，文物遗存丰富，地层关系清晰。2012年，老鼓楼遗址作为重庆直辖市以来首次获评全国十大考古新发现的考古成果，出土了南宋至清乾隆时期重庆府衙大门的谯楼。2013年由国务院列为第七批全国重点文物保护单位。

＊重庆文化遗产研究院副院长。

一、考古发现与研究

（一）发掘过程

2010年3月，老鼓楼衙署遗址在第三次全国文物普查中被发现。随后，重庆市文物局组织专家实地考察，并结合文献记载，推测其可能为钟鼓楼一类的高台建筑。

2010年4月至2012年12月，重庆市文化遗产研究院在遗址Ⅰ、Ⅱ区，连续开展了三期考古发掘，发掘总面积达12 360平方米。清理宋元、明、清及民国时期各类遗迹261处，出土遗物12 000余件。

2019年，为廓清高台建筑东南部形制，重庆市文化遗产研究院对Ⅲ区开展主动性发掘，发掘面积800平方米。清理宋元、明、清时期各类遗迹29处，出土遗物31件。

（二）标志建筑：高台建筑F1

高台建筑F1是老鼓楼衙署遗址最重要的考古发现，即为清代晚期张云轩所绘《重庆府治全图》中标记的建筑"老鼓楼"，老鼓楼衙署遗址亦由是得名。其位于Ⅱ区南部和Ⅲ区中，绝大部分暴露于地表，系夯土包砖式高台建筑基址。以解放东路为界，分北、南两部分进行发掘，现分别予以介绍。

1.北部区域

南临解放东路，西连巴县衙门街，北接马王庙朝天驿，部分压于解放东路下。顶部被近现代建筑破坏，台上建筑已毁坏不存，台基的石、砖、夯土以及内部的建筑空间毁坏严重，外部砖墙被近现代期建筑频繁利用，修凿改建痕迹明显。

F1大部暴露于地表，揭露部分平面形状近长方形，残长24.37米、宽24.70米，残存最高处约7.65米，方向215°，包括夯土包石台基和夯土包砖高台两部分。

夯土包石台基即高台建筑地基，高约3.05米，大部分包边石墙可见8层，以楔形条石错缝丁砌垒筑，由下至上层层收分，内部以夯土填实。台基所用条石长0.90~1.62米、宽0.25~0.50米、厚0.27~0.42米。

夯土包砖高台残高1.70~6.35米，长方形青砖以"一丁一顺"或"一丁二顺"错缝砌筑，厚0.30~0.80米，墙体外壁由下而上层层收分，倾斜度约79°。砖墙内以黄褐色黏土夹杂小型鹅卵石层层夯填，残存31层，夯土厚0.20~0.22米，夯窝直径0.03~0.09、深0.01~0.02米。夯土内夹杂大量陶瓦、白釉瓷、黑釉瓷、青釉瓷及缸胎器等遗物残片。青砖呈长条形，长36.00~38.00厘米、宽19.00~19.50厘米、厚9.50~10.50厘米，侧面多模印阴文或阳文的"淳祐乙巳，东窑城砖""淳祐乙巳，西窑城砖"铭文。

谯楼高台基址内，考古发现有门墩残存。揭露部分平面近长方形，进深14.91米、面阔8.82米、残高1.08米。周边砌筑挡土墙，墙体以青砖丁顺交替，错缝平砌构筑，内墙笔直规整，外墙残损，由下至上层层收分，被高台建筑内部夯土覆盖，残宽1.16~2.40米、残高0.30~1.08米。门墩东北部墙体内发现三个圆形柱洞D1、D2、D3，直径0.30~0.58米、深0.20~1.08米。

2.南部区域

揭露部分平面形状近长方形，南北残长22.30米、东西暴露宽25.90米，残存最高处约4.35米，方向215°。顶部被近现代建筑破坏，台上建筑已毁坏不存，高台内部分夯土亦被取走，外墙后期利用频繁。

F1南部区域分为台基包边墙、门墩、礅墩、夯土、护坡五部分。

台基现存遗迹主要为墙基三段，即高台东墙基、南墙基与西墙基。东南转角扰毁，西南转角保存较好。下部为大型条石丁砌基础，由下至上层层收分，发掘区内清理至底区域，可见基础均直接砌筑于基岩之上，南墙基东端可见开凿的基槽，宽140厘米、残长

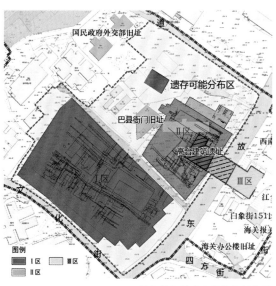
老鼓楼衙署遗址考古发掘分区

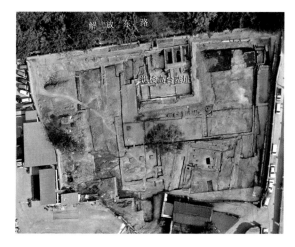
Ⅰ区航拍照片

Ⅱ区航拍照片

320厘米、深1~3厘米。西墙（T0403西北部）北端基础保存较完整，为6层条石砌筑，高2.4米。东南部仅存1层，高0.45米。西南角残存3层，高1.1米。条石基础之上为砖砌包边，仅见于西墙及西南转角，西南转角残存2层，北端保存较好，顶部残宽2.05米、底部宽2.25米，残高1.25米。青砖长方形，长36.00~38.00厘米、宽19.00~19.50厘米、厚9.50~10.50厘米，以一丁一顺或一丁二顺错缝砌筑，侧面多模印阴文或阳文的"淳祐乙巳，东窑城砖""淳祐乙巳，西窑城砖"铭文。

门塾位于发掘区北部T0403、T0503及T0603内，揭露部分平面近长方形，东西长14.15米、南北残宽5.75米、残高1.30米。周边砌筑挡土墙，墙体以青砖丁顺交替，错缝平砌构筑。其中西墙与门塾西墙共用，内墙笔直规整，外墙残损，由下至上层层收分，顶部残宽2.05米、底部宽2.25米残高1.25米。东墙内墙损毁，据剖面观察，两侧被晚期排水沟破坏，东侧为两层鹅卵石道路及房址叠压，向北部延伸至解放东路下。外墙残存10层，高114厘米，暴露部分残长150厘米、上端残宽84厘米、底端残宽114厘米。其中一块墙砖上留有"淳祐通宝"钱币印文，应为窑工在烧制过程中留下。门塾南墙墙体已毁，残存基础条石及西南角台基2层包砖，基础条石上发现2个长方形柱洞，柱洞间距5.5米，东部柱洞长0.65厘米、宽0.20厘米、深0.15厘米，西部柱洞被Q8打破，残长0.42厘米、宽0.20厘米、深0.15厘米。

磉墩位于台基中部，除T0603外各探方均有发现，已暴露5处磉墩，均为石块加白石灰砌筑，坚固结实。磉墩部分被现代水泥桩基破坏，保存较好者平面为方形，1号磉墩长170厘米、宽160厘米，2号长170厘米、宽150厘米，6号长190厘米、宽180厘米。据1号磉墩解剖结果，其与高台夯土共同叠压、打破下层F4，分析应与高台同时砌筑。

台基内部夯土多扰毁不存，随地势略呈东高西低、南高北低倾斜分布，各探方发现层数、厚度不一，以T0403、T0404内F1夯土堆积东壁剖面为例，多达35层堆积。

护坡仅见于台基南墙外侧，随地势略呈东高西低倾斜分布，上部被晚期房址叠压打破，残存5层。5层下为基岩。

二、时代与性质研究

（一）时代

谯楼基址的时代研究，首先要确定始建和废弃的时间点位，以及中途变化过程中的重要时间节点。在这个基础上，才能动态掌握该建筑历史发展全过程，以及各个阶段的变化。考古层位学与类型学是最基本的手段，历史文献、古代舆图是重要的佐证，多学科综合研究是时代的要求，更是准确判断时代的必要保障。2010年4月28日，我们开始在老鼓楼布方。首先挖掘一条2米宽的探沟，作为正式发掘前的试掘。29日上午，发现高台内部填土为保存较为完好的南宋夯土层，基本确认这是一处南宋遗迹。

之后，发掘严格按照考古规程推进，一个包砖的土墩被发掘出来。这个土墩是残缺的，完整部分三面包砖，层层收分，像人的牙龈一样很规整。砖皮里面填满了夯土土芯，夯窝和夯线都很清晰。

通过土芯的出土遗物，确定时间点是南宋，并且是某种建筑的基底。出土的青白釉斗笠碗F1：4形制与景德镇湖田窑南宋晚期"斗笠碗小饼足，直壁，大口"特征一致；黑釉灯盏F1：6器形与涂山窑二、三期AⅡ式碟相同，时代为南宋后期至元初。

更重要的是，我们发现土芯外面的包砖，砖体上大多刻有"淳祐乙巳"的字样。"淳祐"是宋理宗的年号，"乙巳"是淳祐五年，即公元1245年。

在确定高台建筑废弃年代的过程中，我们首先追溯到三峡博物馆20世纪50年代有入藏高台包砖的信息。由于高台包砖的铭文内容只有"淳祐乙巳，东窑城砖""淳祐乙巳，西窑城砖"两类，文物自铭为城砖，所以在三峡博物馆的入藏信息里，将其定为宋代重庆城城墙用砖。作为博物馆收藏过程中的记录手续，这条文物入藏信息无可挑剔，但是对高台基址废弃年代的研究却帮助不大。反而由于这几块城砖的入藏，在很长时间内，重庆的相关研究者都错误地以为，宋重庆城为夯土包砖的城墙，而不是现在大量被考古证实的石城。

淳祐乙巳东窑城砖　　淳祐乙巳西窑城砖

高台铭文城砖

1936年的谯楼   1936年的谯楼远眺

    几年后，我们在北洋政府顾问安特生先生的远东相集里意外地辨识出两张老鼓楼的照片。又在影印民国档案《九年来之重庆市政》里找到了1936年3月至6月扩修现解放东路高台基址段的记录。自此，尘埃落定，时间节点基本清晰。高台建筑基址即为晚清的老鼓楼，更是南宋重庆府前的威仪性大门——谯楼。老鼓楼始建于淳祐乙巳即宋理宗淳祐五年（公元1245年）。淳祐三年（1243年），南宋兵部侍郎余玠设四川制置司于金碧山下的重庆府衙内，并于淳祐五年（1245年）修建谯楼，即老鼓楼高台建筑F1。老鼓楼在1936年修建林森大道过程中被拆除。

    通过考古发掘得以探知这一建筑台基的主要部分，从始建至今几乎没有改变，其内部结构一直保留着始建时期的状态，无论是夯土层、包含物、包砖的铭文，时间指向皆精准而一致。

    （二）性质

    老鼓楼高台建筑F1的形制特征与奉节永安镇遗址及合川钓鱼城发现的宋代同类遗迹较为一致，与《营造法式》中的有关制度可互相印证。老鼓楼遗址应为南宋四川制置司及重庆府衙治所，高台建筑F1的性质实为当时衙署建筑前部的"谯楼"兼"望楼"。

    中国古代建筑都有固定规制和范式，对于如此宏大的官式建筑，清嘉庆《四川通志》及道光《重庆府志》均有："重庆府知府署：在太平门内。宋嘉泰时建。"根据一系列文献及考古发掘的成果，我们判断这里就是重庆府署谯楼的城台。谯楼为地方高等级衙署前具有望楼性质的威仪性大门。该建筑是目前为止全国范围内考古出土的第一个谯楼，也是现存规模最大的谯楼。谯楼由高台和城楼两部分组成，高台长68.67米，宽24.37米，高约10米。安庆两江总督府衙门前的谯楼为既往之最，台长54米、宽18米、高4.2米，与之相较，重庆府谯楼的建筑体量和规模更大。

    明代之后我国最大的建筑群是故宫，天安门就是它的谯楼，面阔也不过100米。可想而知，重庆知府衙署曾经是一组多么宏伟的建筑群。

三、老鼓楼的沿革

    老鼓楼这个名称的来历，清代道光二十三年（1843年）刊行的《重庆府志》卷二有载："又于署北建谯楼，颜曰新丰，南与丰瑞楼相对。"可见书敏在乾隆二十四年对重庆府署进行了彻底的改建，兴建了名为"新丰楼"的新鼓楼，相应的原名丰瑞楼的鼓楼就自然成了老鼓楼。而老鼓楼这个名称本身可能就是一种俗称。由于这个建筑在人们的记忆和视线中变得越来越不重要，它真正的名字反而逐渐被淡忘，以至于老鼓楼作为俗称，在一百多年后甚至被视为专称，由张云轩绘制到了《重庆府治全图》上，这一建筑名称最终幻化为重庆老城的一个小地名。

    通过梳理文献资料，老鼓楼大致沿革如下。

    嘉泰间（1201—1204年）新建重庆府署。

    嘉熙间（1237—1240年），彭大雅筑重庆城。

    淳祐间（1242—1245年），余玠设四川制置司于金碧山下作重庆府衙署治所，并修建谯楼。

洪武十四年（1381年），在府治谯楼上设漏壶台。

康熙八年（1669年），重庆知府吕新命重建。

康熙二十二年（1683年），重庆知府孙世泽重建。

康熙四十七年（1708年），重庆知府陈邦器又重修，并修复府治谯楼，改名丰瑞楼，题额"寰海境清"（漏壶台已毁，下存授时门）。

乾隆二十四年（1759年），重庆知府书敏，于白象街后开新丰街，建新丰楼，南与丰瑞楼相对，题额"声闻四达"。新丰楼成为新鼓楼，瑞丰楼则改称老鼓楼。

民国25年（1936年），修建林森路时，部分被拆毁。

老鼓楼的内部结构一直保留着始建时期的状态。其完整结构同时反映出宋元战争期间的元军和明玉珍的红巾军进入重庆时都没遇到剧烈抵抗。谯楼没有被战火摧毁，反倒是岁月沧桑，水火无情，致使其上的城楼和两个墩台之间的门洞屡毁屡建。清代城图所见，与始建时期，应该面貌迥异。

无论是自然或人为的损毁，老鼓楼的两个墩台一直屹立在那里，改变的只是城门楼和门道。清道光《重庆府志》卷二载漏壶台："在府治谯楼上，明洪武初建。"并录有明万历十一年（1583年）重庆府通判张启明重修漏壶《记》："太祖混一寰宇，酌古定制，颁漏壶台于天下。……自洪武十四年渝郡奉而创之鼓楼……"这两段文献反映出，直至明初，谯楼的性质悄无声息地发生了一些改变。其建筑除了充分体现衙署大门的威仪性外，增加了司漏授时、击鼓传更的现实功用，同时也被赋予了新的名称——漏壶台。发生于明洪武十四年（1381年）的这次变化，让人顿生"旧时王谢堂前燕，飞入寻常百姓家"的感叹。始建于明洪武年间的漏壶台至万历年间已有损坏，进而重修，才有张为之《记》。

老鼓楼历经沧桑，几经修缮，终于得以保存下来。清道光《重庆府志》卷二记"丰瑞楼即古谯楼"，并录有康熙四十七年重庆知府陈邦器重修鼓楼《记》："……荒残衙舍，听其聊蔽风雨而已。然鼓楼实郡治观瞻，司漏传更非官居私署可比，生财福德攸关，亦与学舍城隍相等。……落成之日，题曰丰瑞，翼时和年丰，长为吾民祯瑞也。"这次重修之后，陈知府又给他题名为丰瑞楼。乾隆二十四年，新丰楼落成，谯楼终于变成了老鼓楼。终清一代，老鼓楼见于记载的维修至少有四次，除以上两次以外，康熙八年（1669年）知府吕新及康熙二十二年（1683年）知府孙世泽分别进行了整修。从清代维修的记录看，清初对其修缮最为频繁，14年之间就维修了两次，陈邦器与书敏之间的维修间隔时间最长，为51年。可以推知，从公元1245年至今的750多年时间里，老鼓楼的修修补补，应该有二三十次之多。

道光《重庆府志》卷二《舆地·公署》在述及府衙建筑的变化时记有，重庆府知府署位于"在太平门内……原系南向，右倚金碧山，为江州结脉处；左与白象街廛舍毗连，每虞火灾。乾隆二十四年，郡守书敏移署倚山东，南向重建。"这段文字里的"移署"二字表明，重庆知府书敏于乾隆二十四年对衙署进行彻底改造。其改建涉及三方面：一是拆毁宋嘉泰以来重庆府子城，这个子城不但规模太大，而且曾经做过明玉珍的皇宫，在当时中央集权的政治形势下不敢不拆；二是从现在的道门口至老鼓楼之间的区域，先后兴建了川东道、二府衙、重庆府、行台、经厅等政治机构，侧面反映出这之前衙署的最小范围和明确方位；三是将原来215°的衙署调整为130°左右的多个小衙署。这次改建后，"老鼓楼"名称的出现，昭示世人七百余年的府谯楼结束了作为重庆政治地标的使命。遗憾的是，晚清的几副重庆府治城图，标识的都是书敏移署以后的重庆政治空间，而在老鼓楼遗址发掘以前，几乎所有的重庆研究者都认为重庆的政治空间从来如此，而忽略了书敏的这一次移署重建对重庆政治空间的巨大改变。

南宋置司、抗战陪都、中央直辖是重庆城市发展史上的三次大飞跃。老鼓楼像一位历史老人，不但是这段历史的重要见证，亦是重庆"英雄之城"形象的重要历史支撑。

基于上面的论述，我们可以勾画出老鼓楼的演变轨迹：谯楼（宋元至明夏）—漏壶台（明洪武十四年至清康熙四十七年）—丰瑞楼（清康熙四十七年至乾隆二十四年）—老鼓楼（乾隆二十四年至1936年）—残缺以后变成了重庆的一个小地名（1936年至中华人民共和国成立时期）—知其名而忘其实（中华人民共和国成立后至"文革"）—中药材公司的地基（"文革"至2009年）—重新揭露（2010年）。

四、老鼓楼建筑复原研究

在南宋时期，谯楼为重庆府衙前的主要礼仪建筑。民国25年（1936年），拓宽林森路（现解放东路）的时候，拆掉谯楼基座的门道部分与右墩台的1/5、门洞以及左墩台。通过调查走访得知，中华人民共和国成立前后左墩台还有部分残留，表明这一谯楼的宽度远远大于现在解东路的宽度，余下部分则分布在融创地产白象街项目及其邻近区域。2019年，考古发掘将左墩台揭露出来。除了叠压于解放东路下的门道部分情况不明外，老鼓楼的形制、规模与台上建筑等信息日渐清晰。

1.规模与形制

根据目前发掘情况来看，高台建筑 F1 遗存总体呈"凹"字形。结合历史文献可以发现，两侧突出部分面向东北侧，即宋代重庆子城的内侧。这与目前已知的大部分"凹"字形城楼不同。无论是同为宋代的袁州谯楼、莆田谯楼，还是明清时期的故宫午门城楼等，其突出部分皆向外。因此，推测 F1 遗址的东北侧突出部分不应为马面，应为连接登楼踏道的平台。

门塾进深14.91米，面阔8.82米。开间由靠近门洞一侧隔墙遗址叠压在解放东路之下宽度为止。左右两侧距离F1边界15.44米，东北侧距离"凹"字形内陷部分边界2.39米。根据营造尺取整推测门塾空间进深为4.8丈（约合16.0米），南北两侧距离F1边界5丈（约合16.67米），开间广度则依门道宽度而确定。

谯楼横跨解放东路，形制独特。根据南宋高规格谯楼规制和考古已知的建筑特征与空间尺度，大致判断谯楼为轴对称建筑。城台由五部分组成：一、正中是6米多的隔墙；二、格墙两边对称分布有5米左右的双门道；三、门道左右设有藏兵塾；四、门塾外围是夯土包砖的高台；五、院内突出部分为登楼的踏道。其建筑既有营造法式的规制影响，也有宋元战争以及余玠帅府的时代烙印，更有重庆山水影响下的地方特征。

由于城楼屡毁屡建，原初的状况存在多种可能性。面阔38米，进深15米左右，七开间，三进深；可能是单檐庑殿顶，也可能是重檐歇山顶。瓦当直径16.5厘米。晚清的城楼形象，有地图和照片，较为清晰。根据考古材料复原出的重庆老鼓楼的面积和规模，大大超出了现存所有州府级衙署的谯楼规制，直逼明清皇宫，俨然一个稍小的天安门城楼基座。这一超出常规的体量，与当时重庆为整个南宋西线蒙宋战场指挥中心的政治地位和余玠的个人风格不无关系。

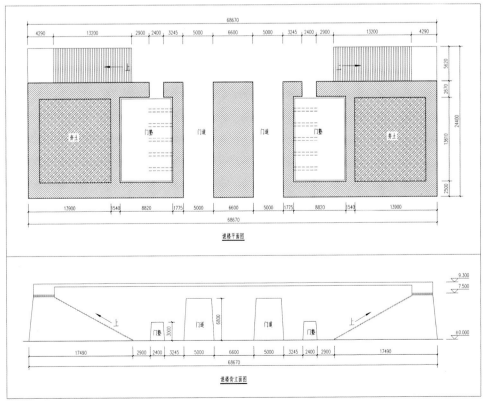

老鼓楼高台建筑F1复原图

2.门道数量

老鼓楼高台建筑F1门道部分叠压于解放东路下，无法开展发掘工作，仅能根据文献资料对其门道数量作出推测。

唐宋时期城门的形制等级，可以从门道数目判别。一个门道为州县城门和都城皇城旁门或后门，两个门道为州郡正门，三个门道为京都城门，五个门道为京城正门。因此，F1 依据规制应为两个门道。这种城门形象，在敦煌148窟的唐代壁画中有所记载，宋代静江府府衙正门也采取的是这种形制。

五、价值与意义

（一）历史价值

1. 重庆城市发展史重要阶段的珍贵见证

老鼓楼衙署遗址的发现填补了重庆城市发展史考古上的空白。宋淳祐二年（1242年），四川制置司移驻重庆，无疑是重庆城市大发展的开端。重庆从普通州府成为西南地区的政治、军事中心。老鼓楼衙署遗址正是这段历史的重要见证，高台建筑基址竖立起一座重庆城市发展史的里程碑。南宋以降，老鼓楼衙署遗址兴废频繁，但作为衙署一直沿用至清，文物遗存丰富，地层叠压关系清晰，为研究重庆城市沿革变迁提供了珍贵的实物资料。

唐代壁画局部

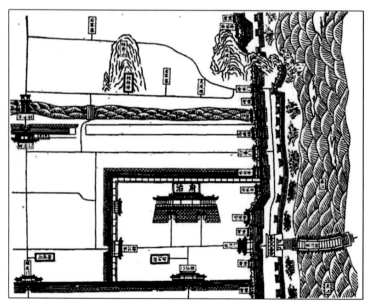

宋代静江府府衙正门

2. 南宋时期川渝地区宋蒙（元）战争史的关键见证

老鼓楼衙署遗址作为四川制置司衙署治所，是南宋时期川渝地区抗蒙战争的指挥中心，和当时的钓鱼城、白帝城、成都云顶山城等共同组成了山城防御体系。该体系成功粉碎了当时蒙军"顺江而下，直取临安"的战略意图，并导致了蒙哥汗败亡钓鱼城下，客观上对缓解欧亚祸、阻止蒙古扩张浪潮发挥了重要作用，影响了世界文明发展的进程。很多细节设计是古代战争研究的宝贵资料。比如门塾的设计，是建在谯楼城台里，修成很窄的巷道，内部有五道立墙，将门塾分隔成六个两米宽的通道。这种设计的优势就在于，当敌人攻城时，藏在门塾内的士兵用武器能封守住旁边的门道。

（二）艺术价值

1. 营造出带有历史感、沧桑感的城市景观

老鼓楼衙署遗址规模宏大、布局清晰，作为遗址标志的高台建筑遗址的断壁残垣矗立在现代都市核心圈内，在巨大的反差下营造出一种沧桑、悠远的艺术审美氛围。

2. 建造、雕刻工艺体现出高超的艺术水平

现存的大型砖砌高台体量恰当、收分优美；现存的各时期建筑遗址建造工艺精良，可以称得上是残缺的艺术品。考古出土的建筑构件雕刻精美，体现了较高的艺术水平。

（三）科学价值

1. 选址体现中国传统因地制宜的风水学智慧

老鼓楼衙署遗址反映出在山地城池环境下，对中国传统建筑选址理论因地制宜的灵活运用。遗址位于重庆市渝中半岛东南侧，右依金碧山，左隔城墙眺望长江，与四山三槽平行，背靠华云山，面对云篆山，起到"连江控城"的关键作用，在城市空间布局及管控等方面具有重要的科学价值。

2. 展现宋元、明、清时期衙署建筑的格局特征及建造工艺

老鼓楼衙署遗址总体格局保存较为完整，地层叠压关系清晰，丰

富了平原地区及都城以外的地方城市衙署资料，对于研究川渝地区衙署建筑的布局特点、发展变化具有重要意义。各时期建筑遗存仍可以看出其针对不同功能，运用土、石、砖等建筑材料，巧妙、科学的营造过程。

3. 川渝地区宋代官式建筑营造技术的实证

老鼓楼衙署遗址高台建筑基址，是宋代砖砌高台重要的实物资料，与《营造法式》中的相关记载可互相印证。它见证了中国建筑史上从排叉柱门到卷门的演变。白象街发掘区的五个"礤墩"，即石灰粘接石头作出的桩基，用于稳固夯土高台的地基，这与现代西方建筑的结构桩非常类似。

4. 古代城市规划设计的科学性

遗址中建筑、道路、水井及排水系统等，对研究宋代及其以后重庆城市规划与基础设施建设具有重要的科学研究价值。

（四）社会文化价值

（1）老鼓楼衙署遗址的社会价值在于对重庆这座城市的重新梳理和定位。中国历史上最重要的城市，其行政级别就是府。唐宋期间，中国一共出现了63个府。直到今天，这63个府有多少消失在荒野？有多少变成省级城市、直辖市？有多少成为历史文化名城？有多少还保留了衙署和城墙？我们做了研究和统计，重庆是其中的佼佼者，也是唯一一个成为直辖市的历史上的府。

老鼓楼见证了重庆府制的沿革变迁，位于城市中心、又保存完好的衙署遗址在全国范围内均较为少见，老鼓楼衙署遗址对保存城市记忆，延续城市文脉，打造城市名片，提升重庆文化品位，具有重要意义。寻找和挖掘我们自己的历史，树立我们自己的文化范式，并推广宣传出去，比简单地把重庆定义为一座网红城市重要太多了，这些历史和文化才是重庆城市的根和魂。因此该遗址不仅具有重要的学术研究价值，也是重庆这座历史文化名城的重要支撑。

（2）老鼓楼衙署遗址作为南宋四川制置司治所，其组织营建的山城防御体系，在宋蒙战争中为南宋坚持守国近四十年之久，使重庆成为宋蒙（元）战争最后的基地。老鼓楼衙署遗址高度凝练了重庆先民忠勇尚武、坚韧豪毅的民族性格，是巴渝儿女前赴后继、不屈不饶斗争精神的典范和象征，重庆人文精神的珍贵载体。宋蒙战争后，整个川渝地区人口只剩下4%。消失的96%人口中有大家族、大文豪、各行各业的优秀人才，这些人或死亡或迁移到别的地方，剩下的人几乎没有记录和文字能力，但重庆这个城市的文脉却没有断，几千年来一脉相承。无论重庆的原住民，还是后来的移民，他们都传承了在山地生存的一套智慧和技术，尊重自然、敬天法地。同时，也形成了重庆人性格中的坚韧和乐观。对老鼓楼的发掘即是找到和印证这套智慧和技术的镜像。可以说，发掘老鼓楼衙署遗址是我们文化自觉的一个过程，也是我们文化自信的前提。

（3）老鼓楼衙署遗址紧邻重庆都市核心——解放碑商业区，在空间区位上是纵向连接上下半城至滨江的最主要的通道之一，连通了"解放碑—人民公园—长江—南山一棵树观景台"的空间景观视廊，是重庆市重要城市阳台之一，对于重庆城市空间形象的塑造具有重要意义。

作为重庆市发现的等级最高、规模最大的衙署建筑遗存，老鼓楼衙署遗址见证了重庆定名以来近千年的沿革变迁，填补了重庆城市考古的重大空白，符合中国传统衙署建筑规制的同时又具有鲜明的巴渝地域特色，对于丰富中国宋元时期都城以外的城市考古资料具有重要意义。目前，遗址正在筹备建设城市考古遗址公园，对保存城市记忆，延续城市文脉，提升重庆文化影响力具有重要意义，并将成为重庆历史文化名城的重要支撑。

Study on the Hierarchy of the Roof of Chinese Ancient Architecture (Vol. 3): Hierarchy System on the Ridge Adornment and Color of the Roof

中国古代建筑屋顶等级制度研究（三）
——屋顶脊饰与色彩等级制度

王宇佳* 周学鹰**（Wang Yujia，Zhou Xueying）

前文摘要： 建筑屋顶是反映中国古代建筑等级的标志之一。对我国古代建筑屋顶等级制度的缘起、发展与演化进行系统的研究，不仅能明晰其源流和意义，更可为中国古代建筑、绘画及壁画等的鉴定提供一定的帮助。汉代，后世的五种屋顶形式——庑殿、歇山、悬山、硬山、攒尖，已全部出现，但尚未产生、更没有规定各种屋顶形式的等级制度。南北朝时期，本流行于南方的歇山顶被北朝吸收，成为庑殿之外的中原汉文化建筑的又一典型标志。唐代《营缮令》规定了不同等级建筑所允许采用的屋顶形式，重檐庑殿、重檐歇山、单檐庑殿、单檐歇山、悬山、硬山、攒尖之屋顶形式等级序列正式形成。

本文摘要： 除屋顶形式外，中国古代建筑屋顶等级制度还表现在对屋顶色彩、脊饰的使用禁限上。其等级化规定，是统治阶层用以维持和强化社会尊卑、等级秩序的手段之一。

关键词： 建筑史学；考古学；建筑屋顶；等级制度

Abstract: The roof is one of the symbols of hierarchy of Chinese ancient architecture. A systematic study of the origin, development and evolution of the hierarchy of the roof of Chinese ancient architecture can not only clarify its origin and significance, but also provide help for the studies of Chinese ancient architecture, paintings and murals. In the Han Dynasty, the five major roof shapes, the Wu Dian, the Xie Shan, the Xuan Shan, the Ying Shan, the Cuan Jian, have all appeared, but the hierarchy has not yet been produced. In the Southern and Northern Periods, the Xie Shan, which was popular in the south, was adapted by the Northern Dynasty, together with the Wu Dian became symbols of Chinese traditional architecture in Central China. In the Tang Dynasty, the "Ying Shan Ling" (the Rules of Construction) regulated the specific kinds of roof that can be used on different levels of buildings. The hierarchy of the roof, from the highest to the lowest level, was the Chong Yan Wu Dian (the Wudian with double roofs), the Chong Yan Xie Shan, the Wu Dian, the Xie Shan, the Xuan Shan, the Ying Shan and the Cuan Jian, was formally formed. In addition to the roof form, the hierarchy of the roof of Chinese ancient architecture is also restricted to the use of roof color and ridge adornment. Its hierarchical regulation is one of the means for the ruling class to maintain and strengthen the social inferiority and hierarchy.

Keywords: Architecture History; Archeology; Building Roof; Hierarchy

* 伦敦大学学院考古学院在读硕士研究生，南京大学历史学院文物鉴定专业本科。

** 南京大学历史学院考古文物系教授、博导，中国考古学会建筑考古专业委员会副主任委员、南京大学东方建筑研究所所长等。

三、建筑屋顶脊饰、色彩之等级

（一）脊饰

中国古代建筑的屋脊按位置可分为正脊、垂脊、戗脊等，其上在不同位置施有火珠、鸱尾（鸱吻）、垂兽、蹲兽和套兽等构件。这些脊饰既起到防止漏雨、加强连接等功能效用，又有着美化屋盖的装饰作用，后来随着建筑屋顶等级制度的发展成熟，还是彰显建筑地位的等级表征。

1. 鸱尾

位于正脊两端，两者尾部相对卷起如鱼尾或鸟尾上翘的构件，后世一般称之为鸱尾。中晚唐时期，鸱尾的样式开始变为前端呈兽首状，张口吞脊，改称为"鸱吻"①。鸱尾是中国古代建筑中重要的压胜符号之一，作避火之用。

关于鸱尾的起源与演变前辈学者研究颇丰，一般认为鸱尾正式起源于晋代。日本学者村田治郎在其名作《中国鸱尾史略》中认为，晋代以前并无鸱尾，鸱尾应当是东晋以后甚至更晚出现的，东晋时期出现了大量关于鸱尾的记载，但不应将鸱尾的前身认为是鸱尾本身②。

但后辈学者据新发掘的考古资料又将鸱尾的起源时间前推至汉代，如温敬伟先生认为广州南越国宫苑遗址出土的三件脊饰即为鸱尾，鸱尾的出现最晚不会晚于西汉早期③。周学鹰先生在其著作《解读画像砖石中的汉代文化》中对汉代鸱尾考古资料进行了整理。

《解读画像砖石中的汉代文化》中有关汉代鸱尾资料举要④

序号	资料出处	内容	备注
1	迁安县文物保管所：《河北迁安于家村一号汉墓清理》，《文物》1996年第10期	出土的两件陶楼具有完整、成熟的鸱尾形象。图版18-2、5	
2	北京市文物工作队：《北京怀柔城北东周两汉墓葬》，《考古》1962年第5期	墓31出土的陶楼，正脊两端有鸱尾。图版5-2	
3	北京市文物工作队：《北京平谷县西柏店和唐庄子汉墓发掘简报》，《考古》1962年第5期	厕所为阁楼式，悬山顶，有鸱尾。图版6-2	
4	陕西省考古研究所：《汉阳陵》图版97，重庆出版社，2001年	汉阳陵南门阙出土的陶脊兽	
5	贵州省博物馆：《贵州赫章县汉墓发掘简报》，《考古》1996年第1期	屋脊及鸱尾	
6	中国科学院考古研究所洛阳工作队：《汉魏洛阳城一号房址和出土的瓦文》，《考古》1973年第4期	陶鸱尾，形体较大，尾呈扇形	报告认为属北魏时期
7	广州市文物管理委员会：《广州汉墓》（下），文物出版社，1981年	见其东汉后期 V 型陶屋1、2、3，鸱尾形象极为成熟	

祁英涛先生认为："鸱尾的出现从晋代开始。南北朝时期已经发现鸱尾的完美式样，隋唐时期已比较普遍应用鸱尾，中唐至迟到晚唐已经创造出鸱吻的式样，五代、宋初已普遍应用，北宋末有了龙尾的名称，金代发现了优美的龙吻式样，明初已完全改为龙吻。"⑤

本文旨在讨论鸱尾所反映的中国古代建筑屋顶等级制度，故对鸱尾样式的演变不再赘述，而着重于历代对鸱尾使用禁限的规定。

鸱尾最早应用于皇家建筑之上。文献中可见宫殿施用鸱尾的记录，多与天象灾害有关。例如：

《南齐书》："永明二年四月，乌巢内殿东鸱尾。"⑥

《陈书》："（陈武帝永定二年四月）戊辰，重云殿东鸱尾有紫烟属天。"⑦

唐杜宝撰《大业杂记》记隋东京乾阳殿"从地至鸱尾高一百七十尺"⑧。

《旧唐书》卷五："（唐高宗咸亨四年八月）已酉，大风毁太庙鸱吻。"⑨卷十七："（文宗大和九年四月）辛丑，大风，含元殿四鸱吻并皆落。"⑩

皇家建筑始用鸱尾之后，不久高级官署建筑也广泛使用鸱尾。文献典籍中，亦可见历代对施用鸱尾的明确规定。例如：

《陈书》中《萧摩诃传》记："旧制：三公、黄阁，听事置鸱尾。"⑪可见，陈朝时依旧制，只有在三公、宰相之级的官署建筑上才能施用鸱尾。

《天一阁藏明钞本天圣令校证》复原的唐《营缮令》第五条规定"宫殿皆四阿，施鸱尾"⑫。

① 祁英涛：《中国古代建筑的脊饰》，《文物》，1978年第3期，第63页。

② 村田治郎，著：《中国鸱尾史略上、下》，学凡，译，《古建园林技术》，1998年第1、2期。

③ 温敬伟：《从脊饰的早期形态看鸱尾的起源》，《广州文博》，2013年第6期，第141页。

④ 周学鹰：《解读画像砖石中的汉代文化》，北京，中华书局，2005年，第333-334页。

⑤ 祁英涛：《中国古代建筑的脊饰》，《文物》，1978年第3期，第64页。

⑥（南北朝）萧子显，撰：《南齐书·五行志》，北京，中华书局，2000年，第247页。

⑦（唐）姚思廉，撰：《陈书·高祖下》，北京，中华书局，2000年，第25页。

⑧（唐）杜宝，撰：《大业杂记》，北京，中华书局，1991年，第2页。

⑨（后晋）刘昫，等，撰：《旧唐书·高宗本纪》，上海：汉语大词典出版社，2004年，第77页。

⑩（后晋）刘昫，等，撰：《旧唐书·文宗本纪》，上海，汉语大词典出版社，2004年，第469页。

⑪（唐）姚思廉，撰：《陈书·萧摩诃传》，北京，中华书局，2000年，第286页。

⑫天一阁博物馆、中国社会科学院历史研究所：《天一阁藏明钞本天圣令校证》，北京，中华书局，2006年，第661页。

图1 麦积山石窟第28窟（北魏·窟廊）

图2 麦积山石窟第30窟（北魏·窟廊）

图3 麦积山石窟第140窟（北魏·壁画）

图4 麦积山石窟第4窟（北周·平棋壁画）

① （后晋）刘昫：《旧唐书·礼仪志二》，上海，汉语大词典出版社，2004年，第728页。
② 傅熹年：《麦积山石窟中所反映出的北朝建筑》，《天水麦积山石窟研究论文集》，兰州，甘肃文化出版社，2008年，第368页。
③ （北齐）魏收，撰：《魏书·高道穆传》，北京，中华书局，2000年，第1159—1160页。
④ （北宋）叶梦得，撰，宇文绍奕，考异，侯忠义，点校：《石林燕语》卷第二，北京，中华书局，1984年，第20页。
⑤ （元）陆友仁，撰：《研北杂志·卷上》，北京，中华书局，1991年，第17页。
⑥ （宋）李诫，撰，邹其昌，点校：《文渊阁〈钦定四库全书〉〈营造法式〉》，北京，人民出版社，2006年，第90页。
⑦ 姚承祖，著，张志刚，增编，刘敦桢，校阅：《营造法原》，北京，中国建筑工业出版社，1986年，第57页。

《旧唐书》卷二十二《礼仪志》记："准太庙安鸱尾。"①

宗教建筑是否可以使用鸱尾虽然不见直接的文献记载，但南北朝石窟中的众多佛寺殿宇屋顶上均采用了鸱尾。

以麦积山石窟中反映的北朝建筑为例，其中除第1窟、第141窟之外，其他窟廊雕刻、窟内壁画中反映的佛殿、城楼、角楼均使用鸱尾（图1~图4）②。从云冈石窟中的北魏时期佛殿来看，也大都使用鸱尾，说明此时鸱尾在主要佛教建筑上已经普及。

《魏书》卷七十七《高谦之传》记："高谦之弟恭之，字道穆，正光中出使相州。（前）刺史李世哲，即尚书令崇之子，贵盛一时，多有非法，逼买民宅，广兴屋宇，皆置鸱尾……道穆绳纠，悉毁去之。"③

据此条记载，相州刺史李世哲仗势跋扈，大兴宅第且施用鸱尾，违背了当时的法令。高道穆纠正他的行为，尽将鸱尾毁去。由此可知，北魏时鸱尾已经是建筑等级地位的标志之一，只有皇家和高级官署建筑才可以施用，地方刺史一级的官员是不能在其宅第上设置鸱尾的。

北宋叶梦得撰《石林燕语》中记："唐初制令，惟皇太后、皇后，百官上疏称殿下，至今循用之，盖自唐始也。其制设吻为之，殿无吻不为殿矣。"④据此，唐制以是否置鸱尾作为判断建筑是否属于宫殿的依据之一，设鸱尾即为殿，无鸱尾则非殿，宋代仍因循此制。

元陆友仁在《研北杂志·卷上》记："宋制，太庙及宫殿，皆四阿施鸱尾。社门、观、寺、神祠亦如之。其宫内及京城诸门、外州正牙门等，并施鸱尾。自外不合。"⑤依宋制，不仅皇家太庙、宫殿可以采用鸱尾，寺观等宗教建筑、城门、州官厅等处亦均可设鸱尾。可见此时鸱尾的使用范围已扩大到中层官吏建筑了。

北宋颁行的《营造法式》中详细总结了建筑脊饰制度，将其作为建筑屋顶等级制度的定例。其中卷十三瓦作制度中对鸱尾的规格制度、应用范围、安装技术进行了细致的规定和划分：

至元明清时，与建筑屋顶形式等级制度一样，鸱尾制度也愈发森严。清姚承祖所著《营造法原》记述了清代中国江南地区古建筑营造做法，其中对殿庭正脊两端所置龙吻或鱼龙吻所用规格，依建筑开间而定，并配合正脊高度规定如下。

《营造法式》中规定鸱尾使用制度⑥

建筑类型	开间与椽/檩数		鸱尾高度（尺）	备注
殿屋	八椽九间以上	有副阶	9—10	
		无副阶	8	
	五间至七间		7—7.5	不计椽数
	三间		5—5.5	
楼阁	三层檐		7—7.5	与殿五间同
	两层檐		5—5.5	与殿三间同
殿挟屋			4—4.5	
廊屋之类			3—3.5	若廊屋转角，用合角鸱尾
小亭殿			2.5—3	

（注：1尺≈0.33米）

《营造法原》中规定龙吻使用制度⑦

间数	用脊吻	脊高（尺）	备注
三开间	五套龙吻	3.5—4	正脊随龙吻套数称五套龙吻脊，七套龙吻脊等
五开间	七套龙吻	4—4.5	
七开间	九套龙吻	4.5—5	
九开间	十三套龙吻	5尺以上	
小亭殿		2.5—3	

（注：1尺≈0.33米）

清代雍正十二年，清工部颁布的《工程做法则例》中同样对正吻（清代称鸱尾为正吻）规定了一套严格的定制和官式做法。正吻高度细分为二样至九样，配合正脊样数施用。但此时鸱尾使用范围较宋代再次扩大，影壁、墙帽、牌楼、小型门楼等均可依《工程做法则例》设相应规格的鸱尾。

综上所述，鸱尾最先应用于皇家建筑，不久宗教建筑、高级官署建筑和高级宅第也可使用。宋代的《营造法式》和清代的《营造法原》《工程做法则例》对鸱尾的规格制度进行了更细致的规定，其应用范围也进一步扩大，甚至中低级、附属建筑也可设鸱尾。

《工程做法则例》规定正吻与正脊兽使用制度[①]

脊饰种类	宽度	高度（尺）	样数选择依据
正吻	宽：高 = 7:10	二样 10.5	一般情况同正脊样数，如六样脊用
		三样 9.2	
		四样 7-8	
		五样 3.8-5	
		2.5-3	

（注：1尺≈0.33米）

2. 正脊中间脊饰

正脊正中的脊饰，最早的形象可见于河南辉县战国墓出土铜鉴所刻房屋，在正脊的一端和正中都刻有一个三叉形的构件，中间似花蕾，两侧似花叶。

汉代建筑屋脊正中常以凤和鸟雀为脊饰。据汉《三辅黄图》记："（建章宫）南有玉堂，璧门三层……铸铜凤，高五尺，饰黄金，楼屋上，下有转枢，向凤若翔"。[②]汉武帝建章宫凤阙屋顶正脊置一铜凤，张翅迎风，有转轴可随风向而动，既作风标之用，又是正脊装饰。汉画像砖石、明器、汉阙中常见正脊正中设凤鸟者，如东汉画像石中的函谷关，正脊上立一金凤[③]（图5）；四川雅安汉高颐阙正脊正中雕一鹰，口衔组绶[④]（图6）。

除凤鸟外，汉代屋脊正中的脊饰还有山字形、三角形、宝瓶形、树叶形等[⑤]。

三国两晋南北朝时的建筑，继承了汉代正脊正中置凤鸟的传统。曹操建铜雀台，用铜雀为脊饰。宗教建筑也有正脊置凤鸟者，可见于石窟雕刻与壁画。如洛阳龙门石窟古阳洞中北魏时期的小龛，歇山顶正脊正中坐一凤鸟。

祁英涛先生认为，至迟在隋代已开始使用"火珠"，唐代已较普遍[⑥]。

北宋《营造法式》规定佛道寺观等殿阁、亭榭斗尖用火珠。

后世绘画中的宫殿、住宅建筑，大多不在正脊正中置装饰构件，明清时期宗教建筑，常于正脊正中雕刻图案，如宝瓶、琉璃楼阁、神仙故事等。

3. 垂脊、戗脊脊饰

垂脊位于正脊两端，共四条，两两相对构成人字形。垂脊尽端的脊饰为垂兽。

歇山顶除四条垂脊外，还有四条戗脊。戗脊尽端的脊饰为戗兽。

戗脊一般分为前、后两段，前段俗称岔脊。岔脊上排列着一排形制稍小的动物雕饰，宋代称蹲兽，清代称走兽。蹲兽最

《营造法式》中规定火珠等数[⑦]

建筑类型	开间/攒尖形式		火珠径（尺）	备注
殿阁	三间		1.5	火珠并两焰，其夹脊两面造盘龙或兽面。每火珠一枚，内用柏木竿一条，亭榭所用同。
	五间		2	
	七间以上		2.5	
亭榭	四角	方一丈至一丈二尺	1.5	火珠四焰或八焰；其下用圆坐
		方一丈五尺至二尺	2	
	八角	方一丈五尺至二尺	2.5	
		方三尺以上	3.5	

（注：1尺≈0.33米）

前面设一嫔伽，作人首鸟身站立状，清代称仙人，身下骑鸟。嫔伽之下子角梁端部有套兽。檐头华头瓶瓦之上设有滴当火珠，清代做成光洁的馒头形，称钉帽[⑧]。

在垂兽、戗兽、蹲兽等脊饰尚未出现或流行的南北朝与隋唐时期，垂脊、岔脊端部使用贴面砖、勾头瓦、火珠等作装饰。有宋以降，上述各种脊饰逐渐成熟，使用的种类、规格和数量都与其年代与所处建筑等级之间，有着直接关系。宋代《营造法式》中对各脊饰的规格、数量，均作出了相应规定。

①清朝工部颁布，吴吉明，译注：清工部《工程做法则例》.北京，化学工业出版社，2018年。
②（汉）佚名，撰，毕沅，校：《三辅黄图》卷之二. 上海，商务印书馆，民国二十五年（1936年），第14页。
③祁英涛：《中国古代建筑的脊饰》，《文物》，1978年第3期。
④祁英涛：《中国古代建筑的脊饰》，《文物》，1978年第3期
⑤周学鹰：《解读画像砖石中的汉代文化》，北京，中华书局，2005年，第327页。
⑥祁英涛：《中国古代建筑的脊饰》，《文物》，1978年第3期，第65页。
⑦（宋）李诫，撰，邹其昌，点校：《文渊阁〈钦定四库全书〉〈营造法式〉》，北京，人民出版社，2006年，第91页。
⑧刘大可：《中国古建筑瓦石营法》，北京，《中国建筑工业出版社》，1993年。

图5 东汉画像石函谷关

图6 四川西康雅安高颐阙正脊脊饰

①（宋）李诫撰、邹其昌点校：《文渊阁〈钦定四库全书〉〈营造法式〉》，北京，人民出版社，2006年，第90页。

②（宋）李诫撰、邹其昌点校：《文渊阁〈钦定四库全书〉〈营造法式〉》，北京，人民出版社，2006年，第91页。

③（元）脱脱等撰：《宋史·礼志四》，北京，中华书局，2000年，第1663页。

《营造法式》中规定用兽头之制①

建筑类型	正脊瓦层数	垂兽高度（尺）	备注
殿阁	37	4	垂脊兽降正脊兽一等用之，即垂脊兽较正脊兽低两寸。 （正脊兽施于正脊两端，兽头朝外，与鸱尾/鸱吻方向相反）
殿阁	35	3.5	
殿阁	33	3	
殿阁	31	2.5	
堂屋	25	3.5	
堂屋	23	3	
堂屋	21	2.5	
堂屋	19	2	
廊屋	9	2	
廊屋	7	1.8	
散屋	7	1.6	
散屋	5	1.4	

（注：1尺≈0.33米）

《营造法式》中规定用套兽、嫔伽、蹲兽、滴当火珠之制②

建筑类型与开间	套兽径（尺）	嫔伽高（尺）	蹲兽 个数	蹲兽 高度（尺）	滴当火珠高（尺）	备注
四阿殿九间以上 九脊殿十一间以上	1.2	1.6	8	1	0.8	
四阿殿七间 九脊殿九间	1	1.4	6	0.9	0.7	
四阿殿五间 九脊殿五间至七间	0.8	1.2	4	0.8	0.6	厅堂三间至五间以上，如五铺作造厦两头者，亦用此制，唯不用滴当火珠。下同
九脊殿三间 厅堂五间至三间	0.6	1	2	0.6	0.5	斗口跳及四铺作造厦两头
亭榭厦两头 四角或八角攒尖亭	0.6	0.8	4	0.6	0.4	如用八寸瓪瓦
亭榭厦两头 四角或八角攒尖亭	0.4	0.6	4	0.4	0.3	如用六寸瓪瓦 如用斗口跳或四铺作，蹲兽只用两枚
厅堂之类不厦两头		1	1	0.6		嫔伽与套兽不兼用

（注：1尺≈0.33米）（注：1寸≈0.033米）

宋代规定蹲兽均用双数，清代走兽则为单数。清工部在《工程做法则例》规定最高等级屋角蹲兽可用九枚（故宫太和殿则为十一枚），自前向后依次为：龙、凤、狮、海马、天马、狎鱼、狻猊、獬豸、斗牛，再加上最前面的仙人，组成一组华丽的屋脊装饰（图8）。

（二）屋顶色彩

1.三代至唐：早期屋顶色彩滥觞

中国古代建筑屋顶色彩，主要由屋瓦来表现。早在西周时即出现了瓦，始用于屋顶局部，后来全部覆瓦。陕西宝鸡市岐山县凤雏周原遗址中，屋脊和天沟局部用瓦。陕西扶风召陈建筑基址中出土了大量瓦件，包括板瓦、筒瓦和瓦当。

屋面由于有防雨要求，在材料选择上受到诸多限制。早期建筑大多以陶瓦、茅草、木板、树皮等覆顶，屋顶色彩以陶瓦或茅草的本色为主，建筑鲜明色彩的设计只能由檐下的梁柱、斗拱和门窗等来表现。此时由于屋面色彩匮乏，尚无屋面色彩的等级制度。

但自汉代起，早期建筑已经有为获得彩色屋面的尝试。据《宋史》记载，汉唐时礼制建筑或"以木为瓦，以夹纻漆之。"③但以油漆的木板作为屋盖较难防水与耐久，只是为特殊仪式所做的临时性装饰。

《工程做法则例》中规定垂脊、戗脊脊饰使用制度①

脊饰类型	眉高（尺）	宽：眉高	全高：眉高	厚：眉高	规格选择依据
垂兽	二样 2 三样 1.8 四样 1.6 五样 1.4 六样 1.2 七样 1 八样 0.8 九样 0.6	1~1.2:1	1.5：1		样数与垂脊样数相同
戗兽	比垂兽小一样				同垂兽
走兽	二样 1.15 三样 1.05 四样 0.95 五样 0.85 六样 0.75 七样 0.65 八样 0.55 九样 0.45	2:3	1.1~1.2:1	3:10	1.样数与垂脊样数同 2.数目决定： ①走兽数目一般为单数 ②每柱高二尺放一个走兽，取单数 3.走兽的先后顺序是：（不足9个取前者）龙、凤、狮、海马、天马、狎鱼、狻猊、獬豸、斗牛；其中海马和天马、狎鱼和狻猊顺序可换

（注：1尺≈0.33米）

"青楼"是早期建筑色彩设计的一个代表。文献中最早可见于《南齐书·东昏侯记》："世祖兴光楼上施青漆，世谓之青楼。帝曰：'武帝不巧，何不纯用琉璃。'"②此后，显贵人家豪华精致的楼阁也被称为青楼，如《晋书·麴允传》载："麴允，金城人也。与游氏世为豪族，西州为之语曰：'麴与游，牛羊不数头。南开朱门，北望青楼。'"③

琉璃应用于建筑装饰，使得屋面得以拥有丰富绚丽的色彩。"琉璃"最早泛指人工烧制的不透明或半透明的玻璃或色釉，为罕见的宝物。琉璃在建筑上的应用，最早可见于西汉，应用在门窗上，使得建筑获得良好的室内采光。《西京杂记》记载："赵飞燕女弟居昭阳殿"……窗扉多是绿琉璃，亦皆达照，毛发不得藏焉。"④

北魏时期，由于西域琉璃技术的传入，中国琉璃技术迅速发展，大量应用于建筑装饰上。《魏书》云："（北魏）世祖时，其国（大月氏）人商贩京师，自云能铸石为五色琉璃，于是采矿山中，于京师铸之。既成，光泽乃美于西方来者。乃诏为行殿，容百余人，光色映彻，观者见之，莫不惊骇，以为神明所作。自此中国琉璃遂贱，人不复珍之。"⑤

琉璃覆于陶质瓦上经烧制即得琉璃瓦。琉璃瓦的使用使得建筑屋顶得以呈现丰富的色彩，屋面色彩也逐渐成为标识等级的重要因素之一。

唐代琉璃瓦主要应用于剪边。剪边，即为在檐口或屋顶轮廓处，安装与屋面中心部分不同颜色、材质的瓦件⑥（图7）。唐代常见琉璃瓦剪边、青瓦心的屋顶设计，如敦煌莫高窟第172窟观无量寿经变图中的黑色、绿色琉璃瓦剪边⑦⑧（图8、图9）。

唐代的全琉璃瓦屋面一般为绿色，间或有黄色与蓝色，集三色于一身的三彩瓦亦有使用，如敦煌莫高窟第158窟壁画表现的三彩瓦顶⑨（图10）。唐三彩瓦可见于唐长安城三清殿出土的大量琉璃瓦残片，其中除黄、绿、蓝等单色琉璃瓦外，还有很多黄绿蓝三色三彩瓦⑩。

①清朝工部，颁布，吴吉明，译注：清工部《工程做法则例》，北京，化学工业出版社，2018年。

②（梁）萧子显，撰：《南齐书·东昏侯记》，北京，中华书局，2000年，第71页。

③（唐）房玄龄，等，撰：《晋书·麴允传》，上海，汉语大词典出版社，2004年，第1974页。

④（晋）葛洪，撰：《西京杂记·昭阳殿》，西安，三秦出版社，2006年，第45页。

⑤（北齐）魏收，撰：《魏书·列传·大月氏》，北京，中华书局，2000年，第1539页。

⑥王其钧，编著：《中国建筑图解辞典》，北京，机械工业出版社，2016年。

⑦敦煌文物研究所，编著：《中国石窟 敦煌莫高窟（第四卷）》，北京，文物出版社，1987年，第6页。

⑧敦煌文物研究所，编著：《中国石窟 敦煌莫高窟（第四卷）》，北京，文物出版社，1987年，第7页。

⑨敦煌文物研究所，编著：《中国石窟 敦煌莫高窟（第四卷）》，北京，文物出版社，1987年，第35页。

⑩马得志：《唐长安城发掘新收获》，《考古》，1987年第4期，第330页。

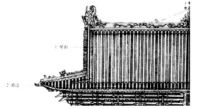

图7 剪边

图8 敦煌莫高窟第172窟北壁（观无量寿经变·盛唐）

图9 敦煌莫高窟第172窟北壁（观无量寿经变·部分）

图10 敦煌莫高窟第158窟壁画三彩瓦顶

①陕西省考古研究所，编：《唐代黄堡窑址》，北京，文物出版社，1992年，第23页。

②中国社会科学院考古研究所西安唐城工作队：《唐大明宫含元殿遗址1995年–1996年发掘报告》，《考古学报》，1997年第3期，第39页。

③中国社会科学院考古研究所、日本独立行政法人文化财研究所奈良文化财研究所联合考古队：《西安市唐长安城大明宫太液池遗址》，《考古》，2005年第7期，第33页。

④（宋）李诫，撰，邹其昌，点校：《文渊阁〈钦定四库全书〉〈营造法式〉》，北京：人民出版社，2006年，第106页。

⑤杨根，等：《中国古代建筑琉璃釉色考略》，《自然科学史研究》，1985年第1期，第55页。

⑥李全庆，刘建业：《中国古建筑琉璃技术》，北京，中国建筑工业出版社，1987年，第87页。

⑦安沛君，杨瑞，主编：《营造》，郑州，大象出版社，2016年，第164页。

⑧（宋）孟元老，撰，李士彪，注：《东京梦华录》，济南，山东友谊出版社，2001年，第7页。

⑨（宋）吴自牧，撰，符均，张社国，校注：《梦梁录》，西安，三秦出版社，2004年，第104页。

⑩（清）张廷玉，等，撰：《明史·舆服四》，北京，中华书局，2000年，第1107页。

⑪（清）李宗昉，等，修：《钦定工部则例三种》，海口，海南出版社，2000年，第78页。

⑫陈耀东：《夏鲁寺——元官式建筑在西藏地区的珍遗》，《文物》，1994年第5期，第20页。

⑬刘大可：《明、清官式琉璃艺术概论（上）》，《古建园林技术》，1995年第4期，第31页。

⑭图片来自 http://www.artlib.cn/zpController.do?detail&type=&id=8a98a68a576f969d0157a1e8c66210e4）

耀州窑黄堡窑址唐三彩作坊出土90件琉璃瓦。其中，"绿釉79件，蓝釉1件，棕黄釉1件，黄褐色釉5件，三彩釉1件，三彩瓦当1件"①。绿色琉璃瓦占总数的绝大部分。唐大明宫含元殿遗址中出土琉璃板瓦、琉璃筒瓦各三件，其中四件施孔雀绿琉璃釉，另有两件施黄色琉璃釉②。太液池遗址也出土有少量绿色和褐色的琉璃瓦③。

就唐代壁画、出土明器与瓦件来看，唐代琉璃瓦的颜色以绿色为主。正如杜甫诗中所言，呈现出"碧瓦朱甍照城郭"的壮观景象。

2. 宋代：屋顶色彩等级制度形成

宋代琉璃瓦技术进一步发展，不仅使用范围扩大，琉璃瓦的规格也开始标准化。北宋《营造法式》中对琉璃瓦的加工、配釉、烧造方法有详细记述。

《营造法式》卷第十五："凡造琉璃瓦等之制，药以黄丹、洛河石和铜末，用水调匀（冬月用汤）。甋瓦于背面，鸱、兽之类安卓露明处（青掍同），并偏浇刷。瓪瓦于仰面内中心。凡合琉璃药所用黄丹阙炒造之制，以黑锡、盆硝等入镬，煎一日为粗釉，出候冷，捣罗作末；次日再炒，傅盖罨，第三日炒成。"④其配料中的"黄丹"为氧化铅，"洛河石"为一种含杂质的石英，用来炒造黄丹的"黑锡"为铅之别名⑤。这种配方烧制出来的琉璃，以绿色为主⑥。

宋代建筑采用琉璃装饰的代表为北宋皇祐元年修建的河南开封佑国寺塔，塔身以铁褐色琉璃砖仿木构砌成，故又称铁塔，檐上盖以黄色琉璃瓦⑦（图11）。

从宋代开始，帝王之都开始采用黄色琉璃瓦为顶，此后的封建王朝一直沿用。《东京梦华录》载，东京宫城"大内正门宣德楼列五门，门皆金钉朱油漆，壁皆砖石间瓷，镌镂龙凤飞云之状，莫非雕甍画栋，峻角层榱，覆以琉璃瓦，曲尺朵楼，朱栏彩槛……"⑧。宋徽宗赵佶《瑞鹤图》中东京宫城城门楼宣德楼为金黄色琉璃瓦屋面，绿色琉璃瓦剪边，显示了宋代最高等级宫殿建筑屋顶色彩配置。（图12）

南宋临安宫殿南面宫门丽正门，据宋《梦梁录》卷八载："其门有三，皆金钉朱户。画栋雕甍，覆以铜瓦，镌镂龙凤骧之状，巍峨壮丽，光耀溢目。"⑨据此可知，丽正门系一城门楼，屋顶覆以铜瓦，显示其建筑之精，金碧辉煌。从宋代开始，金黄色屋顶正式成为皇家建筑专用、等级最高的屋顶颜色。

3. 元、明、清：屋顶色彩等级制度的成熟与发展

琉璃瓦的大量使用，应数元、明、清时期。尤其以明、清两代的琉璃，无论是数量之大，色彩之广，样式之众，规模之巨，均大大超过了前代。举凡宫殿、坛庙、皇家园林、王府，无不覆以琉璃以显示尊贵。

明、清两代虽处于建筑琉璃的鼎盛时期，但琉璃的使用一直受到严格控制。《明史·舆服四·亲王府制》中规定："定亲王宫殿、门庑及城门楼，皆复以青琉璃瓦"⑩。一般官员与百姓禁止使用琉璃，如清《钦定工部则例》规定："官民房屋、墙垣不许擅用琉璃瓦、城砖，如违，严行治罪，其该管官一并议处。"⑪

元代琉璃色彩虽较唐宋大增，但绿色琉璃仍然是官式建筑使用最多的一种。宋哲宗时兴建、元顺帝时重修的西藏夏鲁寺中的四座殿堂均为内地元代官式做法，上覆重檐歇山式绿琉璃瓦顶，屋顶上脊饰有图案生动的琉璃砖雕（图13），脊端还设有琉璃鸱吻⑫。

刘大可先生认为，元代还崇尚黑琉璃，这或许与元人尚武的性格有关。官式建筑中除大量使用绿琉璃外，黑琉璃在元代也较普通。北京现存建筑东岳庙、护国寺等，都是此期代表⑬。

图11 河南开封佑国寺塔

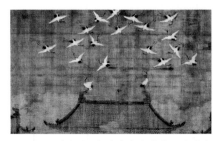

图12 赵佶《瑞鹤图》中东京宫城城门宣德楼图⑭

图13 夏鲁寺主殿夏鲁拉康二层侧殿正脊嵌饰的绿色琉璃浮雕

剪边做法在元代由唐宋时期的青瓦屋面、琉璃瓦于脊部和檐口剪边，变为全琉璃瓦屋面，使用两色琉璃拼接。元代的两色琉璃还应用在组拼屋面图案上，到明清时则发展为"聚锦作法"[①]。如山西芮城元永乐宫三清殿，屋顶用绿色琉璃瓦剪边，屋面上由绿色琉璃瓦拼成了一大、两小、三个方胜图案（图14）。

明清时期，屋顶色彩等级制度成熟，形成了完整的琉璃瓦色彩等级序列。刘大可先生总结了明清时期琉璃瓦用色规律。

图14 山西芮城元永乐宫三清殿[④]

《明、清琉璃艺术概论》中琉璃瓦颜色等级顺序[②]

等级	明	使用范围（明）	清	使用范围（清）	备注
殿阁	黄	皇宫、文庙（绿心黄剪边）	黄	皇宫、皇室坛庙、敕建庙宇、皇家园林	明代早期曾使用过紫红色琉璃瓦，推测其居第二位
	有黄琉璃的各种剪边		有黄琉璃的各种剪边		
亭榭	绿	亲王宫殿、城门楼、庙宇	绿	亲王、世子、郡王府、宫门、城门	—
	黑琉璃或布瓦心的绿剪边		黑琉璃或布瓦心的绿剪边		—
	黑	皇妃、王妃	其他颜色	—	—
	其他颜色	—	—	—	—

此表中的不同等级建筑中，黄色与绿色琉璃瓦的等级界限明显，绿色与黑色之间的界限较模糊。清代的黑色琉璃等级特征已不明显，多作为园林建筑协调色彩之用。

上述明、清时期琉璃瓦应用范围，均只限于帝王、亲王宫殿、宅邸（或各地文庙，以及皇家敕建的寺庙道观之中），各品官员不许用琉璃瓦，但可用灰色筒瓦，而庶民只能用灰色板瓦[③]。屋顶的色彩装饰，俨然已经成为区别贵贱、彰显尊卑的鲜明标志。

四、结语

中国古代建筑屋顶的使用是有等级的，这似乎是许多学者默认的一个事实。现存的明清宫殿建筑群中，以北京明清故宫为代表，中轴线上最高等级建筑用重檐庑殿顶，施金黄色琉璃瓦，屋脊鸱吻、兽头、走兽一应俱全，配殿或用歇山，或用悬山，施绿色琉璃瓦，脊饰相较之下也更为简单。这些例证使人自然推想，中国古代对屋顶的营法、造型、装饰应当是有等级制度规定的，否则如今的建筑遗存用屋顶之制，为何如此整齐统一呢？

然而，或许正因为屋顶等级制度的存在似乎如此理所应当，也因为如《绪论》中讨论到，中国古代专门的建筑术书中并无明确的建筑屋顶形式等级制度的文字记载，使得对建筑屋顶等级制度的专门研究少之又少。即使是建筑屋顶专著中，也着重于历代建筑屋顶造型、特征、构造，鲜有专门开辟章节讨论屋顶等级制度者。因此，笔者所能收集到的相关研究，多是碎片化或局部而言，仅就某种屋顶形式、某种装饰或某个时代进行论述。

任何一项制度，从形成到成熟，都有一个发展的过程和推动发展的动力。通过对中国古代建筑屋顶等级制度的缘起、发展与演化的系统研究，本文认为，建筑屋顶形式等级制度在唐代形成，于宋代成熟，明代时更为细腻、严格，清代末期逐渐陨落。脊饰和色彩的等级制度，均以宋代为形成的标志时期。

本文是对中国古代建筑屋顶等级制度研究的一次尝试，其中存在的缺漏与不足，都有待在今后的进一步研究中完善。文章的讨论包含从新石器时代到清代的整个历史时期和部分史前时期，在这样大的时间跨度上，如何分期、如何针对各个发展时期的特点，选择对实物资料与文献资料的研究方法，都是本文需要重点解决的问题。

具体而言，对于没有与屋顶等级制度相关文献的混沌期，即三代至三国两晋南北朝这一段时期，本文选择尽量穷尽实物资料，争取涵盖所有能反映建筑屋顶的资料类型；而对于有唐以降，开始出现相关文献的时期，本文则以文献资料为主，以实物资料佐证分析文献得出的结论。对于其中涉及的大量文献资料、考古资料与建筑实例，本文讨论中必有一些遗漏。对资料的补充、对分期和发展阶段的细化，都是此后研究中需要优化的部分。

① 刘大可：《明、清官式琉璃艺术概论（上）》，《古建园林技术》，1995年第4期，第31页。
② 刘大可：《明、清官式琉璃艺术概论（上）》，《古建园林技术》，1995年第4期，第30页。
③ 李路珂：《象征内外——中国古代建筑色彩设计思想探析》，《世界建筑》，2016年第7期，第37页。
④ 图片来自http://blog.sina.com.cn/s/blog_b0173edb01017b45.html）

Zhu Qiqian's Former Residence in Zhaotangzi Hutong

赵堂子胡同朱启钤故居

朱延琦*（Zhu Yanqi）

摘要：北京东城区赵堂子胡同3号朱启钤故居是一座占地3 800多平方米的四进四合院，于1931年与女婿朱光沐合资4万元购置，然后按照《营造法式》重建。

关键词：朱启钤；北京四合院；《营造法式》

Abstract: Zhu Qiqian's former residence, located at No.3 Zhaotangzi Hutong, Dongcheng District, Beijing, is a quadrangle with four courtyards with an area of more than 3,800 m². Jointly purchased with his son-in-law Zhu Guangmu in 1931 with 40,000 yuan, the residence was rebuilt according to *Ying Zao Fa Shi*, an ancient Chinese book on architectural style.

Keywords: Zhu Qiqian, Beijing Quadrangle, *Ying Zao Fa Shi*

我的祖父朱启钤在北洋政府时期担任过三任内务总长、五任交通总长，代理过一任国务总理，曾经置办中兴煤矿、中兴轮船公司等企业。他曾任北京内外城警丞，任内改建正阳门，打通东西长安街，开放南北长街、南北池子，修筑环城铁路。同时在改造长安街时，他开辟中央公园(今中山公园)，并创办中国第一个博物馆——古物陈列所(1946年与故宫博物馆合并)。

祖父起先四处租房，后来准备买一处宅子。原北洋政府财政次长贺德麟在赵堂子胡同2号有房产，祖父准备买下来。1929年他开始洽购备料，联络原内务府营造司散落在各处的工匠。1931年，他和女婿朱光沐合资4万元用"均和堂"名义置下赵堂子胡同2号，然后按照营造法式重建，共用去5万元。1932年入住。

赵堂子胡同属东城区建国门地区，胡同西起朝阳门南小街，东至宝盖胡同，长250余米。清代时，即称"赵堂子胡同"。胡同呈东西走向，东端稍有曲折，且与另外4条胡同相通，形成一个胡同枢纽。往东是后赵家楼胡同，往北是宝盖胡同，往南是宝珠子胡同，往西南是阳照胡同。五条胡同相交实属罕见，当地居民美其名曰"五路通祥"。

祖父朱启钤的故居赵堂子胡同3号位于东城区，门牌原来是赵堂子胡同甲2号，是一座占地3 800多平方米的四进四合院。西侧3号院住王克敏，东侧是1号。这里在胡同稍有曲折处北侧，坐北朝南，恰处"五路通祥"之地。

当时买这块地的时候，有人告诉他风水不好，因为在十字路口上，懂风水的人认为这个地方往四方散财，不聚财。祖父一生不信神鬼，很喜欢这所房屋，尽管别人告诉他风水不好，他仍然搬进去并且造房。

此宅院布局独具特色。它以一条贯穿南北的走廊为中轴线，将整

* 中国营造学社创始人朱启钤之曾孙。

《中国建筑文化遗产》编辑部同专家在赵堂子胡同3号朱启钤故居前合影（摄于2014年2月26日）

赵堂子胡同朱启钤故居旧影组图

个宅院分成东、西两部分，且将两部分的八个院落有机组合为一个颇具气魄的宅第。进入二道院以后是一条长廊，长廊两侧一边四个院子，走到头是正厅，每个院子都设有卫生设备。前四个院由朱光沐一家及他的母亲居住，后四个院及正厅由朱启钤居住。

宅院的街门为"广亮大门"，街门西侧是六间倒座南房，街门东侧有四间南房系厨房，四间南房并不是一条脊，东侧三间稍向南移。因此，街门东侧的南院墙向东南倾斜。

进入广亮大门，十米左右，过二道门，正对着一条贯通南北的走廊，直通主厅，形成一条南北轴线，将整个宅院分成东西两个部分，共八个院落，院内回廊环绕。

西部一进院有六间倒座南房和一座两卷"垂花门"；二进院、三进院、四进院北房三间、西厢房三间，在北房西侧建有两间耳房。

东部一进院有南房四间、正房三间，在正房西倾建有两间耳房，北房与二进院的南房为三卷钩连搭歇山顶建筑，用料讲究，工艺精细。二进院有北房、南房、东厢房各三间，在北房和南房西侧各建有两间耳房。三进院有北房五间、东厢房三间。四进院原是宅第园林，如今已改建。锅炉房也在东部。

1929年，祖父朱启钤成立了中国营造学社，聘请梁思成任法式组组长，刘敦桢为文献组组长。起初，学社借中山公园办公。《中山公园二十五周年纪念册》中记民国21年施工情况道："天安门内西庑旧朝房十四间……由本园函请故宫博物院，拨借为朱会长桂莘（按：朱为公园董事会会长）设立中国营造学社社址。查该房久经废置，屋顶檐头以及墙壁地面破旧不堪，乃重加修整，并铺设地板，加护窗铁栏门，右十一间并建垂花门一座，即由中国营造学社租用。"

中山公园是北京第一个公园，平时游人如织。赵堂子胡同3号住宅落成后，祖父朱启钤认为自己身为公园董事长，学社继续占用中山公园办公不合适。又因为他的许多女儿已经出嫁，赵堂子胡同3号这个房子显得有点空旷，新住宅，自己和朱光沐住不了这么多，于是腾出前边四个院子作为学社办公场所，朱光沐一家移到后院。

1934年营造学社迁入办公直至1937年北平沦陷，学社南迁。

我父亲朱文极从美国回来后曾经在营造学社工作一年，日本人来了以后，营造学社停办，西迁至四川。我父亲去唐山开滦煤矿工作。

赵堂子胡同朱启钤故居旧影——前院走廊
及二院垂花门

赵堂子胡同朱启钤故居旧影——主厅内新设置的西式壁炉

　　北平沦陷后，在日本侵略者操纵下，1937年底以王克敏为首的伪临时政府成立。但日本人认为王克敏资望不够，压不住阵脚，欲请祖父这样北洋时期的首脑人物出来捧场，因而对其施展了种种手段，但祖父推脱有病在身，闭门谢客，坚持不就伪职。为了掩饰，祖父甚至为此写了遗嘱登报。于是日伪先是派特务监视他的住宅，继之又以赵堂子胡同是警备地区，一般人不宜居住为由(因王克敏住在隔壁)，强行用低价征购了赵堂子胡同3号的住宅。祖父本想把这座宅院以13万大洋卖给孙传芳之妻，日伪不准，逼他以10万元(日据时期伪币)把房子(包括全部家具在内)卖给了日本人作为特务机关。朱启钤被迫搬到北总布胡同还有外交部街的协和宿舍(当时我十姑爷是协和教授)等处居住。直到抗日战争胜利，祖父一直称病在家，始终未与日伪同流合污。

　　日本投降后，赵堂子胡同3号被第十战区司令部接管。蒋介石视察北平时，宴请没有附逆的民国官员。祖父的座位就在蒋介石边上，蒋公对祖父朱启钤的所作所为感到佩服，手书："坚贞不屈，不肯附逆"。我五姑爷朱光沐是宋子文的机要秘书，坚持敌后斗争，蒋介石提词："抗战八年，功勋卓众"，然后又问，朱桂老有什么要求，祖父提出是否能归还房子。当时，第十战区司令部孙连仲在此，蒋介石嘱咐同席的宋子文落实此事，宋子文后来为此还专门写了条子。此后国民政府发还了赵堂子胡同3号房产。

　　当时我二爷朱海北领回房屋时，那里已破烂不堪，祖父回去看过……看到屋里地板都被撬，因为国民党军队为了拉家具钉箱子。客厅内，他心爱的价值连城的南北朝碑刻也没了，墙上留下一大洞……听家里人说，是马汉三把南北朝的石刻掠走的。

　　随后，二爷朱海北对所有房屋按原样进行修缮，花了许多钱来恢复所有的地板以及屋里损坏的地方。

　　1947年祖父去上海，处理中兴轮船公司及其他事务。

　　1949年1月，北平和平解放，赵堂子胡同3号由解放军接管。因修缮房屋，当时二爷朱海北住在那里。接管人员告知，看到了蒋介石责令第十战区搬走，给宋子文落实这个房子的指示，军队告知此房属于敌逆产，此类房产一律没收。二爷朱海北只能搬出，到本司胡同居住。此房后转给外交部，用于从军队中抽调人员培训外交官。

　　解放战争后期，形势急速变化。国共双方都在争取祖父，施加影响。

　　蒋介石让朱启钤去台湾，周恩来也派人找到祖父，让他不要去台湾，留在大陆。第一次派人去，被国民党抓住，枪毙，第二次派金山去，也来传递周的信息，不要去台湾。此时北平已经和平解放。后来商量回北京住处，祖父说赵堂子胡同有房子可以住。后来知道赵堂子胡同的房子不能住了，已经被军队没收了。祖父说可以住五女儿在东四八条的房子。那是个三进院，抗战胜利后戴笠曾经住过，后来军统卖给朱家，祖父将后院借给好友章士钊居住。当时东四八条由朱海北的夫人徐

赵堂子胡同朱启钤故居旧影组图

赵堂子胡同朱启钤故居现状（鸟瞰）（殷力欣摄）

赵堂子胡同朱启钤故居现状——广亮式门楼正面

赵堂子胡同朱启钤故居现状——广亮式门楼
背面局部

恭如居住并看管。据祖父后来的秘书刘宗汉介绍，北平和平解放后，朱启钤的外孙章文晋(天津军管会外事处长)的夫人张颖来看望徐恭如，正好碰到军队来收这房子，北京市军管会副秘书长薛子正也在场。此事反映上去。后来薛子正来此处撤走军队，同时道歉。后来，北京市政府秘书长薛子正又来过一次，再次为房子的事情致歉。

1952年，章文晋陪祖父从上海先到天津，接着回北京，此时赵堂子胡同的房子已经分给了外交部。周总理知道此事后，知道二爷朱海北花了不少钱维修，于是补偿了朱海北维修房子的部分费用，同时和祖父谈，要收购这个房子。祖父知道刚解放，国家很困难，就把房屋捐给了外交部。此宅后改为外交部宿舍。

"文革"后期，大概是1971年，我从宁夏回来，头一次进这个院子，里面住的都是外交部的司局级干部，干干净净。改革开放后第二次进这个院子，已经是大杂院了。那时颁布了干部住房指标，住此院的干部觉得住楼房好，就搬走了，但产权还在外交部，随后搬来的是外交部的一般工作人员，如司机、厨师、保洁等人员。随着里面的住户越来越多，各住户在院内私搭乱建，居住环境越来越糟，形成现在这个模样。

20世纪80年代，我听街坊说，过去祖父做寿，从我们家门口开始，赵堂子胡同两侧都停满了车，一直停到南小街……

20世纪80年代，赵堂子胡同3号被公布为东城区文物保护单位。此套照片是目前唯一的一套原照。

(朱静莎整理)

赵堂子胡同朱启钤故居现状——主院檐廊

赵堂子胡同朱启钤故居现状——檐廊之漏窗装饰

CHINA ARCHITECTURAL HERITAGE
中国建筑文化遗产 28

Decoration Stone Carving Art in Lingnan Garden Architecture

岭南园林建筑装饰石雕工艺艺术

罗雨林*（Luo Yulin）

摘要：岭南石雕工艺美术是岭南民间工艺美术的重要品类，也是岭南园林建筑作为装饰美化自己的最为重要的工艺。岭南民间园林建筑石雕工艺，大致可分为广州地区和潮汕地区两大流派。广州地区石雕以刀法粗犷、刚劲有力，犀利洒脱、富于概括力，整体感强著称。潮汕地区石雕则以多层次镂空、玲珑剔透为特色，名闻遐迩。

关键词：岭南石雕；广州地区石雕；潮州地区石雕

Abstract: Lingnan stone carving arts and crafts, as an important category of Lingnan folk arts and crafts, are also the most important arts and crafts for Lingnan garden architecture. According to the stone carving processes, Lingnan folk garden architecture can be roughly classified into two schools: the Guangzhou area school and the Chaoshan area school. The stone carvings in Guangzhou area are celebrated for its rough, vigorous, sharp and carefree style, featuring a powerful sense of generalization and a strong sense of wholeness. The stone carvings in the Chaoshan area are acclaimed for their multilevel hollowing and exquisiteness.

Keywords: Lingnan stone carvings, Guangzhou stone carvings, Chaozhou stone carvings

  岭南石雕工艺美术是岭南民间工艺美术的重要品类，也是岭南园林建筑作为装饰美化自己的最为重要的工艺，是岭南民间匠师的聪明才智及其创造性的本质力量的体现。

  它历史悠久，技艺精湛，与园林建筑的产生和发展繁盛密不可分。举凡石雕所用的石头，既是艺人用雕刻刀等工具施艺的对象，也是建造岭南园林建筑最基本、最重要的建材。这种建材，人们对它的性能特质的认识和发挥运用并加以雕琢加工，成为园林建筑的一种装饰工艺，就经历过漫长岁月的摸索和反复实践，才发展到今天能如此娴熟精妙的运用。其历史渊源，可追溯至岭南地区的远古时代。那时的先民为求生存和发展，最早懂得和利用大自然留下的天然石块的坚硬和锋利的特性进行加工、打制、磨制成石斧、石锛等工具，解决日常生活的使用和抵御猛兽侵袭的需要。这些用于打制、磨制的石斧和石锛，其工艺制作方法，可视作岭南石雕工艺的雏形。以后随着历史的发展，人们对石质性能认识的不断深入，石器制作工艺的不断改进，从而达到明清至民国精益求精的高度。石料耐腐、耐火、耐磨、耐风化、耐击，且质色美观，因此，地处潮湿多雨、高温闷热的岭南，民间建筑最普遍、最广泛运用它。其柱子、柱础、墙裙、门槛、门框、地栿、门楣、台阶、檐阶、栏杆、月梁和地面等，均用石材营构为主。但石材虽坚硬却又易脆，雕刻加工，不易施艺发挥，容易一不小心就脆折，造成前功尽废。它不同于木雕、砖雕，或其他物质材料的雕，不易雕成如此透镂和精细。但石雕匠师却能十分娴熟地驾驭它，"戴着镣铐跳舞"，跳出优美的"舞蹈"。

  岭南民间园林建筑石雕工艺，大别之，可分为广州地区和潮汕地区两大流派。广州地区石雕以刀法粗犷、刚劲有力，犀利洒脱、富于概括力，整体感强著称。潮汕地区石雕则以多层次镂空、玲珑剔透为特色，名闻遐迩。

* 广州市人民政府文史研究馆资深馆员。

一、广州地区石雕工艺艺术

1.起源

广州地区石雕工艺起源很早，目前能找到最早的实物例证，是出土于广州中山四路西汉南越王宫殿宫苑水池石构件和南越王第二代王的王陵的墓道石门和一些雕制规整的石板。其后便有南汉宫殿十六条十分精美的石狮子柱础和石构件等的出土。这些石狮子雕刻技艺十分高超，运用多种雕刻技法，如镂空技法和立体圆雕、浮雕、高浮雕等综合运用，塑造出生动传神的艺术形象，作为园林建筑上的装饰。

2.兴起

唐宋时期，广州地区各地各类园林建筑，随着中原氏族大量南迁的形势而大量兴建，运用各类园林建筑材料进行装饰美化也十分普及。现存实物例证可以在光孝寺大雄宝殿后廊平台勾栏的砂岩望柱上找到。在那里劫后余生，仍保存有宋代（主要是南宋时期为多）的石雕狮子。这批石狮子，保留着盛唐时代的雕刻特点，注重表现狮子内在蕴蓄着的威武气势，其艺术造型与工艺雕刻手法与明清后期有很大不同，而与北方的却有很多相似之处，因而能够生动地说明它的来龙去脉的变化。望柱头上的这些石狮由灰色砂岩石雕成，高45厘米，蹲坐在望柱的雕刻云纹的鼓形平座上。狮的前额突出，眼窝深陷，双目圆睁，张口咧齿，下连八字胡。在突出表现其内在的气势上，作者的雕刻技法达到异常概括集中境界，因而显得生动传神，具有浓郁的装饰性和抽象寓意的色彩。

广州清代光绪陈氏书院园林建筑前院石栏板雕刻《三国演义故事中赵颜求寿图》　广州清代光绪陈氏书院园林建筑前院石栏板雕刻《春秋时期肖史和弄玉吹箫引凤故事》

广州清代光绪陈氏书院大门口石鼓基座雕刻《日神》《月神》　广州清代光绪陈氏书院廊门石雀替雕饰　广州清代光绪陈氏书院前院石露台栏杆月梁雕刻《菊花绶带鸟》《喜鹊荔枝》等

广州清代光绪陈氏书院廊门石券门雕饰1

广州清代光绪陈氏书院廊门石券门雕饰2

望柱头样式（南瓜）

望柱头样式（仙桃）

望柱头样式（菠萝）

望柱头样式（佛手）

广州清代光绪陈氏书院前院石露台望柱头雕刻岭南瓜果：《南瓜》《仙桃》《菠萝》《佛手》

3.发展

明清时期，广州地区石雕工艺艺术风格又有新的变化，出现了许多新的创造。如明洪武十三年（1380年）永嘉侯朱亮祖兴建于广州越秀山镇海楼门前的一对明代红砂岩石石雕狮子，就与上述雕制的风格明显不同，石狮面目忠实、宽厚，一副尽于职守的守护警卫的模样，没有威武和凛然不可侵犯的气势。明清时期佛山祖庙和高要文庙正殿，都有精美的广州石雕制品。佛山孔庙门前红米石雕羊，造型简练古朴，雕刻明快利落，艺术大师刘海粟盛赞这些作品为东方艺术之杰作，可与意大利石雕艺术比美。

4.鼎盛

清末至民国，广州地区石雕工艺艺术，达到顶峰。如汇萃岭南民间艺苑精华、集岭南园林建筑装饰艺术之大成的广州清光绪十六年至二十年的陈氏书院，就是一座占地面积近一万五千平方米，包括主体建筑和前院、东院、西院和后园园林的宗祠建筑。其石雕工艺全选用一块块质地细腻柔软的米黄色花岗岩石材，按故事题材和装饰部位的需要，精工雕制而成。每一幅作品，都可以看出艺匠们在施艺时那一丝不苟的态度，其雕刻工艺的艺术达到了很高的水平。

祠前大门左右一对大石狮，其造型不取北方追求粗犷、气势、威权，而取民间下层的亲切与温良，雕工尤精。它是用整块大石料精工雕琢而成。以三弯线条表现出笑眯眯活泼可爱的传神之态。两狮夹道相对笑口迎客，有"礼贤下士"的气氛。雄狮昂头撑腿玩球，姿态矫健英武，雌狮匍匐抚子，体态秀丽丰满。尤其精彩的是，在石狮口中，艺人采用镂雕技法，挖雕石球一个，能滚动自如而取不出来，令人爱不释手。所以西关民间长期流传有"石狮吸干洪水救百姓"的传说故事，说明它的生动传神形象，一直深深地活在民间百姓心中，并作为"保护神"一样受人敬拜。

正门两旁，有一对花岗岩石雕成的大鼓，高1.5米，圆径0.75米，下用须弥座作鼓座，雕工精美，鼓边线条非常规整流畅，鼓面圆滑柔润，光亮如镜，充分显示出花岗岩石质材料的美丽，以及雕工之精巧。鼓下雕有《八仙》《日神》《月神》，以及《雀鹿蜂侯》（以谐音寓意吉祥如意的"爵禄封侯"）。石鼓在南方祠堂府第最为常见，鼓在南方古代越族中是权力的象征。在中原文化中，鼓又是礼仪的标志。陈氏大族发源于北方，从中原南迁而来，与越族结合，故在陈氏书院中，极为重视鼓的内涵的艺术表现，同样以此来显示陈姓门第之高贵，族权之威严。

在石鼓两旁的墙裙石雕也颇为精致，题材是《麒麟玉书》和《三羊启泰》等。亦用花岗岩石雕成，两旁以石雕连续纹样环绕，犹如连环长卷画，极富装饰性。

陈氏书院石雕装饰最精彩的，要算那聚贤堂前面月台栏板和望柱雕饰。其风格有些还保留有明代石雕圆润的风格，石艺更为通灵古拙，有些则是清代的延续，还有的则是石雕艺师的大胆创新。它突破了旧的工艺程序的框框，巧妙地运用岭南果瓜做归望柱头上的装饰，令人产生无穷的遐想。那望柱顶上以刚劲有力的刀法，雕镂出一个个果盘碟，盛放着荔枝、香蕉、杨桃、菠萝、佛手、木瓜、番石榴等岭南佳果，成为永久性向祖先拜祭的祭品，真是寓意深长，别具一格，散发着浓郁的岭南地方特色。栏板上的寻杖也雕成月梁状，梁面融合圆雕、浅浮雕、高浮雕、镂空雕及阴刻等多种技法，用连续纹样的表现手法，以《老鼠偷葡萄》《菊花绶带鸟》《竹鹤》《松鹤》《喜鹊荔枝》《石榴花》《鸳柳》等题材，将栏杆板雕成一幅幅连环画卷式的统一整体，构图优美，雕技精湛，殊为难得。

清代潮州建筑雕饰《牛郎织女鹊　　　　清代潮州建筑石雕《跪石家奴》
桥会》

二、潮州地区石雕工艺艺术

1.起源

潮州地区石雕工艺历史悠久。据考古发掘的材料证明，中原氏族自晋永嘉之乱大规模南迁到潮州地区前，这里到梅州一带的越族人仍过着新石器时代至商周时期的生活。他们利用石头的性能特质，雕刻加工各种石器器物，满足自已生活上的需要。2019年3月至5月，考古部门曾发现多处新石器时代至商周的遗址，出土有石器工具等。窃认为，这些材料的出土，可视为是潮州地区及其附近地带石雕工艺最原始的雏形。

2.隋唐五代成熟期

目前能找到最早的成熟遗制，则可以拿唐代遗制为证。在潮州，在唐开元年间就建有一座大型园林建筑开元寺，现为全国重点文物保护单位。该寺位于湘桥区开元路，整体风格非常独特，占地面积130亩（约合8.7万平方米）。其大雄宝殿周围石栏板雕刻释迦牟尼生平事迹和猴子、莲花等动植物图案，以及殿前石刻"佛日增辉""佛轮常转"几个大字，寺里还有四座国内罕见擎天而立的大型石经幢，以及唐代潮阳灵山寺大颠和尚墓塔底座浮雕飞龙走兽、花卉图像等，是经岁月淘汰，硕果仅存的唐代石雕例证。从中可以看出，唐代石雕工艺已经十分成熟，它古朴凝重，具有极高的工艺和艺术水平。

潮州开元寺的石经幢是我国唐代经幢的代表。这四座石经幢，每座都由25层石构件组合叠砌而成，每一层构件都精工雕饰《准提咒》和《尊生儿》。最下一层是八角形式的须弥座，有六尊力士以头顶幢柱，体现出经幢的厚重分量，非比寻常。石经幢六面分别运用"减地平级"与"压地隐起"浅浮雕手法，刻出唐僧取经故事等图案花纹，人物形象栩栩如生。雕刻手法使景物相互对比，以丰富的层次感，保持整体性。用"素平"和"压地隐起"技法来雕刻佛像、天神、蟠龙、祥云和水波，按照一凹一凸的韵律。基座的每个门洞，均置十八罗汉及二十四诸天尊神像。多么高超和高难度雕刻而成的石雕艺术珍品！

3.宋元发展

以下列为例可作说明其发展状况。

首先，以潮州开元寺观音阁佛龛石座悉达太子戏象的浮雕为例，可以窥见宋代潮州石雕工艺的发展水平。该雕像雕出太子一手叉腰，一手前伸，作矮步，似作胡舞状的生动形象。一小象则欢奔跳跃，回首与太子亲密交流，一脸稚拙神气，造型生动简练，耐人寻味。

再以潮安归湖大型园林建筑——宋代王大宝尚书墓前雕刻的石文武翁仲、石狮、石马、石羊、石笋、石望柱雕饰等来看，其造型生动，风格凝重。再从潮阳胪岗石塔寺宋代石雕菩萨来看，其工艺雕刻的线条粗犷，生动传神。

这些例子都可反映出两宋时代潮州地区石雕工艺风格注重凝重精炼，以及重视神情的传神表达，而不太注意细部的刻划，这一工艺艺术状况。

两宋之后，进入元代，潮州地区石雕工艺花边装饰较多，但画面却大多较为呆板，比较程序化。比较好的例子当然也还是有的，目前我们可以找到现仍藏于潮州开元寺的元代泰定二年(1325年)以陨石雕成的大香炉一座，6层圆形，高15米，重950斤。这座炉上镌"天人献花"字样。座上雕刻着飞天、双龙、莲瓣、梅花鹿等图案，却绝非一般。设计独特，刀法犀利精致，刻画形态生动，线条流畅，素有"天上的材料，人间的工艺"的美誉。它可代表元代潮州地区石雕工艺的艺术水平。

4.明清至民国至中华人民共和国时期的鼎盛

明代石雕工艺在元代基础上进一步发展，潮州城内分布着大小石牌坊70余座，造型各异，双面精刻戏曲人物故事、龙凤、花卉等，形象生动，富有明代石雕艺术特色。潮阳县灵济宫前的石雕麒麟，竣工于明万历二十五年(1597年)，雕刻得生动异常，线条细腻，上下八宝图饰纹附件十分逼真，对园林建筑物主题的衬托，环境气氛的渲染起推波助澜作用。在饶平县高堂镇树下村，建于明代的吴氏宗祠（俗称"安雅祠"），那些镶嵌在门楼石壁上惟妙惟肖的立体石雕，每一幅石雕题材各异，有人物故事、花鸟虫鱼、龙凤麒麟等，雕刻相当精细，构图十分讲究。其中一幅在不足一平方米的画面中，就雕刻着十几个神态各异、栩栩如生的人物，有的骑马、有的步行、有的端坐、有的半蹲，还有亭台楼阁等逼真的立体景物。大门正上方，有两头威武的小石狮，托着一块书有"吴氏宗祠"金漆大字石匾。大门外竖着两面光滑的石鼓，座墩表面浮雕龙和麒麟，在门楼石壁背面，浮雕着一幅幅鲤鱼、仙鹤、公鸡、飞鸟等。

清代潮州地区石雕工艺在社会生活中的作用发展达到鼎盛，其工艺之精，技艺之巧，达到前所未有的高度，尤其是那多层次镂空雕技法达到巧夺天工的程度。

例如潮阳棉城龙井渡旁的赤庐古府，就保存有很多这样的佳作。清道光后期，揭阳市榕城区城隍马路中部西侧，建有周氏宗祠，由当时最负盛名的艺人谢喜和黄执负责石雕工艺制作。1830年前后，谢喜于城厢、黄执于东关开设石雕作坊，并收徒授艺。潮州府修建"灵感安济圣王庙"（在潮安县也称安政王庙）时，向各县招聘石雕艺人，谢喜和黄执因技艺超群而被选中应聘负责石雕工作。谢喜雕刻壁上腾龙，形象威猛，刻工精致，博得府属各界艺人一致赞美。稍后，建造周氏宗祠启动工程，谢喜、黄执在雕刻大门门廊壁屏时，各自雕出被时人称为神品的作品，谢喜的叫《芙蓉出水》《荷花映日》。几朵荷花，或开或合，莲蕊依附于婷婷玉叶，生机勃勃，真是造作自然，巧夺天工。黄执负责雕刻正面壁屏上的叫《封神榜》故事，其中一武将横枪跃马，手执缰绳，其胯下之马十分神骏，虽高仅三寸余，但其奔跃之势甚壮，似在开口嘶鸣。所勒缰绳只有香枝般小，且又悬空，雕刻难度极大，所有铁锥只有铅笔芯大，更增难度，黄执为雕此悬空缰绳，呕尽心血。作品雕成，神品传世，但之后不久，他这位不可多得的优秀艺人也因积劳成疾而离世。

清代同治潮州从熙公祠石雕之《渔樵耕读图》

清代同治潮州从熙公祠石雕之《花鸟虫鱼图》

清代同治潮州从熙公祠石雕之《百鸟朝凤图》

清代同治潮州从熙公祠石雕《仕农工商图》

清代同治潮州从熙公祠石雕《牧童骑牛》特写

还有更为称绝的例证个案是，著名侨领陈旭年耗尽十四年心血、花巨资聘请最优秀的艺人建造丛熙公祠里的石雕作品。

从清同治九年（1870年）开始，到清光绪九年(1883年) 历时14年才建成的大型园林建筑潮州彩塘丛熙公祠，有最精致的石雕作品，其头门石雕方肚《渔樵耕读图》《百鸟朝凤》《花鸟虫鱼》和《仕农工商图》，尤其著名，叹为观止。它巧妙运用"S"形布局，惟妙惟肖地将不同时空的人物和场景集中安排在同一画面上，以透雕、浮雕等形式，把撒网的渔夫、担柴的樵夫、进城赶考的士子、下棋对弈的老翁、求学拜师的童子、骑马趾高气昂的官老爷等25个不同人物，栩栩如生地刻画出来。他们中或出没于山林曲径，或穿插于楼阁亭台之中。该作品生动地再现了一幅美丽的图画，表现了粤东淳朴的风情和神奇的民间故事。令人难以置信的奇迹是，这些都不是多块拼接，而是在同一块平整的花岗石板上雕刻出来的。其令人称绝更在于，即使是人物手中的各种器具如刀剑、锄头、雨伞、扇子、鱼网等附件雕刻，都一样一丝不苟，都是他们费尽心血、精工镂空雕刻出来的。其中石网绳和石牛索，也就是《仕农工商图》下部的雕刻，坐在水牛背上的牧童，用手牵着那穿过回眸的牛鼻那根牛绳索的雕刻，可谓煞费苦心！牛绳透空，细如牙签或香枝，长约8厘米，由于牛绳过于纤细，石质又硬又脆，力度不易掌握，稍有不慎，就有可能整屏雕坏。为了达到逼真、生动的效果，采用"用尽极限" 的多层次镂空雕技法雕成。传说，牧童手挽的细如香枝且要雕出柔韧的质感效果的牛绳索，他们一个个对这作品倾注了全部心血，开始雕刻的两个师傅，都因走神而失败，最后一个吸取教训后，改用泡水细磨轻刮的方法，即把雕好粗胚泡浸水中，等到石雕胚体表面被水渗蚀疏松后，再用锐利斜刀小心轻轻刮雕，如此反复进行，最后才雕刻成功。所以这些作品都是当年丛熙公雇请的一流的工匠施工反复雕制才成功的经典之作。

清末民国时期，潮州地区石雕工艺继续呈高峰式发展。富有代表性的案例，则如潮阳贵屿的艺人雕刻的花篮。这几个石花篮，都是艺人运用多层次镂空雕等雕刻绝技雕成的，竹篾如真，花叶生动，可谓叹为观止。其中有两个在1952年和1959年被选送到北京故宫博物院展览，当国宝收藏。

20世纪20年代，潮州地区石雕之乡——揭阳，除谢喜和黄执之外，又先后涌现出一批优秀艺人，如黄立坤、杨祥音和谢易等最为出名。黄立坤系世代石匠之子，他天资聪颖，10岁从师学艺，15岁开始独立承揽石雕工程。他师承自然，师法前辈，刻苦耐劳，年纪轻轻就以雕工精巧著称，深受各界人士好评。

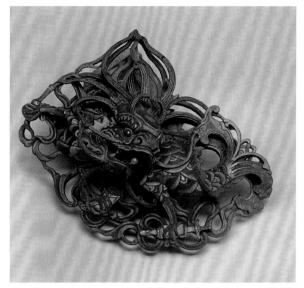

清代潮州园林建筑雕饰青石雕之《加彩鳌鱼》（广东民间工艺博物馆藏）

清代潮州园林建筑雕饰青石雕之《鳌鱼》（广东民间工艺博物馆藏）

Protection and Restoration Projects for the Southeast of Jichang Garden

寄畅园东南部保护修复工程

金石声*（Jin Shisheng）

摘要：无锡寄畅园创建于明代正德、嘉靖年间，经历代园主数的百年经营，兴盛于明代万历至清中期，形成"倚峭壁听响泉、循长廊观山景"的园林特色，扬名大江南北。1952年春，无锡秦氏将寄畅园献给政府，园林部门鸠工庀材，进行较大规模的修缮。其后的几十年间，又多次修缮。1999年春，有关部门开始实施寄畅园东南部保护工程，重建了卧云堂、先月榭、凌虚阁及连接这些建筑的长廊，引惠山寺日月池水入寄畅园东南部，筑曲涧入锦汇漪，架青石拱桥于上；移镜池于桥东，移介如峰及御碑亭；清锦汇漪并修复生态，绿化更新。另外，还对厅堂进行文化布置，活化历史，还原园景，使东南部与西北部老园区交融贯通，风水谐和。本文就寄畅园东南部保护修复工程作全过程介绍。

关键词：无锡寄畅园；江南古典园林；修复工程

Abstract: The Jichang Garden in Wuxi was founded in the Zhengde and Jiajing periods of the Ming Dynasty, and through hundreds of years of its operation by different owners, it was flourished during the Wanli Period of the Ming Dynasty to the middle of the Qing Dynasty. Featuring "murmuring springs from cliffs and viewing mountain sceneries along a long corridor", the garden is widely known across the nation. In the spring of 1952, the descendants of Qin's family donated the Jichang Garden to the government, and then the garden underwent a large-scale repair based on a lot of manpower and material resources. In the following decades, the garden was repaired for many times. In the spring of 1999, the project of protecting the southeast of Jichang Garden began to be implemented, and Woyun Hall, Xianyue Pavilion, Lingxu Pavilion and the long corridor connecting these buildings were rebuilt. The water from the Sun and Moon Pool of Huishan Temple was diverted into the southeast of Jichang Garden, and a curved stream was built to flow into Jinhuiyi Pool, on which a stone arch bridge was built; the Mirror Pool was removed to the east of the bridge, and Jieru Peak and the Royal Stele Pavilion were replaced; Jinhuiyi Pool was cleared and rehabilitated with renewed greening. Also, the halls were re-decorated culturally to revitalize history. Garden sceneries were restored to harmoniously integrate the southeast and the northwest parts of the garden. This paper introduces the whole processes of the protection and restoration project in the southeast of Jichang Garden.

Keywords: Jichang Garden in Wuxi; Classical Gardens in Jiangnan; Restoration Project

* 无锡市锡惠公园管理处文化总监、文物管理部（园艺景观部）部长。

寄畅园上色总平面

寄畅园位于无锡惠山东麓，锡山西北麓，是创建于明代正德、嘉靖年间的山墅林园，经秦金、秦燿、秦德藻等历代园主数百年经营，从最初的凤谷行窝、凤谷山庄营构筑成寄畅园，形成知鱼槛等二十景，遂兴盛于明代万历至清中期，逐渐形成"倚峭壁听响泉、循长廊观山景"的园林特色，文人抬爱，扬名江南。清代康熙、乾隆皇帝六下江南，叠游秦园（寄畅园），奠定名园声望。期间因政治原因，园一度罚没。秦家子嗣世代相守，公议将园改为祠堂，以求永保。还将园中树木悉数登记造册，立家规严饬保护。然而近代以来，内乱外患，寄畅园屡受战乱重创，尤以1860年受正在经历的太平天国运动的影响，东南部建筑悉数遭毁最为惨烈，园几荒圮，一蹶难振；抗战期间，日寇轰炸，园又罹难。

1952年春，无锡秦氏将寄畅园献给政府，园林部门鸠工庀材，进行较大规模的修缮。其后的几十年间，又多次修缮。1999年春，当地政府开始实施寄畅园东南部保护工程，先期进行文物考古性挖掘，在此基础上成立并召开文史园林方面的专家论证会，讨论通过了修复的方案并报市、省和国家文物局批准。工程重建了卧云堂、先月榭、凌虚阁及连接这些建筑的长廊，引惠山寺日月池水入寄畅园东南部，筑曲涧入锦汇漪，架青石拱桥于上；移镜池于桥东，移介如峰及御碑亭；清锦汇漪并修复生态，绿化更新；对厅堂进行文化布置，活化历史，还原园景，使东南部与西北部老园区交融贯通，风水谐和。2000年9月30日，寄畅园东南部修复竣工并对游客开放。本文就寄畅园东南部保护修复工程全过程介绍如下。

[明]宋懋晋，寄畅园五十景（部分）（组图）

老明信片中的寄畅园1

老明信片中的寄畅园2

老明信片中的寄畅园3

1985年寄畅园现状图，西部山麓已
分成数块平岗小板

一、修复缘起

1988年1月13日，寄畅园被国务院公布为第三批全国重点文物保护单位，成为当时无锡唯一的也是保护级别最高的文物保护单位。同年9月，由当地园林局、市政协和省太建办等十个单位发起，在锡惠公园召开惠山人文景观开发利用研讨会，以庆祝寄畅园成为全国重点文物保护单位，从而更好地保护、利用和管理好名园。10月25—26日又召开寄畅园保护修复方案研讨会，来自上海、南京等地著名造园专家60余人莅园出席，出席的专家和领导有朱有玠（南京林业大学教授）、顾正（上海园林局总工程师）、戚德耀（江苏省文管会专家）、马健（曾任无锡市委书记）、陈永煌（无锡市建委副主任）、尤海良（无锡市园林局局长）、刘国昭（无锡市园林局副总工程师）、顾文璧（无锡市博物馆馆长）、夏刚草（无锡市文管会专家），黄茂如（无锡市园林局副总工程师），著名园林专家潘谷西、陈从周因故未能参加本次会议。专家们参观了寄畅园，对古园完整修复，保护历史风貌发表了重要意见。著名园林大师朱有玠提出要像研究红楼梦一样研究寄畅园，建议成立专门小组来研究，慎重对待园内景物，保护利用好这一名园，是为寄畅园学的发端。正是这个学术讨论会引起无锡园林部门对寄畅园问题的重视，寄畅园东南部的修复也渐渐提到议事日程。

寄畅园东南部建筑凌虚阁等毁于太平天国战火，致使此地成为空地，气机涣散，风景不再。为弥补这一缺憾，在有关部门和专家的支持下，园林部门一边收集文史资料，一边着手前期准备工作。1991年春，锡惠公园内对先月榭遗址进行挖掘勘探，沿锦汇漪南岸东西方向（即今之先月榭一线）挖掘深1米许，宽60至100厘米，长约40米的探槽，发现一些建筑的遗址并捡得若干年代的瓷片若干，初步查明其地基及地层封土的年代。

1996年12月7日，锡惠公园向园林局请示开展寄畅园东南部设计规划，拟按清乾隆

国家文物局的相关批文　　　　《无锡文博》书影

廓然大公仿造寄畅园

修复前的环境现状（组图）

南巡寄畅园全图恢复，力争在1997年上半年完成方案设计初稿，费用在省建委专项费用中列支。1999年1月7日，无锡市计委、建委批复同意寄畅园改造工程项目立项，批示该地区单位和居民动迁安置。计划修复古建筑350平方米，工程投资1 050万元。其中拆迁安置费450万元，由市建委承担；基础设施改造费600万元，由园林局筹措。至此，寄畅园东南部修复工程拉开帷幕。

二、环境原状

在进行寄畅园东南部修复工程前，有必要描述一下此地区及周边环境的原状，以便读者在修复后加以比较。

（一）园内

寄畅园东南部地域范围是东起郁盘长廊西端尽头，由北至南沿惠山横街民居一直延伸至钱王祠；南面起自钱王祠，向西沿寄畅园围墙至邻梵楼止；西面起自邻梵楼至九狮台东部前小路，一直到锦汇漪东南端；北面为沿锦汇漪南沿岸，以上东南西北围合的空间即为本次工程的范围。规划的地域南北长约38米，东西长约65米，面积约为2 500平方米，占寄畅园全园面积的1/7左右。

此地域改造前呈西高东低的三级台地地形。第一层最高，是九狮台东部的一高台，有100平方米，乱石铺地。中间有一花坛，约10平方米大，砌以黄石围栏，种植牡丹。其西有桂花等花木，东有坐身石栏，栏下早前种有松树，改造前大多受病虫害危害枯死。第二层为比较宽广的不规则平地，三株古香樟高十多米，年岁相仿，呈三角形错布。最南的一棵香樟位于御碑亭东南，靠近钱王祠，受园外原钱王祠内惠山点心店油烟熏污，其顶端枝条有很多枯枝。第三层最低，为镜池和美人石所在，其西部上面有平台护坡，西南侧稍上有乾隆介如峰石刻御碑亭。御碑亭后，邻钱王祠至邻梵楼间，沿寄畅园与惠山寺隔墙有一长30米宽许的小路，铺足六砖"人"字纹。镜池的东南部墙角垒有高1米多的黄石假山，其上筑有石像，形黄石，似蟾蜍，与美人石在一个平面上，呈南北向相对关系。镜池的南北各有石级通向上方平台。由于此地最低，每当下雨，镜池外围经常形成积水，又处于下风位置，淤泥和树叶容易堆积，环境较差。美人石之东即为高大之民居，二层楼。楼上还有面积较大之平台，常用来晾晒衣服，成为园内景物的参照物。美人石背景为宽大的灰墙，墙上开有居民采光透气的窗洞，位置就在美人石背后，严重影响寄畅园景观，有时居民乱扔杂物甚至还会翻越窗口，逾墙入园。镜池的北部也是二层民居，地势较高，开有窗洞，西向直对寄畅园。此民居与郁盘廊连接处，有一花境小品，立有石笋及翠竹。

锦汇漪南岸距水面有近三米高，岸边东西方向有宽一米多的"人"字形砖地小路连接九狮台至郁盘廊，西高东低，路的北侧邻池筑有黄石护坡；另一端辟有小路，南北方向可通向鹤步滩。

李正：造园意匠图

（二）园外

寄畅园的园外，东部主要临惠山横街。横街之南端即钱王祠，为国营惠山点心店经营场所，计有客堂、仓库和厨房，其中厨房油烟直接排放，受风向影响飘向寄畅园中，污染严重，影响景观。

从寄畅园东门到钱王祠间分布数户居民住房，地势较低，房子幽暗潮湿，比较进深。二层民居有的设有阳台，如美人石后住户常晾晒衣服，无意间成为美人石的背景，有损景观。居民有时还将杂物抛向寄畅园中，或者将生活污水排放寄畅园中。寄畅园镜池由于地势低洼，地表积水常常透过围墙渗入居民家中。

寄畅园嘉树堂、梅亭至含贞斋、原贞节祠一带，与听松坊一墙之隔。嘉树堂北，大石山房北墙开有一门，与听松坊相通，是物流通道，清运寄畅园垃圾。墙外有一小弄，宽仅可通小车。弄之北有一排联体的简易房，为原人防开挖惠山防空洞时所建工房，后给职工居住所用。听松坊居民密集，其生活污水有可能流入锦汇漪。寄畅园高大的香樟

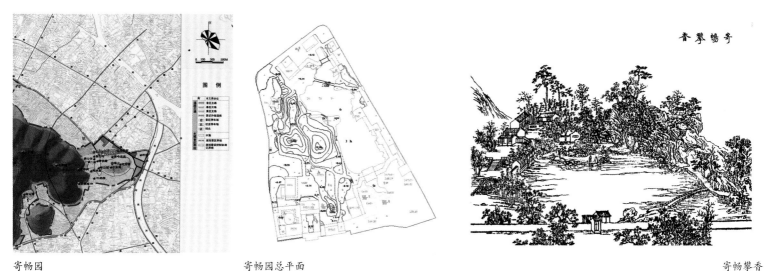

寄畅园   寄畅园总平面   寄畅攀香

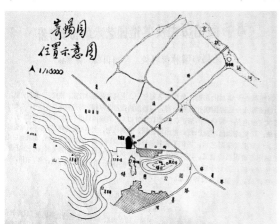

寄畅园位置示意图   寄畅园修复前平面图

树枝伸向园外，树叶树枝堆积居民屋面，造成危害。坊内居民常常生火，油烟飘至园内造成污染。有时还有居民在园外用气枪打园中大树上栖息的鸟，甚至晚上翻越入园内偷取园中的鱼。

三、拆迁工程

为排除周边环境对寄畅园可能造成的负面影响，要进行寄畅园东南部修复，必须按照历史资料来腾出园林建筑空间，并借这次修复的良机理清相应的环境，为寄畅园文物保护和划定控制保护范围创造条件。对于寄畅园内部来说，其地域内拟修复的卧云堂建筑大致可以安排。但凌虚阁等建筑的恢复，因其地邻惠山横街西线一侧，沿寄畅园东南有许多居民和商店，存在地被占，环境受民居干扰影响的情况。例如钱王祠内的惠山点心店造成油烟污染，影响园内古樟的生长；美人石外民居朝园内开窗，其楼上建阳台，乱搭建影响园容观瞻。凌虚阁地为民居，向园外突出，其窗朝园内开；某些居民还将污水排向园内，甚至可以从窗洞进入寄畅园内。另外，寄畅园的西南和北部邻听松坊，也有几十户居民入住其间，人为产生生活垃圾和污水，严重影响寄畅园景观和环境，不利于文物保护。据此，我们向规划部门报送了拟拆迁的范围和门牌号。

1999年1月22日，因寄畅园东南部改造，根据锡计资（1999）第3号、锡规定（1999）第3号定点图要求，市房屋拆迁管理办公室发布《无锡市房屋拆迁暂停办理有关手续通知书》，范围为惠山横街1-17、17-1、19，19-1、21、23、41号，听松坊1-5、54、54旁、55-64号，冻结迁入、分户、办理工商执照及建筑等事务。同时，为保护寄畅园及周边环境，由锡惠公园管理处委托无锡市政工程开发处实施拆除上述区域惠山横街15个门牌号，具体为惠山横街1、3、5、7、9、11、13、13-1、15、17、17-1、19、19-1、21、23号，除7号是单层外，均为二层，3号为点心店，原为钱王祠老建筑；拆除寄畅园西听松坊13个门牌号462.6平方米（毗邻二泉书院，公房），门牌号为54、54旁、55、56、57、58、59、60、64、62、63、63-1、64，55旁边有三间无门牌号，56—59四间为二层楼；稍后又拆除了寄畅园北听松坊1、2、3、4、5和惠山横街41号6个门牌号552.5平方米建筑（公房，均为单层）。总共搬迁并拆除34个门牌号（户），一个惠山点心店，拆除私产8户482.6平方米，公产23户2 008.7平方米，非住宅339.6平方米。拆除房屋按统计最早的建筑为1911年原惠山横街3号钱王祠（惠山点心店，局部二层）所属209.30平

清乾隆南巡盛典时寄畅园全景图

寄畅园东南部修复后总平面图

寄畅园东部临街砖雕门头

嘉庆十四年鸿雪因缘图记清麟庆

方米。（另有北塘糖业烟酒公司于1958 1973 1981年搭建，改建、新建的房屋130.30平方米。）此地划入寄畅园。

拆迁费用分析：拆除总建筑面积为1 528.8平方米，按300元平方米计算合付拆迁补偿费458 640元。新购商品房单间15套690平方米，竖套18套1 170平方米，组房1套85平方米，合计为33套1 945平方米，以每平方米1300元/人计算为2 528 500元，超面积费318 342元，安置国营惠山点心店职工就业费20人×5万，为1 000 000元，点心店固定资产折旧费250 000元，总拆迁费用以上合计为3 918 798元。实际拆迁费用不详。

四、专家论证

1999年2月1日，为推进寄畅园东南部保护修复工程，由园林局召集方案讨论会，参加的单位有园林局、文化局、规划局、文管会、市绿办、园林研究所和锡惠名胜区管理处，决定成立修复工程规划评审专家小组，负责这次修复工作的指导、定案。推荐李正任组长，顾文璧为副组长，成员有吴惠良、刘国昭、黄茂如、夏泉生、沙无垢、夏刚草、淡福兴、冯普仁、任颐等9人。此后于2月8日，2月26日，3月9日，4月1日，4月5日，4月21日先后召开了七次专家会议，讨论修复中的重大问题，内容涉及文史、园林规划和建筑设计。在最后一次会议上，形成并通过了《寄畅园东南部保护修复工程原则》，即"以清代乾隆《南巡盛典》为蓝本，根据文献记载和考古挖掘资料，结合现有修复范围和保护现存古木大树等实际情况，通盘考虑全园布局和气机贯通，修旧如旧，保持寄畅园的造园艺术"。

专家会议认为，钱王祠回归园林，应将寄畅园、钱王祠和古华山门、金刚殿作统一的布局，钱王祠整修后可与寄畅园有机结合，既隔又合；对拟修复的卧云堂等建筑要结合园内外的现实情况，规模和体量都要仔细推敲。统一认识凌虚阁、先月榭和卧云堂建筑要在原址复建，建筑采用明式风格，延续明清历史；三株古香樟保留；寄畅园惠山横街入口位置和八音涧整修统一园内假山材质均应该在本次修复中予以完善落实；先月榭建筑前增加临水观景台；应从惠山寺引水丰富东南部水景景观；考证镜池美人石位置，调整目前不合理的布局，对御碑亭稍向东南方位移。专家还对园区绿化，恢复道光树册补植作了规划。会议决定先由无锡博物馆冯普仁研究员主持，于2月即展开考古挖掘，在此基础上再进行论证设计。规划一步到位，分期实施，结合现有绿化、水系和建筑等环境因素，兼顾历史沿革中的部分产物，突出其造园艺术。

根据专家会议的精神，形成了上报的《寄畅园东南部修复方案》，后经市文管会、省文化厅一直上报到国家文物局，以后又根据专家意见上报了补充意见。1999年12月8日，国家文物局发文《关于无锡市惠山寄畅园东南部修复方案的批复》，提出了三点批复意见：（1）原则同意补充修改后的修复方案；（2）凌虚阁体量不宜过大，以免影响"借景"；（3）卧云堂内明代铺地砖可以局部采取"露明"的方式，在室内展示。具体技术设计，发文要求请江苏省文化厅审核后实施。至此，寄畅园东南部修复的手续完备，进入实质工程阶段。

五、考古挖掘

1999年春，由无锡博物馆冯普仁研究员主持，蔡卫东等参加的寄畅园东南部考古挖掘工程展开。根据乾隆《南巡盛典》所绘寄畅园东南部建筑位置图进行实地挖掘，以探明建筑、道路、池沼方位和布局。重点沿锦汇漪南岸拟复建之先月榭长廊挖探槽，取得成果，证实此地曾有建筑遗址。在拟建造的卧云堂址挖掘，探明了建筑的位置和范围，现场露出原建筑的遗址，发现了两种不同规格的铺地砖：一种是龟背形的室内小型铺地砖，正方形，反映了那个时代室外内铺地材料的考究；另一种疑似城砖的铺地砖，规格比前一种略大，长方形，数量较多，经有关专家鉴定为铺地所用。这两种铺地砖的发现印证了此地曾有建筑，可以推断为明万历年间寄畅园卧云堂的遗址。

在拆除镜池阳山石栏板时发现池的东西两面，中间各有宽约一米多的缺口，为旧时架桥的痕迹，可以确定此池上方曾铺设过桥，我们是从万历年间的寄畅园五十景和清代所绘寄畅园十六景中看出端倪。

2月29日，江苏省文管会领导龚良、刘谨胜等一行4人来园，就寄畅园修复工程作实地考察，并在公园会议室就有关修复问题作了部署。

六、建筑工程

在专家组的指导下，由无锡市园林设计研究所许雷负责组织东南部修复工程的设计工作，包括建筑、道路、水系等项目。修复工程还包括了移建碑亭、镜池，兴建先月榭观景平台等。

（一）移建碑亭、镜池和介如峰湖石

考虑到钱王祠西南部建筑和惠山横街民居拆除后留下很多的空间，设计师们提出要利用好这些空间，让景点分布得更为合理，游人看上去也比较舒畅。

2000年4月6日，工程先是拆除碑亭。鉴于此碑亭无历史文献记述，乾隆南巡寄畅园图中也不见此亭踪影，因此在复建石桥后，此亭正好处于卧云堂至石桥这一中轴线上，既妨碍游览交通，又不利观瞻，因此结合美人石的东迁，将碑亭移至中轴线的偏南位置，立冈阜为亭基，存人文而尽地宜。同时将镜池和介如峰湖石向西南方向平移。

介如峰湖石基础用砼标号C20浇筑，砌砖MU10机制砖，M5水泥砂浆。

（二）重建凌虚阁、先月榭、卧云堂和连接这三座建筑的游廊

该工程于2000年3月1日开工，同年9月60日竣工。土建和水电安装单位都是无锡市园林古典建筑公司，园林绿化建设监理站负责施工监理。建筑面积501平方米，工程总造价为140万元。

这些建筑都是木结构，小青瓦，砖混结构，明式做法。

凌虚阁原是秦耀在明万历年间所建的故物，后毁。复建的凌虚阁为明式建法，建筑面积88平方米，歇山顶，飞檐翘角，按清《寄畅园图》为两层，总高约7.2米，二层柱外露，四面开窗，窗内开，外做吴王靠。

先月榭，呈东西走向，南北敞开，北面正对锦汇漪，其下筑有月台。为仿明式建筑，面积42平方米，南临水设吴王靠。

卧云堂为仿明式建筑三间，五架正贴式圆堂，檐部一斗三升牌科。前卷棚三架，为"一支香"船棚轩。室内内铺地为400毫米×400毫米，内部尺寸是13.1米×9.8米，步柱石础，阶沿石为400×160方整石，建筑面积127平方米。

堂之室外铺地：卧云堂前庭院为花街铺地，材质为卵石，万字式。卧云堂一石桥为青石板铺地。镜池前场地为花街铺地，材质为陶片，冰纹式。

连接卧云堂、先月榭和凌虚阁的是一条二曲的抄手游廊，北向与郁盘廊相接。

七、水景工程

在寄畅园东南部建筑工程施工建设的同时，结合先月榭平台施工，1999年12月5日，进行了锦汇漪疏浚工程，并加固驳岸，修整通向下游的东南部溢水口，更新防护网。

先是捕获转移了锦汇漪中的大鱼，这些鱼大多是青鱼、草鱼和鲢鱼，少量红鲤鱼，数量有几百条，长的有近一米，经常聚集于七星桥和知鱼槛畔，已经成为寄畅园的一景。在抽干了面积约2 000平方米的锦汇漪后，又捕捞到很多沉底水生动物，有大河虾、龙虾、黑鱼、甲鱼、鲶鱼、蟹、黄鳝等。还从淤泥中出土了铜汤婆子、古铜钱和瓷片。在清理水池后对池底积存多年的淤泥进行了清理，挖深了河床，以增加水系蓄积量。本次清淤后，还整固了锦汇漪通向下河塘的水闸防护网。2000年1月22日，锦汇漪清淤后，花费2万余元放养了2000尾观赏鱼和狮螺、虾等水生动物，以涵养水系，恢复景观。

从南部惠山寺日月池引水入园，也是本次水系工程的一个重点和亮色。在凌虚阁东南墙根处置一石质老螭首（注：此螭形制较大，雕刻精美，传为明代园林愚公谷遗物。原荒置于胡园桂花厅旁边。另有一说，系原城中某园遗物），承穿墙来源之水。螭首周围砌以假山石栏，利用南高北低高差，引以曲涧，涧宽米许，底下铺设鹅卵石，两边种植花木。曲涧下游临介如峰碑亭北有小潭，此时水分二路，一路经地下暗渠流入数米外的镜池中；另一路穿过石拱桥，再经泄水坝汇集在先月榭之南大池内，榭之西又设水坝泻泄上流之水，汇入锦汇漪中，沿途巨樟挺秀，紫竹含翠，塔影沉潭，流泉美景，重现古园秀色。

外部水池采用钢筋砼底板，下铺200毫米厚碎石垫层。

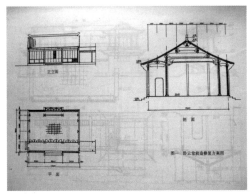

卧云堂图纸

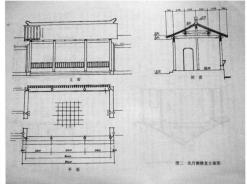

先月榭图纸

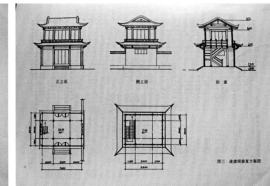

凌虚阁图纸

凌虚阁

南部修复后的小拱桥及御碑亭

园中栈桥

寄畅园锦汇漪南部尾水景观

八、文化工程

在修复工程开展的同时，文化工程同步进行。在确定了初步的必须布置的文化方案后，立即着手征集名家墨宝。2000年8月，由专家组成员园林局副总工程师沙无垢带头，锡惠公园管理处办公室主任金石声和书法家赵铭之等三人赴北京求请名家，为寄畅园东南部兴复景点题写匾联。期间分别去北京白云观拜访了中国道教协会主席闵智亭、无锡籍著名红学家冯其庸、故宫博物院资深研究员朱家溍和清皇室后裔溥仁先生，取得他们的支持。

不久，他们先后寄来了墨宝，制成匾额5方。冯其庸先生书"先月榭"额并跋，后制作成金丝楠木匾悬于"先月榭"内。爱新觉罗·溥仁题写"卧云堂"额，制成红底黑字匾置放于堂楣，其因缘是溥仁祖上是清朝皇帝，曾经叠游惠山寄畅园。其兄是清末代皇帝溥仪，也曾于1964年3月16日偕夫人李淑贤参观寄畅园。请溥仁先生题写，可以增其历史联想。中国道教协会主席闵智亭题"凌虚阁"额，制匾悬于阁二层。请他书题，主要考虑此阁的含义与宗教有关，阁下"江南胜迹"匾又是集中国佛教协会主席赵朴初的书法，佛道相融，珠联璧合，堪为美谈。著名清史专家、故宫博物馆研究员朱家溍先生书寄畅园联一幅"自喜轩窗无俗韵，聊将山水清音"收藏园内。

另外，还集康熙帝"山色溪光"手迹制匾置于卧云堂内，按史料此匾应该供置于嘉树堂内，受条件所限，临时布置在此堂中。同时，聘请无锡当代著名书画家为寄畅园创作书画共16件，分别布置在嘉树堂、风谷行窝、先月榭和卧云堂内，丰富了原来厅室的文化内涵，增加了可看性和艺术价值。原中央政治局委员、全国人大副委员长李铁映同志1999年10月参观寄畅园时即兴题词"千年名家诗书传，百代承名寄畅园"，制成抱柱陈列于嘉树堂内。

按照国家文物局1999年12月8日《关于无锡市惠山寄畅园东南部修复方案的批复》第三条"卧云堂内明代铺地砖可以采取'露明'的方式在室内展示"指示精神，在该堂的西北部铺设了一米见方的出土方砖，专门用于"露明"，将一方龟背牡丹图案的铺地砖展示在堂外廊檐下，供游客参观品赏。

九、绿化布置

寄畅园东南部在改造过程中保留了数棵古树，大树。在设计建筑的过程中，根据考古挖掘和史料，考证拟建筑的位置，遇到与建设相冲突的大树，原则上是保大树，调整或者改变建筑设计。

明万历九龙山图

寄畅园五十景一

寄畅园五十景二

清道光庚子二十年 1840年 镌《无锡金匮续志》寄畅园位置图

嘉树堂前东望锡山塔影，亭廊赏景建筑

清高宗南巡名胜图

清高宗南巡名胜图

清高宗南巡名胜图

刘国潮：山水与亭榭格局

本次修复中保护的大树有：位于凌虚阁和先月榭之间邻水的枫树。此树大概种植于20世纪80年代初，春秋红叶，已成为东南部不可缺少的景观树，在建设先月榭时建筑向东南略有避让位移。

最重要的三棵古香樟在本次改造中被重点保护，通过地形的改造，使三棵古樟嵯峨参差，地位更加彰显，衬映附近新建之古建筑，与亭廊堂阁、远山近水相掩映，成为本次修复中最为成功的因素，对营造东南部园林古朴氛围起到决定性作用。

东南部绿化围绕水系和建筑展开，主要以竹子和花灌木为主。绿化的品种有紫竹、青竹、石榴、黄金条、黄馨、迎春、山茶、桂花、玉兰、垂丝海棠、溲疏、书带草、梅花、蜡梅、杜鹃、红枫、箬竹等。这些植物很好地营造了此区域的园林氛围，形成了优美的植物景观。

十、存在问题

寄畅园东南部保护修复工程总体来说比较满意，但在设计和施工过程中也存在一些问题。

第一是关于介如峰和镜池、碑亭的移建问题。

由于没有意识到保持园内文物原真性这一重要原则，过多考虑空间分布合理好看，所以贸然将介如峰和镜池、碑亭移动到现在这个位置。这是没有任何历史依据的，有违文物修复原则。在移建过程中，又将镜池上的栏板拆除移到卧云堂月台上，造成真实性大大受损，历史信息在工程序中不可避免地遗失。

第二是先月榭的平台问题。

先月榭原是明代万历年间园主秦耀所营建寄畅园二十景中的一个景点，应该是一临池的水榭。从宋懋晋所绘制的《寄畅园五十景》看，廊依水而筑，古人倚槛赏月。画中并没有看到有伸出水面的平台。

这个平台是按照现代使用者的意旨来设计的，主要目的是增加东南部水上观景点，增加景观层次，与西北部景观形成对景，便于游客观赏风光。问题是此项目违背了历史的真实性，没有事实依据，完全属于臆造，不符合文物修复的相关原则。

从建造后的景观看也存在很多不足之处，一是体量略大，占用了几十平方米的水面，使原本不大的锦汇漪水面更加狭小。建筑所用青石材质和色彩显得颇为生硬，没有亲和力，与周边环境不相和谐。如果此平台在施工中采用黄石，其形状不是目前的四方几何形，改成与周边黄石色彩和环境相协调的相形几何形则效果会比较好。

第三是小石桥的造型问题。

东南部改造时，从惠山寺日月池引山泉入寄畅园，经三曲三叠小溪汇流至锦汇漪，形成水声景观，增加了灵动气息，活化南部气机。为此在横跨卧云堂前甬道的溪流上设计了一座单孔石拱桥。此桥的造型比例存在一定的缺陷，桥面显宽，拱度不够，外观材质是青石，色彩灰白，远看呈水泥材质，颇有现代气息，而少有古朴韵味。

第四是青石打磨问题。

施工中的青石所用机器切割打磨的痕迹明显，粗陋而不自然，有损修复工程的形象。

第五是铺地问题。

东南部修复室外小广场有两种铺地形式：一是美人石镜池前的衍大片陶瓷铺地，二是卧云堂前的卵石铺地。按计成《园冶》里记载，鹅子地"宜铺于不常走处"，而现在铺在堂前，这样的大面积显然有违常理，而且前者太粗糙，后者太精细，人为味道较重，与寄畅园其他地方的铺地风格不相协调，显得比较做作。

对于在卧云堂中挖出来的大面积铺地砖，只在堂中和檐下展示了极小部分，剩下来的旧材料大部分被弃用，不知所向，造成历史信息的重大损失，要是能够在原址都加利用，展示其原真性，应该是较好的方案。

第六是石栏板问题。

镜池四边原来的阳山石被拆除，改建在卧云堂前月台上，这是不符合文物修复要求的。应该保持镜池的原有风格、原来材质，而不是将其拆除。即使用了仿制的阳山石，但镜池永远失去了原有的古朴风味，造成了不可逆转的时代信息损失。卧云堂前月台虽然用上了老的阳山石，显得古朴了，但由于环境和铺地等因素影响，效果并没有发挥得很好。

第七是凌虚阁问题。

此建筑设计时由于地域的限制，骑墙而筑，不合规制。按旧时规划，楼应该在园内，离墙还有空地。由于20世纪50年代惠山横街扩宽，致使寄畅园围墙内缩，形成目前的窘况，只能留待以后有条件时解决。

第八是水系问题。

寄畅园改造后，由于锦汇漪清淤，人为干扰了原来的水生态环境，破坏了长期建立的水生物平衡，致使锦汇漪的水一度变黄变浊。由于治理措施不得当，反复抽干水后，又在池底洒石灰"消毒"，更加破坏了水生态。后来发现鱼身上长霉菌，又施放了化学制剂氯化铜，更加影响水生态。自2000年以来的十多年中，寄畅园的水时好时坏，水生态没有达到改造前的优量水质水色，甚至还出现了蓝藻。

我们要总结经验，科学治水，清淤破坏了水生态平衡这一教训值得我们记取并加以研究解决。

另外，镜池移位造成的水系改道，不再从锦汇漪流经镜池再流入寺塘泾，也是本次修复不应该采纳的一个方案，违背了原真性和最少干预性的文物修复原则。错误是改变了原来造园时的引水手法，这是不可取的。

第九是文化问题。

寄畅园的厅室和环境布置应该符合历史，反映其文化。但现在东南部的布置值得推敲。比如露明问题，室内有一块还好。室外将一龟背牡丹刻花方形铺地砖放在卧云堂廊下露地不尽合适，不容易被人看到，日长月久还会损坏地砖，起不到保存和展示的作用。应该将其移至室内。

卧云堂内安置的匾额"山色溪光"金底黑字也欠妥，因为根据史料，此匾应在嘉树堂内。另外，中堂画题材是"寄畅园游春图"绘的一群仕女在园内游春也是不合适的，因为此园是文人园，退隐之用，不是有这么多女子的大户人家，不符合史实，还会误导游客。另外，在先月榭布置的两幅图，题材雷同，也可改进。

第十是绿化问题。

介如峰旁边没有按计划种上桧柏。东南部的绿化也没有好好研究史料，按历史风貌来恢复寄畅园原来的植物群落。

第十一是锦汇漪沿河小道问题。

原来从嘉树堂经鹤步滩至先月榭以南的沿池小道是畅通的，本次改造中此路被截断，破坏了原真性，使沿池之路不能环通，不能不说是一种遗憾。

最后一个问题是寄畅园东南部修复后没有组织文物部门验收。

十一、完善提升

寄畅园东南部在修复时存在的一些缺陷和遗憾，只能有待专家论证后以后有机会再改进完善。

具体建议完善改进的项目如下。

（1）对先月榭临水平台做外观改进，对平台临水青石围栏加砌不规则黄石假山，改变原来生硬平直的线条观感，以期与周边环境和线条相协调。对铺装在平台上的青石条色彩进行改造，使其与环境协调。

（2）对卧云堂前小石桥进行改造，让其比原来更加"拱"起来，外观色彩与周边环境相协调。

（3）消除石料人工打磨的痕迹。

（4）对卧云堂前的卵石铺地改铺成青砖混杂金山石形式，以符合古园营造规则。

（5）治理水系，放养大青鱼、草鱼、鲤鱼、青虾、螺丝等生物，恢复原来水清鱼翔景观。

（6）环通锦汇漪东南沿河小路。

（7）对嘉树堂观望锡山龙光塔的视觉廊道内的树木进行控冠透景，保持较好的观赏效果。

十二、结语

本次工程共拆迁商店9家，居民住户48户，拆除建筑2685平方米，划拨国有土地0.16公顷，耗资493万元，该部分资金由市政府拨款。负责设计的是无锡市园林设计所，施工单位是无锡市园林古建公司。疏浚锦汇漪；移建镜池、美人石及乾隆御碑亭；复建寄畅园东南部凌虚阁、卧云堂、先月榭及长廊等建筑500余平方米；开挖涧渠，架设拱桥，引惠山寺日月池水入寄畅园。以上共耗资380万元，全部由锡惠公园独家承担。该项目获得了省建委颁发的"扬子杯"优质工程奖。

寄畅园东南部修复工程是新中国成立以来最大的修复工程，也是清同治以来最大的修复工程，更是其历史上最大的建设工程，对于具有五百年悠久历史的寄畅园来说，意义重大。修复及更新其历史景观，对于延续古园文脉，张扬其气韵，传承文化，保持古园的完整性和艺术性具有决定性的作用。从时间和空间上都很好地贯通，扩大和丰富了空间，增加了内涵，整体上提升了寄畅园的园林艺术、文化和历史价值。

此文于2013年4月3日形成初稿，2014年5月23日对局部章节进行修改，2015年4月21日又进行修改完善，2015年6月12日成稿。

Architectural Heritage Protection on the Quadrangle Courtyards of Nanluogu Lane

南锣鼓巷四合院的建筑遗产保护

申 森* 詹宇华** 苏月平***（Shen Sen，Zhan Yuhua，Su Yueping）

摘要： 在北京的中轴线两侧有蜿蜒曲折的胡同，胡同里有着老北京特色的四合院，初建于元，形成于晚清时期，有着悠久的历史，是传统建筑的瑰宝，是现代化都市生活中的风景。别具特色的四合院不仅仅存在于影视剧中，它就存在于我们的生活中。四合院经历历史的变迁或多或少有些变化，具有规制的四合院越来越少，怎样将这些具有历时价值的四合院完整地保留下来，是我们应该思考的问题，这是祖辈给我们遗留下来的特色建筑遗产。怎样将这些遗产一代代留给子孙们，保护性修缮四合院值得我们去借鉴、思考、创新。修缮保护过程中，要最大限度地保留原形制、采用原工艺、可再次利用的旧材料、旧构件最大限度体现老北京四合院的原始风貌。

关键词： 四合院遗产保护、保护性修缮、旧料利用

Abstract: On both sides of Beijing's central axis there are winding hutongs. With Beijing traditional quadrangle courtyards, hutongs were firt built in the Yuan Dynasty and formed in the late Qing Dynasty. They have a long history and are the treasure of traditional architecture, and the scenery of modern urban life. Unique quadrangle courtyard not only exists in the film and television drama, but it exists in our life. The quadrangle courtyard experienced more or less changes in history, with regulation of the quadrangle courtyard less and less. How to keep these quadrangle courtyards with historical value intact, is the question we should think about, this is the ancestral legacy of the characteristics of the building left to us. How to leave these heritage generations to future generations, The Protective renovation of quadrangle courtyards is worthy of our reference, thinking, and innovation. In the process of their repair and protection, to maximize the retention of the original, the use of the original process, re-use of old materials and old components are to maximize the original appearance of Beijing traditional quadrangle courtyards.

Keywords: The Heritage Protection of the Quadrangle Courtyards; Protective Repairs; Use of Old Materials

一、中轴线两侧的建筑群

北京中轴线创始于元代，形成、完善于明清至近现代，历经750余年，贯穿北京老城南北，全长约7.8公里，是由历史道路联系起来的城市空间整体，包括城门、广场、宫殿、御苑、坛庙等。根据《周礼·考工记》"左祖右社、面朝后市"的原则，严格以宫城为中心、礼仪秩序为核心，进行整体城市规划建设，这是中国都城区别于其他国家城市的显著特征。北京老城独有的前后起伏、左右对称的壮美秩序所依据的这条中轴线，是中国现存最长且保存最为完好的传统都城轴线，是中国都城规划的经典之作。

北京中轴线以"中"对称的设计方法充分体现出中国传统世界观和"择中而居"的理念，其规划格局与建筑形态是国家观念与礼仪秩序的象征，被誉为北京这座古都的"脊梁"，轴线之上及其两侧分布着北京老城最重要的建筑群。

*技术负责人。
**项目经理。
***中兴文物建筑装饰工程集团有限公司文物修缮事业部副总经理。

　　这建筑群便是最具北京特色之一的四合院。北京四合院之所以有那么多美称，是因为在建造院子的时候，许多细致的雕刻蕴含着民族智慧和丰富的文化底蕴。

　　位于北京中轴线东侧，东临玉河，西邻南锣鼓巷的，是北京餐饮、商业、旅游一体化的区域，也是北京胡同及四合院的集聚地。

二、四合院修缮前期规划与调研

　　施工前先根据设计方案对现场进行实地查验，并对需要修缮或拆除的建筑进行实际测量，对于可二次

进户院西房

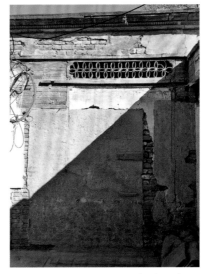
施工前现场踏勘图1

施工前现场踏勘图2

施工前现场踏勘图3

施工前现场踏勘图4

施工前现场踏勘图5

现场对场踏勘问题讨论

大木构件分类码放

合理利用拆除下来的
条石

利用的建筑材料进行登记入册，在拆除时对其进行保护性拆除。

屋面在长期使用过程中难免出现漏水或改变使用功能的做法，改变了传统四合院的美，也失去了传统四合院的规制，这就需要按照传统的四合院规制对其做重新规划、修缮，将其重新展现在世人面前。

经过规划局规划，再到设计院出图设计，通过层层把关，最终将完整的设计图纸及设计方案展现给各个参建单位，又经过现场交底的形式，最终通过施工人的双手实现实物。

三、四合院保护性修缮过程

通过设计施工图纸及设计交底，对需要修缮的四合院进行3D建模，通过建模对施工进行预控措施，针对特别的施工部位用建模的方式进行规避，对施工质量、进度、成本等进行控制。

砌筑施工及做屋面披水、博缝时，常常需要切割砖料，为了减少扬尘的产生，施工前采用防尘网将建筑物笼罩，工人在防尘棚里施工，可以有效地降低扬尘污染。按照设计施工方案，拆除需要修缮、翻建的建筑物。拆除过程中为了防止扬尘，时刻洒水降尘。施工人员通过瓦刀、小铲子将旧料清理干净，并挑选可以再次利用的材料。

四、四合院保护性修缮效果

见以下图片。

利用旧砖砌筑墙体

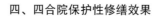

清理旧砖

瓦瓦施工

原门道廊心墙面修缮前

原门道廊心墙面修缮后

山墙搂活修缮前

山墙搂活修缮后

木架

修缮后厢房

修缮后立面　　　　　　办公区立面　　　　　　山墙山花与蝎子尾　　　　　　　　　　　屋面檐口

院落鸟瞰　　　　　院落立面　　　　　原倒挂楣子修复　　　　　　　　古建筑专家刘大可先生亲临指导

五、社会反响与评价

目前已有部分回迁住户重新回到了他们生活已久的四合院，他们对这样的修缮非常满意，将过去的私搭乱建全部拆除，有安全隐患的房屋又重新得到修缮，满足他们的生活需求，既没有改变原有的格局，又使住户能安逸地生活，并增加了专属的厨卫空间，告别过去一家做饭全院闻味道。

六、四合院保护性修缮感悟

在施工过程中，要最大限度地保留原形制，采用原工艺，用好旧材料。可再次利用的旧材料、旧构件包括木构件、墙体材料、屋面材料、石材及传统门窗、楣子、砖雕、木雕、石雕等。在满足安全性前提下，旧材料、旧构件优先原地使用，优先用于地区重点保护院落的修缮，其次是胡同可视部位的建筑修缮，再次是院内建筑可视部位的建筑修缮。对于一些不露明处、保存完好的旧构件，拆下后，可用于露明部位。对部分不满足原功能的旧材料旧构件，可作为非承重性围护构件、装饰构件，适当降级使用。

《北京市老城区保护修缮技术导则（2019）》的编制参考了我施工单位参建的四合院修缮工程，从前期的现场勘查到施工过程，再到竣工，均按照传统工艺施工，为以后四合院的修缮奠定基础。

各参建单位参加工程竣工验收

古建筑行业专家亲临现场讲座

区领导莅临现场检查

"Systemic Linkage": Some Thoughts about the Protection and Utilization of Industrial Heritage :

Brief Analysis on the Design of Building No.7 of Design and Creativeness Industry Park of Chongqing University

"体系联动"——工业遗产保护与利用的一些思考

浅析重庆大学设计创意产业园7号楼设计

陈 纲* 刘傅佳** 温 燕***（Chen Gang，Liu Fujia，Wen Yan）

摘要：工业遗产保护与利用实践中往往遇到保护与利用脱节，但难于达到活化利用的目标。作为复杂系统的工业遗产保护与利用，应该从整体出发去把握体系，运用并行工程理念进行设计。本文拟通过重庆大学设计创意产业园 7 号楼设计实践，尝试通过体系联动的方法，探索工业遗产保护利用设计的途径。

关键词：工业遗产；保护利用；体系联动；设计方法

Abstract: In the practice of protection and utilization of industrial heritage, it is often found that protection and utilization are disconnected, and the goal of activation and utilization is hardly achieved. In the protection and utilization of industrial heritage, as complex systems, we should grasp the system from the holistic point of view, and design with the concept of concurrent engineering (CE). Based on the design practice of Building No.7 of Design and Creativeness Industry Park of Chongqing University, this paper attempts to explore the ways of the protection and utilization of industrial heritage design through the method of systemic linkage.

Keywords: Industrial Heritage; Protection and Utilization; Systemic Linkage; Design Method

引言

近年来，工业遗产保护与利用得到越来越广泛的关注，但在大量的工业遗产保护与利用建设实践中遇到越来越多的困惑。最常见的就是"只保不用，不长久""只用不保，无意义"。纠其根源，工业遗产的保护与利用的基本属性为复杂系统[①]，其多元化、复合性和非线性特点以逻辑思维为核心的现代主义设计方法难于胜任。

沙坪坝区政府与重庆大学合作，选址原重庆鸽牌电缆厂旧厂区，共同打造该创意产业园区。2018 年 5 月 4 日，沙坪坝区迈瑞城投公司与重庆大学建筑规划设计研究总院签署合作协议，双方将在原鸽牌电缆厂旧址，利用旧厂房升级改造为重庆大学设计创意产业园，开展"政产学研用"多方面的合作探索。建设目标之一就是为将重庆市历史建筑群鸽牌电缆厂区，打造成工业遗产保护与利用的示范。本文拟通过对重庆大学设计创意产业园 7 号楼（原鸽牌电缆厂主厂房）浅析，探索工业遗产建筑设计方法的一些途径。

一、如何去"认知"工业遗产保护与利用

（一）工业遗产保护与利用的现实

有关工业遗产保护与利用的研究很多，在业内外也达成共识：工业遗产需要保护，工业遗产也需要活化利用，活化利用是保证工业遗产保护的重要手段。但在实践中往往会遇到保护与利用脱节的问题，这些问题的根源在于工业遗产保护的多元化、复合性与非线性特征，首先对工业遗产保护与利用进行梳理，认

①复杂系统（complex system）是具有中等数目基于局部信息作出行动的智能性、自适应性主体的系统。复杂系统具有复合性和非线性。其内部有很多子系统（subsystem），这些子系统之间又是相互依赖的（interdependence），子系统之间存在协同作用，可以共同进化（coevolving）。复杂系统广泛存在于世；地域建筑风貌包含经济、文化、气候等各个子项的影响，无疑也属于复杂系统。

* 重庆大学建筑城规学院。
** 重庆大学建筑规划设计研究总院有限公司。
*** 重庆大学建筑规划设计研究总院有限公司。

图1 比利时带花式装饰的钢结构仓库

图2 契合我国"实用、经济、美观、绿色"建筑理念的工业遗产

图3 体现文物和既有建筑改造的双重特征的示例

图4 复杂山地关系的处理示例

知明晰，才能更好地寻求策略。

（二）工业遗产"该"保护

工业遗产作为人类文明的记录，毫无疑问应该保护。该保护的包括以下两方面内容。

1. 作为文化记载的工业遗产，该保护的是其历史信息、技术信息、人文信息和工艺信息

（1）历史信息：工业遗产和其他文物一样，记录的当年的特定历史社会文化的反映。如图1中的比利时带花式装饰的钢结构仓库，就真实地记录了新艺术运动时期的文化特色。

（2）技术信息：工业遗产大多为工业建筑，工业建筑的实用性特点真实地反映了当时的结构特征。图1中的鸽牌电缆厂主厂房，真实地记录了20世纪70年代大量运用钢砼排架结构体系的技术特点。

（3）人文信息：工业遗产往往是一个时代的变革的标志性符号。图1中的法古斯工厂是现代主义运动的标志性建筑。

（4）工艺信息：工业建筑与民用建筑的重要区别在于工艺流线决定建筑布局，工艺特色是人类文明的重要记录。图中的桑海井真实地记载了上世纪井盐采集的工艺流程。

2. 工业遗产也具备实现资源节约的条件，契合我国"实用、经济、美观、绿色"的建筑理念

工业建筑的大空间多，其空间灵活划分便于更好地适应和多元化的功能；工业建筑结构承载力远高于民用建筑，坚固的结构便于加建和改建；工业建筑往往具有醒目的工艺特征，便于形成特色的建筑形象。所以合理有效地利用工业遗产资源，既保护文化又节约资源。

（三）工业遗产"难"利用

同时工业遗产在建设实践中也存在难利用的问题，体现在以下三方面。

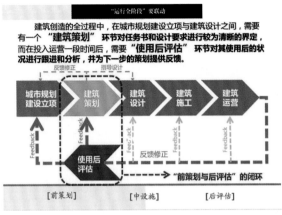

图5 "运行全阶段"的联动流程

1. 新旧功能的错位：工业遗产的"前生"与"后世"功能不一，对应的功能需求，配套需求往往不一致，带来利用难的困境。例如，作为厂房大而高的车间，作为展厅用房，在湿热和严寒地区带来热工性能满足不了或者运营费用过高要求的问题。作为办公使用存在采光通风不好的问题；配套上也往往存在车位不够、市政设施的不足等的痛点。

2. 运营方向的不定：工业遗产由于往往用地大，资产是国有，存在改造之前并未有明确的招商的现实。运营方向的的未定也为保护和利用带来设计方向的不明确。

3. 相关政策的缺失：工业遗产保护与利用，具有文物和既有建筑改造的双重特征，目前该领域缺乏相应配套的经济运行、设计规范、建设验收的各项政策，也为保护和利用带来不定因素。

二、如何去"理解"工业遗产的保护与利用

（一）工业遗产保护与利用设计的特性

1. 工业遗产保护与利用设计复杂系统

工业遗产建筑保护与利用涉及面广，相互关系复杂，依靠多个因子相互作用进行。这就决定了对于工业遗产保护与利用而言，其设计是复杂性问题，需要符合复杂性理论的原则。

作为复杂系统的工业遗产保护与利用设计，其复杂性特点决定了必须注重"涌现"，涌现性是整体的一种现象和特性，但是整体的现象和特性不一定都是涌现。只有依赖于部分之间特定关系的特征所构成的生成性（不是加和性）才称得上是"涌现性"。例如：山地城市系统的各个部分以较复杂的形式相互作用，只了解局部片段的山地城市，知道个体部分的行为并不能掌握整个山地城市系统的行为，作为复杂系统从局部无法掌握整体关系。

2. 工业遗产保护与利用需要具有协同设计理念

从作为复杂性系统的典型研究方法"协同学"①的角度来看，现有的对工业遗产保护与利用力所不逮，根源就在于不能仅仅侧重了单一的、局部的要素，而忽略其从资本运营、设计施工、管控维护等全体系之间的协同关系。所以，从整体出发对其考虑，是工业遗产保护与利用设计的首要问题。

并行工程是将产品开发过程综合起来并进行体系思考的应用型科学，从而消除传统串行模式中各专业人员之间的沟通不畅问题，使各专业部门集体协作，并朝着共同的总体目标发展。并行工程的"协同性"对人员组织的启发②，并行工程中对"整体性"的解读③，并行工程中对"集成性"的解读④。

3. 工业遗产保护与利用设计需要体系整合并且联动

（1）"保护与利用"要联动。若只强调保护不利用，不仅工业遗产的价值得不到充分体现，也不会有长效的生命力；反之，只强调利用而忽略不保，也就失去工业遗产的意义了。

（2）"参与各方"要联动。工业遗产保护与利用涉及相关行业多，涉及相关部门多，涉及相关专业多，涉及相关利益多。这也决定了需要参与各方同步联动，才能保证实践的顺利进行。

（3）"运行全阶段"要联动。工业遗产保护与利用的复杂性特点，决定了其更需要前策划，中设施（设计与施工），后评估全寿命周期的联动，方可形成理性决策、及时反馈的开放体系。

三、如何去"实践"工业遗产保护与利用——以重庆大学设计创意产业园7号楼设计为例

（一）项目背景及概况

1. 项目背景

沙坪坝区政府与重庆大学合作，选址原重庆鸽牌电缆厂旧厂区，共同打造创意产业园区⑤。开展"政产学研用"多方面的合作探索。该产业园是以设计、动漫等创意产业为核心的创意产业综合体。项目依托文教背景，

①协同学(Synergetics)是由德国学者哈肯创立的。协同学是研究有序结构形成和演化的机制，描述各类非平衡相变的条件和规律。协同学认为，千差万别的系统，尽管其属性不同，但在整个环境中，各个系统间存在着相互影响而又相互合作的关系。
②并行工程中强调了人才因素的重要性，随着现代产品的复杂性增加，对应的产品开发人员类型也日趋专业化，其中关键是如何将专业开发人员组织起来并进行统一协作，组成集成产品开发团队。
③并行工程强调从全局性出发考虑问题，并追求整体最优化原则，即在产品设计早期，就要着眼于产品的各个方面，将后期可能出现的各种要求与因素渗透到设计中。整体把握设计过程，最终提高产品质量。
④"集成性"是指在并行工程中，将产品开发的相关信息以较为统一的形式进行描述和传递，辅助协调各成员之间的信息交流，提高总体工作效率。
⑤2018年5月4日，沙坪坝区迈瑞城投公司与重庆大学建筑规划设计研究总院签署合作协议，双方将在原鸽牌电缆厂旧址，利用旧厂房升级改造为重庆大学设计创意产业园，开展"政产学研用"多方面的合作探索。预计升级改造后，园区到2020年前达到500人的设计团队规模，产值达到3亿元，2025年前达到800人规模，可实现年产值8亿元以上。改造地块位于沙坪坝区滨江沙磁文化产业带，周边邻近重庆大学和磁器口古镇，厂区地形复杂，绿化良好，视野开阔，临靠城市内环快速高架桥和沙滨路，交通便利。

衔接磁器口和国际创客港两块区域，期待能够承上启下，振兴创意产业，继而成为一处展示重庆多元文化的场所，也是环重庆大学创新生态圈的重点项目之一。

2. 项目概况

重庆大学设计创意产业园7号楼，为鸽牌电缆厂主厂房，分2期建造。一期为钢砼排架结构，建于1970年，利用地形分为2层，上层为主厂房空间，下层为仓库；二期为钢砼框架，建于1991年，2层建筑，建筑面积总共为7 500平方米。改造为重庆大学建筑规划设计研究总院有限公司设计部分工作用房。

（二）体系联动——工业遗产保护与利用的一种设计思路

在前述中可理解，工业遗产的保护与利用设计是复杂性系统，综合考虑其复杂性系统特点及并行工程理论可归纳出：体系联动是工业遗产保护与利用的一种设计思路。

1. 体系联动设计的概念

（1）体系联动设计是以保护工业遗产的相关历史、技术、社会、建筑或科学价值的工业文化为前提，充分利用工业遗产发挥其现实效益为目标。综合建筑策划中的各类信息搜集方法，采用并行工程原理，在项目设计中综合考虑项目从设计前期到使用全过程中，各因子、各阶段的动态影响关系的一种设计方法。

（2）体系是指包括空间概念、专业概念及时间概念三方面的综合系统。其中：空间概念指的是建筑除了受到建筑设计本体的因素外，还有室内设计、景观设计、结构水电设备等多因素的综合考虑；专业概念指的是项目的参与人员的综合，除了建筑团队外，还有运营团队、施工团队等；时间概念指的是时序的因素，传统建筑设计方法往往采用串联式的设计模式，在设计前期很少考虑后期程序的限制，而在体系联动设计方法中，需考虑项目全生命周期的主要因素的限制，使设计有效，提高可实施性。

（3）联动是指借鉴了系统工程学中的并行工程相关理论。体系联动注重体系中的重要元素的并行，而并行并非指的是齐头并进，而是在设计各阶段根据需要，并行考虑重要设计因子的影响，进行统筹考虑。

2. 体系联动设计的特点

（1）提高设计效率，减少设计的反复

体系联动并行考虑建筑设计、建筑建造、建筑使用阶段的相关因素和限制，与以往凭经验判断的建筑设计或以项目局部因素（强调保护或者侧重利用）为建筑设计前提的思考不同，体系联动虽在这一阶段所花费的时间与以往相比，有所增加，但从项目的整个生命周期进行系统的研究，它能最大限度地减少变更和反复现象，缩短整体项目周期。

（2）体系思考问题，提高项目的综合成效

体系联动在项目的发起阶段就对项目全生命周期中的约束条件进行系统的考虑，有效地将项目各个阶段进行搭接并行，在项目启动时就除了考虑设备、结构等因素的限制，对整个建设体系中的运营、施工等相关因素进行重组，使得项目保护更有效，对顺利高效的运行更有利。

（三）体系联动设计方法的工作流程

针对工业遗产建筑保护与利用的特点，体系联动设计方法分为六个流程。

1. 价值判断（见前策划）（图7~图9）

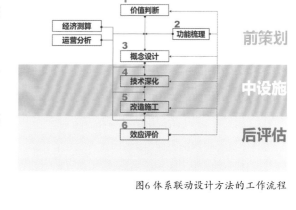

图6 体系联动设计方法的工作流程

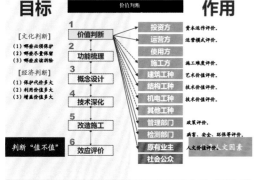

图7 价值判断的目标与作用

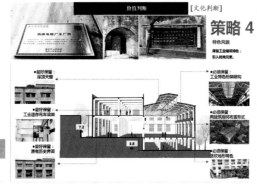

图8 价值的文化判断

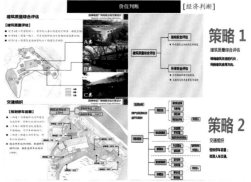

图9 价值的经济判断

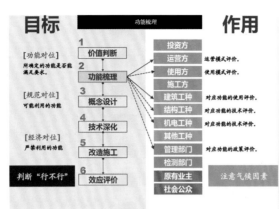

图10 功能梳理的目标与作用

图11 功能梳理示例（鸽牌电缆厂）

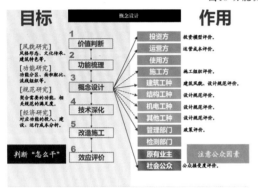

图12 概念设计的目标与作用

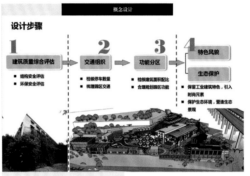

图13 概念设计的设计步骤

图14 概念设计的形象展示

（1）价值判断的目标

价值判断是工业遗产的保护和利用的前提，核心问题是判断"值不值"。首先，这是一个文化判断。哪些必须保护？哪些尽量保留？哪些应该拆除？同时，这是一个经济判断。保护代价多大？利用价值多大？增益价值多大？

值得注意的是，价值判断的时候注意人文因素。人文的价值，往往需要当事人才能了解，走访当事人可以深度地挖掘相关价值，同时也避免一些"保护性破坏"。

（2）价值判断的参与者

价值判断阶段的必要参与者是投资方、运营方、建筑及结构工种、管理部门、检测部门和原有业主。建议参与者是施工方、机电及其他工种。

（3）案例解析

重庆大学设计创意产业园7号楼（原鸽牌电缆厂主厂房）设计之前，通过踏勘现场、查阅相关文献资料，以及请老厂长及厂里员工对其相关文化进行讲解。结合资金计划、运营效率等，对特色风貌方面提出必须保留桁架结构、并置的不同结构形式、坡坎要素、生态环境等相关工业及地域特色元素。经济方面对建筑质量、交通组织、投资分析等进行了代价分析。

2. 功能梳理（前策划）（见图10~图11）

（1）功能梳理的目标

功能梳理是工业遗产保护和利用的基础，核心问题是判断"行不行"。首先是明确哪些可以做，梳理功能对位。看哪些功能可以满足要求；其次是判断哪些可以做，进行规范对位，看哪些功能可以利用；第三是发现哪些不能做，进行经济对位，看看哪些功能是严禁引入的负面清单。

值得注意的是，功能判断的时候要注意气候因素的研究。气候因素对人的活动影响较大，避免"景观式的活动空间"。例如同样是中庭公共空间，夏季在干热地区只需要考虑遮阳问题就能使用，在湿热地区正常使用就需要空调除湿，运营成本增加。

（2）功能梳理的参与者

功能梳理阶段的必要参与者是运营方、建筑工种。建议参与者是使用方、结构、机电工种，以及管理部门。

（3）案例解析

重庆大学设计创意产业园7号楼（原鸽牌电缆厂主厂房）设计之初，通过详细对运营者及使用者的调研，依托场地建筑现状、合理配置主要功能，利用主厂房的大空间，通过加层的方式配置开放、活跃、舒适的办公空间。积极引入交流、娱乐及展示空间等辅助功能。

3. 概念设计（前策划）（见图12~图14）

（1）概念设计的目标

概念设计是工业遗产保护和利用的重要环节，核心问题是判断"怎么干"。主要围绕风貌、功能、规范及经济四个方面的内容进行可行性研究。

第一是风貌研究,对风貌形态、文化传承及建筑特色等进行可行性研究;第二是功能研究,对功能分区、面积配比、流线组织等方面进行可行性研究;第三是规范研究,对拟配置的功能与相关规范的满足程度的可行性研究;第四是经济研究,对应功能的投入、建设及运行成本的可行性研究。

值得注意的是,概念设计的可行性研究有两个特点。其一是研究是否这几个方面的内容需要同时满足;其二是要注意对社会公众因素进行研究,避免项目公示的时候社会反对。例如某工业厂房改造为立体车库,在项目公示时候因为会增加车行交通量及噪声尾气污染,就遭到周边居民强烈反对。

（2）概念设计的参与者

概念设计阶段的必要参与者是投资方、运营方、建筑工种、管理部门及社会公众。建议参与者是施工方、结构、机电工种及其他工种。

（3）案例解析

重庆大学设计创意产业园7号楼（原鸽牌电缆厂主厂房）通过概念设计,在对建筑质量、环境保护等综合评估基础上,进行了交通组织、功能布局、建筑风貌等多方案概念设计评估,并同步进行了经济投入及运营的分析,明确项目可行并明确了设计方向,为后一步设计打好了基础。

4.技术深化（中设施）（见图15~图17）

（1）技术深化的目标

技术深化是工业遗产保护和利用的核心环节,核心问题是注重"配合干"。内容就是常规设计中的方案到施工图阶段,该阶段相比常规设计要注意两个问题。

其一是工种联动,不仅要注重内部各工种的联动,同时也要注意和外部施工方、投资方、运营方的联动;其二是技术创新,工业遗产的保护利用设计相比新建建筑设计,由于现状问题的不一,以及引入功能的不一,具有"一事一议"的多元性特征,需要许多专项的研发。具有技术创新思维在工业遗产保护利用设计中非常有必要。

值得注意的是,技术深化设计中要注意多征求施工方的意见。与新建建筑不同的是,既有建筑改造会给施工带来很多难处,设计手段和施工组织能结合好,是设计阶段就需要特别注意的问题。

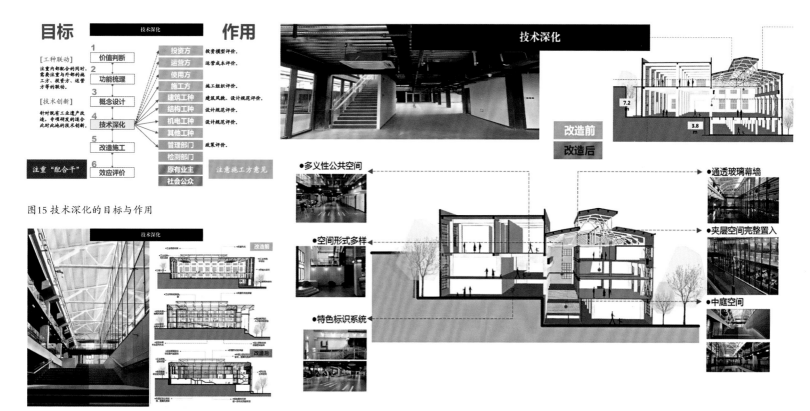

图15 技术深化的目标与作用

图16 技术深化改造前后的效果（1）

图17 技术深化改造前后的效果（2）

（2）技术深化的参与者

技术深化阶段的必要参与者是施工方、建筑工种、结构工种、机电及其他工种，以及管理部门。建议参与者是投资方、运营方、使用方。

（3）案例解析

重庆大学设计创意产业园 7 号楼（原鸽牌电缆厂主厂房）在技术深化阶段，针对既有建筑特色、结构特点及使用要求，综合经济运行进行了大量有针对性的设计。例如阶梯中庭的设置，就综合考虑了多方面的因素。首先在遗产保护方面，工业遗产特色的屋面排架、行车梁及行车、两种不同结构的并置等得以保留与展示，同时也强化了山地多层厂房的特色形象；其次在功能使用方面，既通过中庭引入了阳光及自然通风，为办公提供了更好的自然采光通风，同时也提供了办公空间所需的临时展览、聚会、交通等的多功能厅；第三在施工及经济运行方面，采用装配式钢框架结构进行内部空间改造，便于施工与节约综合造价，同时工业风的特色也契合原有工业遗产的风貌。

5. 改造施工（中设施）（见图18~ 图20）

（1）改造施工的目标

改造施工是工业遗产保护和利用的实施环节，核心问题是注重"保持配合"。内容就是施工阶段，该阶段相比常规施工要注意两个问题。

其一是工序研究，既有建筑施工往往会收到场地等约束，施工组织的灵活性及预见性非常重要。其二是驻场服务，既有建筑往往会出现很多设计阶段没想到的问题，就需要设计师驻场随时提供咨询及现场调整服务，这在工业遗产保护利用设计中非常重要。

（2）改造施工的参与者

改造施工阶段的必要参与者是施工方、建筑工种、结构工种、机电及其他工种，以及管理部门。建议参与者是运营方。

（3）案例解析

重庆大学设计创意产业园 7 号楼（原鸽牌电缆厂主厂房）在改造施工阶段，针对出现的具体情况、综合功能使用及经济运行进行了有针对性的设计变更和施工措施。例如在经济节约方面，用拆下来的吊车轨道作为新增的楼梯结构部件；在功能及风貌保护方面，将原有设计的中庭走廊内移动，临中庭一侧改为玻璃墙，不仅增加了屋面天窗的光线反射，使中庭自然采光更好，同时也通过反射将屋顶的桁架"补全"，更好地展示工业厂房的结构美。

值得一提的是，在设计后期，设计院领导班子及设计团队就入驻鸽牌电缆厂，办公地点就在施工现场边，驻场配合施工也是项目推进顺利、具有成效的重要保障。

6. 效应评估（后评估）

（1）效应评估的目标

效应评价是工业遗产保护和利用的重要环节，核心问题是注重"对原有设计设定的检核"。内容就是后评估阶段，该阶段相比原有评估主要进行四个方面的内容。

其一是运营评估，实际的运营效能的评价，要考虑原有的运营设定、成本分析的实际情况；其二是管控评估，实际的管控效能的评价，要考虑原有管控设定的执行效果；其三是设计评价，对实际设计成效的评价；其四是社会评价，社会影响力及好评度评价。

值得注意的是，在后评估阶段是设计很容易忽略的一个环节，特别在工业遗产保护与利用设计中，由于影响因素的多元，后评估的对修正改造好的建筑，以及对后续设计的指导作用重大。

（2）效应评估工的参与者。

效应评估阶段的必要参与者是所有该项目中的涉及者，从投资方、运营方、使用方

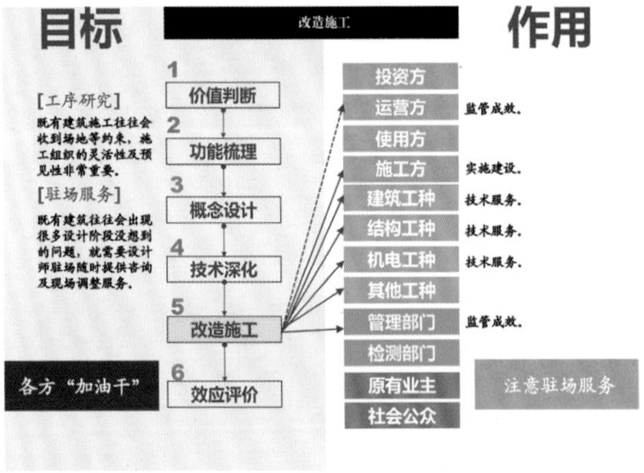

图18 改造施工的目标与作用

图19 改造施工前后的效果（1）

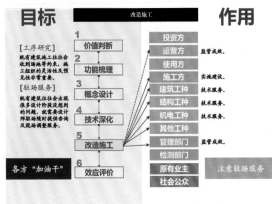

图20 改造施工的目标与作用

及施工方，到设计的建筑、结构、机电及其他各工种；管理、检测部门；以及原有业主和社会公众。

（3）案例解析

重庆大学设计创意产业园 7 号楼（原鸽牌电缆厂主厂房）在改造完毕投入使用后，对所涉及的 12 大项进行了持续的跟踪计划，目前已经投入运营半年，初步成效良好，达到预期效果，后续评估持续跟进中。

四、结语

工业遗产的魅力，不仅仅是外在形态的特别，更是内在价值的拓展。需要的是心存高远的决策者去选择，眼光敏锐的管理者去组织，开发环节的全体系去配合，顽强坚韧的设计师去探索。这样，才能不浪费人类给予我们自己的宝贵财富。

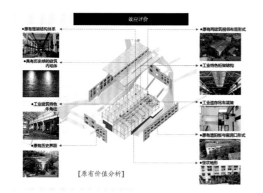

图21 效应评价之原有价值分析

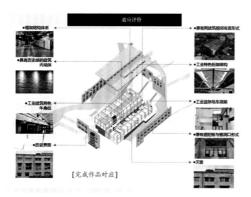

图22 效应评价之完成作品对比

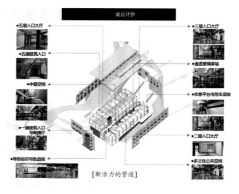

图23 效应评价之新活力的营造

图24 效应评价之前后对比（1）

图25 效应评价之前后对比（2）

图26 效应评价之前后对比（3）

Design of the Protection, Repair and Utilization of Datianwan Stadium in Chongqing

重庆市大田湾体育场保护修缮和利用设计

胡 斌（Hu Bin）

摘要：大田湾体育场是中华人民共和国第一个甲级体育场，中国第一座现代意义的综合体育场，是当时东亚最大、最先进的体育场，是中华人民共和国成立初期重庆十大建筑之一。大田湾体育场的改造设计包括了文物的保护修缮设计和其适应性再利用设计，它们都基于初期深入的历史文化研究和细致的现状勘察，通过对建筑遗产历史与现状缜密的对比分析，针对建筑的现状问题，制定相应的修缮策略，完善周边环境，而空间的功能利用上进行合理置换，强调保护与再利用并重，使其重新焕发生机，重新呈现大田湾体育场的历史风貌。

关键词：遗产保护；大田湾体育场；现状勘察；修缮利用设计

Abstract: Datianwan Stadium, the first Grade A stadium in the People's Republic of China and the first comprehensive stadium of modern significance in China, was the largest and most advanced stadium in East Asia of its time, and one of the ten major buildings in Chongqing in the early days of the founding of the People's Republic of China. The renovation design of Datianwan Stadium indudes the protection and repair design of cultural relics and the design of their adaptive reuse, which is all based on the prior in-depth historical and cultural research and meticulous investigation of the present situation of the cultural relics. Through careful comparative analysis of the history and present situation of the historical building, corresponding repair strategies have been formulated to improve the surrounding environment, and reasonable replacement is carried out for the functional utilization of space, with equal emphasis on both protection and reuse, in efforts to revitalize the cultural relics and re-present the historical features of Datianwan Stadium.

Keywords: Heritage Protection; Datianwan Stadium; Investigation of Present Situation; Aesign of Repair and utilization

前言

历史文化遗产是人类文明不可缺少的重要组成部分。人类进入21世纪，世界各国对历史文化遗产的保护给予了越来越多的重视，我国文化遗产保护事业也获得了长足的发展。

大田湾体育场位于重庆市渝中区，该片区山地城市风貌独特，传统文化资源丰富。大田湾体育场、劳动人民文化宫和人民大礼堂为解放初期西南大区时期所规划建设，成为片区最重要的历史文化遗产和城市标志物。本文将对重庆市大田湾体育场的保护与利用工程做简要梳理，浅谈近现代建筑遗产保护修缮理论

* 重庆大学建筑城规学院副教授，重庆联创建筑规划设计有限公司总经理。

重庆市大田湾体育场现状（图片来源：胡斌工作室）

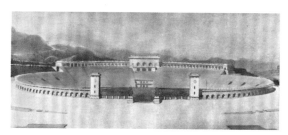

1954年大田湾体育场手绘渲染图

18-19区看台架空层横墙、纵墙开裂严重，最大宽度超过
30mm，及19区纵墙开裂

在实践中的应用。

一、项目概况

1. 建筑概况

重庆市大田湾体育场位于重庆市渝中区两路口体育路。场地四周毗邻体育环道，东侧靠近中山三路，南侧靠近长江一路，皆为渝中区最为重要的城市主干道，是连接重庆其他中心城区的主要通廊。体育场南侧为重庆市急救医疗中心，东南侧为跳伞塔，东侧为大田湾全民健身馆、重庆市体育馆及重庆市体育局办公楼。

2. 历史文化研究

遗产保护的意义是保护和传递历史信息，则对遗产的历史文脉进行细致的研究是必要的。设计团队对大田湾体育场的历史做了深入的挖掘，查询1956年的档案，找到了大田湾体育场1954年原设计师尹淮前辈发表的《重庆市人民体育场》论文，收集了大量的历史照片、早期图纸和文字资料等。同时，设计团队还对尹淮前辈的子女进行了访谈，拜访了曾参与1954年大田湾体育场结构设计工作的廖老前辈，获得了大量的重要历史资料和口述历史信息，了解到了诸多当时设计与建设初期的场地、建筑情况。

体育场开始建设前，大田湾是一片山沟。市政府机关干部和市民参加义务劳动，于1950年11月16日开始填沟。在大田湾深沟被填平后，1951年由贺龙主持修建大田湾体育场，1955年12月竣工，1956年3月正式开放使用。

1952年5月4日，西南区第一届人民体育运动大会在重庆大田湾广场隆

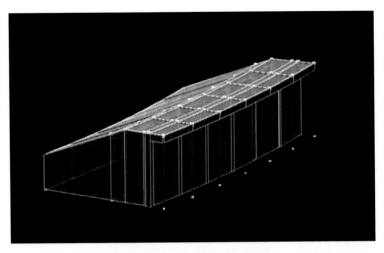

梁的弯矩剪力图及与简化计算结果对比

梁	位置	荷载组合	弯矩值（kNm）	简化计算弯矩值（kNm）	剪力值（kN）	简化计算剪力值（kN）
B1	左支座	1.3DL+1.5LL1+0.9W Y	0	0	12.4	28.55
	跨中	1.3DL+1.5LL2+0.9W Y	9	34.46	1.4	0
	右支座	1.3DL+1.5LL2+0.9W Y	0	0	−10.3	−28.55
B2	左支座	1.3DL+1.5LL	0	0	24.6	22.16
	跨中	1.3DL+1.5LL	31.7	27.26	0	0
	右支座	1.3DL+1.5LL	0	0	−24.6	−22.16
B3	左支座	1.3DL+1.5LL2	0	0	19.8	19.71
	跨中	1.3DL+1.5LL	25.1	24.68	0	0
	右支座	1.3DL+1.5LL1	0	0	−19.8	−19.71
斜梁	上端支座	1.3DL+1.5LL1+0.9W Y	−143.9	−151.5	125.3	138.26
	跨中	1.3DL+1.5LL2−0.9W Y	166.7	131.66	10.8	21.99
	下端支座	1.3DL+1.5LL2−0.9W Y	0	0	−81	−94.28
平台梁	固端	1.3DL+1.5LL1−0.9W Y	−77.6	−38.3	−54.9	−50.72

典型看台PKPM分析模型—12区看台及部分主要计算结果（图片来源：胡斌工作室）

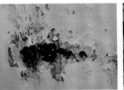

看台下方房间内：钢筋发生轻微腐蚀　　主席台雨蓬：钢筋腐蚀严重，保护层剥落　　看台护栏：钢筋锈断，有的部位甚至完全腐蚀

部分钢筋劣化照片（图片来源：胡斌工作室）

重举行，堪称中华人民共和国成立后的第一次体育盛会；1999年，大田湾体育场被评为"新中国五十年重庆市十大建筑工程之一"；2003年，经过改造的5 000平方米健身广场投入使用，大田湾体育场夜间照明系统建成；2009年，被列为第二批重庆市市级文物保护单位；2015年8月被武警部队列为兵力预置点和装备物资预储库；2019年10月28日，大田湾体育场封闭。

3. 再利用功能定位

大田湾体育场代表了重庆市一代人的集体记忆，为延续其认知意向，唤起城市记忆，大田湾体育场的修缮寻求原场所精神与时代精神的结合，延续体育运动的功能，加入生态保护、商业产业等功能，考虑城市共融，对大田湾体育场的地下空间进行利用，缓解周边停车压力。根据相关上位规划，大田湾体育场区域将被打造成为"体育生态公园"，开展"全民健身"运动，为广大市民和社会各界提供体育活动空间。

二、现状勘查

大田湾体育场占地面积40 680.1平方米，建筑占地面积20 329.0平方米，修缮建筑面积达8 059.03平方米，由西侧主席台、东侧入口两座四层门楼以及东西南北四个看台区域组成。目前，各建筑部分均处于封闭闲置状态。在修缮前，设计团队对建筑现状进行全面的检测。

1. 结构构件力学性能检测与评估

大田湾体育场看台的结构形式为砖-混凝土混合结构体系。经现场勘查，看台部分承重砖墙斜向开裂严重；钢筋锈蚀严重；砖砌体砂浆强度较低，混凝土碳化严重；看台板表面混凝土龟裂；伸缩缝劣化，房屋漏水严重。由于当时设计未考虑抗震设防要求，建筑结构的抗震设防能力也无法满足现行设计规范的要求。

设计团队选取了典型看台12区为分析模型，采用结构设计软件PKPM进行建模分析，按照现行的设计标准与规范，进行内力分析以及承载力验算。验算后发现：（1）砖柱的抗压承载力不足；（2）砖柱基底反力未超过设计时的地基承载力；（3）看台条板S1，Z形看台梯形板的抗弯承载力无法达到现行规范的要求；（4）看台板为简支梁板，对横墙和纵墙的协调作用的能力有限；（5）南、北看台的回填土地基出现一定程度的不均匀沉降，使得局部砖墙不同程度开裂。

2. 材料检测与研究

大田湾体育场涉及的材料种类繁杂，包括混凝土、钢筋、青砖、红砖、石材、水磨石、木材等。其劣化程度不一,原因复杂。

对于混凝土,采用了回弹法及钻芯法检测混凝土强度;采用了酚酞显色法检测其碳化深度,并采用XRD和TG/DTA分析碳化对C-S-H凝胶的影响;通过XRD,SEM,TG/DTA,FT-IR及岩相分析等方法研究混凝土是否存在酸侵蚀、硫酸盐侵蚀、碱骨料反应等病害。

对于钢筋,在保护层剥落、露筋处截取不同腐蚀程度的钢筋,进行力学性能测试,建立腐蚀钢筋残余力学性能与钢筋腐蚀程度的关系,为结构安全评估及修复提供基础数据;在保护层开裂但尚未露筋处,剔除开裂、松散部位的混凝土,并通过直径法测量钢筋的腐蚀程度;在保护层完好处,采用了半电池电位法无损评估混凝土中钢筋腐蚀状态,并选取部分位置凿开验证无损评估方法的可靠度。

对于砌体结构,分别采用回弹法和贯入法测量砖和砂浆的强度;通过XRD,SEM,TG/DTA等方法分析砂浆胶凝材料和集料组成。对于石材,检测其石材强度,通过外观、岩相分析和XRD分析石材种类。为使修复后的质感、性能与原有材料相近,对抹灰层和水磨石则采用一系列测试手段分析原有的材料组成。

3. 遗产现状分析

大田湾体育场局部构件残损、毁坏,基础设施老化;周边存在乱搭乱建现象;停车空间不足,存在乱停车现象;建筑内部空间利用不合理,资源空置;由于历史原因,建筑存在不同程度的加改建情况。

大田湾体育场1956年原主席台立面为七开间外廊,1965年新增了白色钢架雨棚,1979年主席台出现钢筋混凝土雨棚,2009年更新了钢架混凝土雨棚。截至目前,大田湾体育场主席台一直维持钢筋混凝土雨棚。

三、修复设计策略

经过现场勘察及分析,大田湾体育场核心价值部分为建筑的结构形式、装饰构件、构造材料与材料工艺、建筑总体格局及立面形态。方案采取对大田湾体育场进行修旧如旧的保护修缮方式,恢复大

勘察各部位材料构造、组成及钻取芯样(图片来源:胡斌工作室)

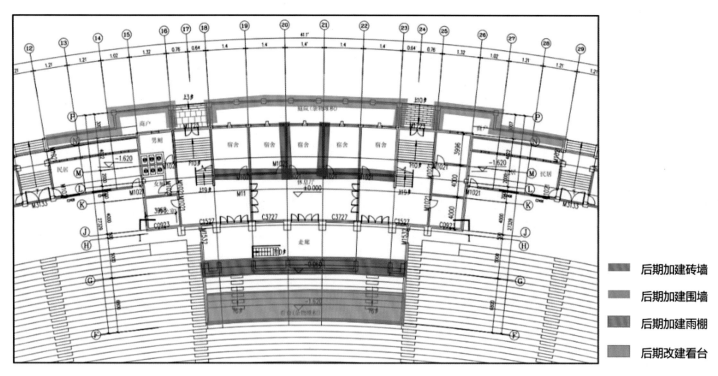

后期加建砖墙
后期加建围墙
后期加建雨棚
后期改建看台

主席台加改建情况（图片来源：胡斌工作室）

田湾体育场风貌为1956年初次建成开放的风貌。

1. 保护修缮原则

大田湾体育场保护修缮方案遵循不改变文物原状、真实性和完整性的原则，遵循最小干预、可逆性、可识别性原则；同时也本着尊重传统，保持地方风格的原则。

大田湾体育场修缮在整体上完整保留，建筑和室内分布基本保留了其历史格局和西南大区风貌，延续了文物真实的历史信息，能够准确地反映历史格局和功能，并在保留与继承其独特的地域建筑风格和传统手法上，尊重传统，保持多样性。

2. 保护修缮方案

为恢复1956年建设完成时的建筑风貌，方案保持建筑主席台现状平面格局、柱网关系不变；保持建筑高度现状不变，将1956年立面的柱廊进行抬高1.2米；将正立面恢复为1956年的风貌与造型；拆除后期加改建、与文物建筑无关及没有历史价值的建构筑物；恢复司令台及其旁立面、看台台阶栏杆等；恢复主席台两侧交通间及围墙、裁判员休息室；恢复建筑原立面、内圈看台栏杆、须弥座转角平台及台阶；针对其他具体建筑部位进行修缮。

3. 历史建筑再利用方案

针对建筑空间的不同尺度、情况和原有功能，对建筑空间进行分类利用。在符合文物保护原则下，对配套设施进行完善。尽可能按照体育场建筑功能的布置方式进行利用，局部空间根据项目要求进行功能利用调整。

大田湾体育场今后将作为全民健身的运动场地。因此，体育场内建筑空间利用功能分别为：运动场作为全民健身以及单位活动、比赛使用，不作为运动竞赛使用；看台区域和下部空间保持原有功能，相应配套用房后期可利用为低空健身活动空间，如健身房、瑜伽室、乒乓球室等活动空间；田径场下部空间用作地下车库，联系城市，缓解城市停车问题。

四、总结

大田湾体育场总体上依旧保留完整，现有建筑和室内分布基本保留了其历史格局和西南大区风貌，延续了文物真实的历史信息，能够准确反映历史格局和功能。大田湾体育场的历史意义、象征意义、精神感染力以及所依托的体育文化，具有重要的情感价值。但由于历史原因，大田湾体育场内部功能有所变化，对大田湾体育场原有历史环境和景观造成一定影响，且目前缺乏保护维修及对外宣传。

本次修缮利用工程，认证细致的前期勘测为设计提供了充足有效的依据，修缮利用方案严格遵循保护修缮原则，综合多方面问题，选择了具有充分把握的修缮部位和应对策略，对其进行修缮。同时根据上位规划，对大田湾的使用功能进行了恢复、延续或置换，使大田湾体育场在展现历史的同时，也能适应新时代的需求。

参考文献：

[1]陈蔚.我国建筑遗产保护理论和方法研究[D].重庆：重庆大学,2006.

[2]张晋.重庆市大田湾体育场文物建筑修缮保护与利用研究[J].智能建筑与智慧城市,2019(8):36-37,40.

1956年建筑模型　　　　1979年建筑模型　　　　2020年建筑模型

建筑历史演变（图片来源：胡斌工作室）

修缮设计模型（图片来源：胡斌工作室）

The Construction Activities of the Butterfield & Swire in Modern South China

太古洋行在近代华南地区的建造活动

李 民* 彭长歆**（Li Min，Peng Changxin）

摘要： 作为中国近代出现的外国垄断资本集团，太古洋行于1866年底在上海成立，随后快速扩张，在中国通商口岸或其他重要港口城市开展了长达80余年的商业活动，深刻地影响了中国近代社会、经济乃至民生，中华人民共和国成立后才退出大陆地区，是中国近代历史最悠久的洋行之一。在此期间，太古洋行建造了大量办公楼、工业厂房、仓库、码头等建筑物和构筑物，其中大部分至今仍存，成为该行经济扩张的重要见证。华南地区是太古洋行商业活动的主要区域，文章梳理其商业轨迹，探究组织机制与建造活动的关联。除此之外，以广州的太古仓码头为例，通过史料和历史影像研究与分析来还原其建造经过，探讨其在选址、布局和建造等方面的决策过程。

关键词： 中国近代建筑史；太古洋行；近代仓储建筑；太古仓；工业遗产

Abstract: As a foreign monopoly capital group in modern China, Butterfield & Swire was established in Shanghai at the end of 1866, and then expanded rapidly. It carried out commercial activities for more than 80 years in China's trading ports or other important port cities, which has profoundly affected the modern society, economy and even the people's livelihood of China. Butterfield & Swire was one of the oldest foreign firms in modern China to withdraw from the mainland after the founding of new China. During this period, Butterfield & Swire built a large number of office buildings, industrial plants, warehouses, wharves and other buildings and structures, most of which still exist today, becoming an important witness to the bank's economic expansion. South China is the main area of Butterfield & Swire's commercial activities. The article sorts out its commercial trajectory and explores the relationship between organizational mechanism and construction activities. In addition, taking the Butterfield & Swire's Godowns & Wharf in Guangzhou as an example, the construction process is restored through the research and analysis of historical data and historical images, and the decision making process in terms of site selection, layout and construction is discussed.

Keywords: Modern Chinese Architectural History; the Butterfield & Swire; Modern Warehouse Building; Butterfield & Swire's Godowns and Wharf; Industrial Heritage

引言

　　洋行是中国近代出现的、有关开展中西贸易的商业机构的统称。"洋行"一词源于清末"一口通商"时期的广州十三行。早期一般为公行，即经清朝政府允许跟外国商人做买卖的商行（Hong），如潘氏同文行、伍氏怡和行等，后泛称参与海上贸易的所有中西商行。1840年第一次鸦片战争后随着公行制度的溃散，洋行逐渐专指外国资本在中国开设的商行。通商条约的签订及条约口岸（Treaty Ports）的建立是洋行

* 华南理工大学2018级硕士研究生。
** 华南理工大学建筑学院教授。

贸易扩张的基础。在《南京条约》《天津条约》等条约制度的保护下，外国资本逐渐扩张到沿海各省，并伸向内地，各种洋行遂应运而生。

作为西方资本在近代中国开展商贸活动的典型代表，太古洋行的历史既是近代西方资本对华贸易扩张的写照，也是一部空间生产史。为攫取最大商业利益，太古洋行积极进取，在中国近代通商口岸建立了许多贸易站点，其建筑活动包括洋行办公场所、仓库、码头、洋行职员宿舍等。这些建筑物和构筑物与商品一道将太古洋行标识化、符号化，成为太古洋行商业扩张的显性空间产品。原有关于洋行的研究多关注资本家及资本运作、商品贸易及机构建设等，贸易站往往被忽略为地图上的标记，以证实洋行贸易拓展的足迹；而工业遗产的研究则关注洋行码头、仓库的物质遗存及其遗产价值，空间生产的过程及关联性往往语焉不详或一笔带过。本研究尝试以太古洋行在近代华南地区的建设为例，揭示其建筑活动的规律性。

一、太古洋行在中国的创办与发展

太古洋行由英国商人约翰·萨缪尔·斯怀尔（John Samuel Swire，1825—1898）与理查德·沙克尔顿·巴特菲尔德（Richard Shaekleton Butterfield）在上海创办。1866年12月3日，在上海市福州路与四川路路口的吠礼查洋行（Fletcher & Co.）的老房子里，太古洋行正式创办，起名Butterfield & Swire，其母公司是斯怀尔家族在利物浦创办的约翰·斯怀尔父子公司（John Swire & Sons）。1867年初，上海办事处开始营业，开始了斯怀尔家族在近代中国长达80余年的经济活动。

太古洋行创办后，斯怀尔家族的业务逐渐从贸易业转向航运业。早期的斯怀尔家族是通过其他英商洋行来从事向中国进出口的业务，太古洋行创办使得斯怀尔家族在中国的商贸活动变得活跃。19世纪六七十年代，上海与中国南、北方沿海口岸之间的贸易不断增长，老斯怀尔预见到上海将是一个前途无量、日益繁荣的经济中心[1]。基于老斯怀尔的开创精神和远见卓识，他把投资重心从贸易业转向航运业。1872年，太古轮船公司，又称中国航运公司、黑烟通轮船公司，在英国伦敦成立，太古洋行为公司的经理人。在斯怀尔其他继承人的努力下，太古集团形成了以太古洋行、太古轮船公司为核心的商品贸易与运输集团。

太古轮船公司的成立使得太古洋行在中国长江流域和沿海的航运业务日益发达。随着太古轮船公司在长江航线及沿海航线的发展，到1908年，太古洋行成功地在广州、汕头、厦门、福州、宁波、镇江、南京、芜湖、九江、汉口、宜昌、烟台、天津、牛庄建立了分行[2]。这些分支机构主要操纵着太古轮船公司的利益，同时也经营着太古集团在华的其他贸易业务。

① 张仲礼,陈曾年,姚欣荣.太古集团在旧中国[M].上海:上海人民出版社,1991,2。
② WRIGHT, GARTWRIGHT Impressions of Hongkong, Shanghai, and Other Treaty Ports of China[M]. London：Lloyd's Great Britain Publishing Company Ltd,1908. p211。

太古洋行在各地的办公楼、仓库（图片来源：英国布里斯托尔大学，Swire G. Warren拍摄，分布图由作者根据百度地图改绘）

太古洋行在汕头的办公楼（图片来源：英国布里斯托尔大学，Swire G. Warren 拍摄）

太古轮船公司的海员宿舍（图片来源：英国布里斯托尔大学，Swire G. Warren拍摄）

为了巩固太古集团在中国的地位，斯怀尔家族在经营航运业的同时，把业务扩展至制糖、船舶修造、保险等行业。1870年，太古洋行在香港开设办事处，并把香港太古洋行设置为在华总行。之后又成立太古轮船公司、太古炼糖厂、太古造船厂、天津驳船公司等，而这些公司在华业务也统由太古洋行管理，太古洋行的业务也越来越广。经过近半世纪发展，到19世纪20年代，太古洋行形成以上海和香港为双中心的业务网络。作为太古洋行在中国发源点的上海，统领了太古洋行在长江及中国南北沿海发展出来的江海运输网络；而香港扮演着联结中国和世界各地的航运网络的角色。正是在这样的组织结构下，太古跻身远东的航运领导者之列[1]，形成旧中国屈指可数的外国垄断资本集团。

二、太古洋行在华南的商业扩张与建设

太古洋行总行在香港的设立，带动了其在华南地区的航运、船舶修造和贸易等业务的发展。有着数百年通商历史的广东，凭借其沿海的贸易优势和珠江三角洲地区发达的水运，吸引了大量的外国资本。19世纪70年代后，太古洋行瞄准了汕头和广州作为其华南地区扩展业务的重要窗口，在汕头和广州设置分行。随后，太古洋行在华南地区的商业活动发达起来，贸易、航运、仓储、船舶修造等业务空前的活跃。

1. 太古洋行各分支机构的成立

（1）汕头太古洋行

太古洋行于1882年在汕头开办分行，主要开展航运、仓储、进出口贸易及保险等业务，其办公楼就设在汕头港北侧岸边。分行成立后，其经管的太古轮船公司业务非常活跃，太古洋行在汕头港南岸的礐石山下建有一栋两层的房子，供该公司的海员居住之用。该海员宿舍现在仍贮立在礐石山下海旁路的水警区招待所大院内。

海员宿舍是今天礐石洋楼建筑群中保存最好的洋楼之一。礐石洋楼建筑群形成于汕头开埠以后，当时，西方列强在礐石等汕头沿海岸地区兴建了领事馆、别墅以及教堂、学校、医院等西洋建筑，这些建筑多是依据外国人带来的图纸，由本地工人建造，所以西式的建筑风格又适应汕头当地的气候特点，为典型的中西合璧式建筑群。太古洋行的海员宿舍也不例外地展现出本土建筑文化与西方建筑风格的交融互通。

海员宿舍建于1920年，为两层混合式结构，罗马风格。建筑面积约1 150平方米，高度约10米。两层外围均设有宽敞的多立克式柱式回廊，其中一层为连续拱券，简洁典雅。外墙为金黄色饰面，结合着简洁的连续回廊，整体显得轻盈大气。宿舍底层架空，能更好地防潮、防湿和排水，这适应了汕头地处亚热带的潮湿气候。中华人民共和国成立后，海员宿舍被政府接管，并于1970年交海军汕头水警区使用。因为长期得到修缮保养，历经百年沧桑的洋楼，无论是外观还是内饰都依然完好。这座历尽岁月沧桑、风采依旧的欧式建筑，见证了汕头开埠后近百年的历史。

① 锺宝贤.太古之道——太古在华一百五十年[M].上海:上海三联书店,2016: 93.

（2）广州太古洋行

太古洋行广州分行为莫藻泉于1892年开办。海禁的大开，使沿海各地的南北货物交流变得活跃。作为华南"咽喉"的广州，每年均有大宗食糖、柑、橙、甘蔗、香蕉等土特产，需要经由海运销往华北一带，又有大批杂粮及药材等货物要由华北各口岸运来广州[1]。时任太古洋行买办的莫藻泉遂向香港的总行提出申请，在广州开办了太古分行。广州太古洋行的业务主要是代理广东方面的航运业务，后来又代销太古糖。太古洋行自有广州分行这一据点后，通过与省港澳轮船公司合作，经营航运业，并在广州兴建码头、仓库和货栈，逐渐成为广州外资航运业的首位。

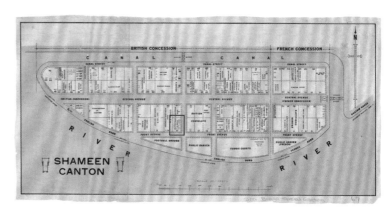

广州沙面及太古洋行办公楼平面图（图片来源：澳大利亚国家图书馆，作者改绘）

广州太古洋行办公楼坐落在洋楼群集的沙面。广州沙面位于珠江岔口，这里原是一片沙洲，南临白鹅潭，北面与沙基相连，是渔民小艇聚集之地。1859年，英法侵略者凭着签订的不平等的《天津条约》，以"恢复商馆洋行"为借口，强迫两广总督租借沙面，在北面挖人工河即沙基涌，修护河堤，填土筑基，形成沙面岛，供英法等国租用。后各国领馆、洋行、教堂、海关宿舍等建筑在沙面纷纷建起，太古洋行的办公楼就建在沙面南街48号，毗邻英国领事馆，成为沙面近代建筑群的重要组成部分。

太古洋行的办公楼旧址还完好地保留着。该办公楼为1905年建设，占地面积725平方米，砖、钢、混凝土结构，亚洲殖民地式建筑风格。从历史照片可以判断，该建筑在建成之初为两层，东、南立面均为券廊式，20世纪20年代，在原来两层的基础上加建一层，为柱廊式。廊柱以红砖砌筑，拱券饰带细致，色调淡雅。该办公楼在建国后收归为国有，至今已有近120年的历史。

2. 太古糖厂与太古船坞的开办

（1）太古糖厂

1881年，太古糖厂（TAIKOO Sugar Refining Co.）在香港开始投资兴建。早在19世纪70年代末，太古洋行的最大的竞争对手怡和洋行已经在香港成立了中国制糖公司（China Sugar Refining Co.）（1875），并在汕头建立了怡和糖厂（1878—1886）[2]。太古集团为了在华利益的竞争，于1881年成立太古糖厂，太古洋行被指派为这个企业的经理，负责太古糖厂的管理与经营。1884年，太古糖厂正式开业，由于采用了现代化的机械和工业厂房，并且掌握先进的生产技术，每周可生产700吨的精制糖。炼糖厂采用骨炭滤法及硫化法漂白制炼白糖，且产量逐年增加，到1893年，每周的溶解量已达到4 500吨[3]。糖厂的生产原料主要来源于广东、爪哇和菲律宾，制成白糖、红糖、糖粉等糖产品后，大量由太古洋行销往中国内地。

太古糖在华南地区的畅销，带动了太古洋行在华业务的发展。太古糖厂设立以后，其产品除供应远东其他地区外，大部入我国内陆，在华南占据了很大的市场份额。以广东为例，那时广东每年销售食糖（不包括土糖）的50万司担左右，由香港输入的太古糖，约占了30万司担以上，基本上控制了广东的食糖市场[4]。糖厂在华南的运输、仓储、销售等业务，均由太古洋行负责，这对巩固太古洋行的贸易和航运事业举足轻重。

（2）太古船坞

1900—1901年，太古造船厂（TAIKOO Dockyard & Engineering CO.）成立。不久后，太古船坞在香港的太古糖厂附近建成，并于1910年为太古轮船公司建造了第一艘轮船。船坞的建成，为斯怀尔家族利益系统内各轮船公司提供了保养、维修、改装和建造的工场。

① 莫应溎.《英商太古洋行近百年在华南的业务活动与莫氏家族的关系》//中国人民政治协商会议广东委员会文史资料研究委员会.广东文史资料第四十四辑[M].广州：广东人民出版社,1985(5)：86.

② 聂宝璋.中国近代航运史资料 第一辑上册[M].上海：上海人民出版社，1983,604.

③ 张仲礼，陈曾年，姚欣荣.太古集团在旧中国[M].上海：上海人民出版社,1991,35.

④ 莫应溎.《英商太古洋行广州分行》//载中国人民政治协商会议广州市委员会文史资料研究委员会.广州的洋行与租界[M].广州：广东人民出版社,1992(12)：82.

1911年（左）和1929年（右）的广州太古洋行办公楼（图片来源：英国布里斯托尔大学，Swire G. Warren拍摄）

1963年的太古船坞和太古糖厂平面布局（资料来源：筲箕湾街道详图，香港中央图书馆）

太古糖厂（左）和太古船坞（右）（图片来源：英国布里斯托尔大学，Swire G. Warren拍摄）

③ WRIGHT, GARTWRIGH.Twentieth Century Impressions of Hongkong,Shanghai, and Other Treaty Ports of China[M].London: Lloyd's Great Britain Publishing Company Ltd,1908, 211.

④ 莫应溎.《英商太古洋行广州分行》//中国人民政治协商会议广州市委员会文史资料研究委员会.广州的洋行与租界[M].广州: 广东人民出版社,1992(12): 98.

⑤ SHEILA M, FRANCISEH. The Senior: John Samuel Swire 1825-98. Management in Far Eastern Shipping Trades[M]. Liverpool: Liverpool University Press,1967, 95.

太古船坞建立后，包揽了中国特别是华南各地的不少造船业务。太古造船厂拥有现代化的设备与技术，可满足各种建造和维修工作的需求，其拥有1个干船坞和3个滑道船台，干船坞长750英尺（约合228.60米），每个滑道船台可以容纳重达3 000吨的轮船③。在造船业务不算繁荣的年代，太古船坞所承修的船舰每年都在400艘以上。当时航行在广东内河的许多船只都是向太古造船厂订造④。通过太古船坞，太古洋行便可在一定程度上左右着华南的内河航业。

太古船坞和太古糖厂都建设香港岛东区柏架山下的鲗鱼涌。糖厂位于西边海湾内侧，且山上建有居住区；而船坞建设在糖厂东侧的大片平地上，靠近西湾河，1个干船坞和3个滑道船台面向西边，由南向北并排布置。总体来看，形成了糖厂靠山、船坞沿海的平面布局。如今鲗鱼涌已是高楼林立，太古糖厂和船坞均已不存，但不可否认，其促进了近代中国制糖业和造船业的发展。

3. 仓库码头的建设

随着太古轮船公司的业务扩张，对仓储空间的需求日益增大。太古轮船公司在成立之初，其船队就开始在广东河域行驶，后又把业务范围扩张到沿海航线。其经营的内河航线主要有省港（广州至香港）、江港（江门至香港）两线。每年都有大量华侨和侨眷经由江门来往于香港、广州等地，香港和广州至江门的航线客、货运都极为繁盛。对于沿海航线，据《中国现代交通史》一书统计，太古轮船公司在华的定期航线有20条，还有一些临时航线。在定期航线中，以广州为起点的就有4条，即广州至上海、广州至青岛、广州至牛庄、广州至天津。到20世纪30年代，每天都有从上海、青岛、北海等口岸的定期班船到达香港和广州，船只数量达到35艘。太古洋行经营的华南内河航线和沿海航线在20世纪30年代达到顶点，其航运业的发达带来仓库码头的建设。

太古洋行在汕头和广州建设了大量的仓库、货栈和码头。为了满足太古轮船公司的仓储需要，太古曾花费了50多万英镑的资金，用于在中国购买土地、建设码头和仓库等⑤，19世纪80年代到20世纪20年代，太古洋行在汕头港先后在建成4座木栈桥趸船码头和50处仓库货栈。其中3座码头位于汕头港北岸，仓库货栈则分布在码头北侧靠近河岸地带，占地约2.5万平方米。太古洋的码头和仓库数量，居于汕头港各家轮船公司的首位。

太古洋行在广州的珠江后航道、白蚬壳一带也建有10栋仓库和3个码头，用来存储太古轮船公司的轮船所运来的米粮、大豆、花生仁等。整个码头区域占地约7.1万平方米，其中陆域面积约5.4万平方米，码头岸线长312米。这在当时的广州内港也是比较完善的仓库码头系统。

明信片里的汕头太古洋行的仓库、木栈桥（图片来源：汕头大学图书馆，汕头山口洋行1910年代发行）

1919-1920年的太古仓（画面中分别为1、2、3、4、5号仓库）（图片来源：英国布里斯托尔大学，Swire G. Warren拍摄）

三、太古洋行在华南地区的建筑活动特征

太古洋行在华南地区数十年的商业行为，留下了大量的建筑活动痕迹。但中国快速的城市化进程中，太古船厂、船坞、汕头太古仓等建筑都已经不存。广州的太古仓码头成为少量幸存者之一，是太古洋行在华留下的现存规模最大的仓库群。该仓库码头群始建于1904年，后经历数次扩建，到20世纪30年代其规模达到顶峰。30年代后，仓库码头经历多次不同程度的损坏，这期间也多次修葺与重建，现存的太古仓码头基本保持着原有形态。根据对历史资料和现有遗存的研究与分析，我们可以从选址、布局和建造技术三个方面分析太古洋行在华南地区的建筑活动特征。

1. 选址

太古洋行在建筑选址上是交通和管理便利性的综合考虑的结果。太古洋行的仓库码头、船坞和糖厂都临水建设，货物可以通过水上交通直接到达，满足水上运输的需要。广州和汕头的仓库码头都选址于远离城市中心的港口核心地段，且与办公高楼有紧密联系，方便管理。广州太古仓码头选址于白蚬壳，与沙面的洋行办公楼隔江相望，汕头的仓库码头与办公楼建在一处，建立了仓储与办公空间的直接联系。毫无疑问，水上交通的可达性和管理的便利性是太古洋行在建筑选址时的重要参考要素。

① 鐵道省.Guide to China, with Land and Sea Routes Between the American and European Continents[M]. Tokyo: Japanese Government Railways,1924.

太古仓码头现状鸟瞰（图片来源：作者拍摄于2019年11月）

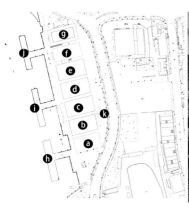

太古仓平面布局（a-1号仓；b-2号仓；c-3号仓；d-4号仓；e-5号仓；f-6、7号仓；g-8号仓；h-1号码头；i-2号码头；j-3号码头；k-水塔）（图片来源：作者绘制）

汕头港北岸的太古洋行办公楼、码头（图片来源：英国布里斯托尔大学，Swire G. Warren拍摄）

太古仓的芬式（左）、豪式（右）屋架和钢柱（资料来源：作者拍摄于2007年）　　　　　　　　　　　　　　窗洞（左）和墀头线脚（右）（图片来源：作者拍摄于2007年）

　　自然条件和建设条件也是选址的衡量标准。广州太古仓码头选址于珠江后航道左岸，珠江后航道河西部至洲头咀的一带，河面最宽，水量最深，为船舶停靠和货物装卸提供有利的自然条件，也避免了流经市区的前航道的拥挤。除此之外，河南西部的白蚬壳，远离广州市中心，大片的土地为仓库码头的建设提供有利条件。

　　2. 布局

　　太古洋行的仓库码头在布局上拥有科学的整体设计。仓库在布局上通常相互分开，垂直于河岸布置，有利于货物的仓储，码头则采用桥栈式设计，便于大型船只的停靠与卸货，这种仓储系统在当时已经很先进。

　　广州太古仓码头在布局上基本保留了建设初期的形态。太古仓整个区域占地约7.1万平方米，7栋仓库建筑垂直于江岸，由南向北依次排开；3座码头沿着江岸线伸向江面，与仓库相结合，方便货物的装卸与仓储；仓库后方建有水塔，且仓库相互分开，没有连成一片，可有效避免发生火灾时火势蔓延。汕头的太古仓库码头虽已不见当年景象，但从历史照片中不难看出其在整体布局上与广州太古仓码头有诸多相似之处。三个木栈桥垂直江面并排设置，后边的货栈及仓库依次排开，岸边的办公楼靠近仓库，方便管理。合理的平面布局体现了太古洋行在仓库码头设计上的科学性。

　　3. 建造技术

　　太古仓码头在建造之初，便拥有精湛建造技术。仓库的双坡屋顶采用三角形轻钢屋架搭建，有芬式和豪式两种不同结构形式，受力合理；承托屋架的钢柱上铸有"GLENGARNOCK SAEEL"字样，为19世纪英国Glengarnock Iron & Steel Co. Ltd生产的钢材。仓库外墙全顺砖墙砌法，山墙伸出檐口的墀头、叠涩，墙面顶部的线脚，砖砌的圆形和拱形窗洞等，这些细部构造做法成熟，体现出其精湛的建造水平。码头则采用伸出江面的丁字形桥栈式码头，便于重型轮船的停靠与货物装卸；用来支撑码头的钢筋，为英国曼切斯特联合钢铁公司所产，泡在珠江水中冲刷了百余年，依然牢固如初。太古仓码头在一定程度上反映出20世纪初港口仓储系统的建造水平。

四、结语

　　近代外资企业在我国进行商业活动的同时留下大量建造痕迹，这些建筑遗存反映了近代帝国主义列强在我国操纵进出口贸易，进行经济掠夺的历史事实。对太古洋行在华南地区建造活动的研究，为近代外国资本主义在华建造活动相关研究提供借鉴。随着城市的快速发展，这类建筑遗存正在不断消失。鉴于此，建议有关部门加强对近代建筑遗存，特别是外国资本在近代中国留下的建筑遗存的保护力度。而保留下来的广州太古仓码头，是中国近代十三行（洋行）对外贸易历史文化的延续，是中国海上丝绸之路历史文化延续的遗址之一。

参考文献：

[1]蒋祖缘.广东航运史（近代部分）[M].北京:人民交通出版社,1989.

[2]程浩.广州港史（近代部分）[M].北京:海洋出版社,1985.

[3]广州市地方志编纂委员会办公室等编译.近代广州口岸经济社会概况[M].广州:暨南大学出版社,1996.

[4]陈传忠编.汕头旧影[M].新加坡潮州八邑会馆,2011.

[5]薛顺生.太古洋行的码头仓库与大班住宅[J].都会遗踪,2012(4):108-112.

附录：广州太古仓码头工业遗存状况

建筑物、构筑物名称	基本信息	结构特征	立面特征	现状照片
1号仓	单层，占地面积1560平方米。始建于1904年	生产、研发		
2号仓	抗战期间受损，后修复	双跨排架结构，两边跨为混泥土柱，中间跨为钢柱；三角形豪式轻型钢屋架	结合半圆形类卷棚屋脊，山面顶部形成郭耳形状，开方形高窗	
3号仓	单层，占地面积1610平方米。始建于1906年，抗战期间屋顶被炸毁，现存屋顶为战后重修	双跨排架结构，钢木混合屋架	硬山式屋顶，山面开高窗，侧面壁柱	
4号仓	单层，占地面积1690平方米。始建于1906年	双跨排架结构，两侧混泥土柱，中间工字钢柱；三角形豪式轻型钢屋架；钢木混合屋盖	硬山屋顶，山面上部做叠涩和线脚装饰	
5号仓	单层，占地面积1673平方米。始建于1906年，抗战期间受损，后修复	双跨排架结构，混泥土柱；三角形芬式木结构屋架	硬山屋顶，山面上部做叠涩向侧面出挑，侧面开高侧窗	
6、7号仓	单层，占地面积1667平方米。始建于1906年	双跨排架结构；两边跨为混泥土柱，中间为钢柱；三角形芬式轻型钢屋架	硬山屋顶，山面上部做叠涩和线脚装饰，侧面开高侧窗	
8号仓	两层，占地面积1488平方米。建于1919-1924年间	钢筋混凝土结构；钢结构屋架	硬山屋顶，混凝土框架外露	
水塔	两层，占地面积1770平方米。始建于1934年，60年代损毁后重建	钢筋混泥土结构；一层无梁楼盖，二、三层为肋梁楼盖	外露壁柱，均匀的开竖向长窗	
1号码头	建成于1933年以前，为太古仓码头区域的最高建筑物	钢筋混凝土结构	6根混凝土柱支撑圆形水箱，连接处拱券处理，造型坚实挺拔	
2号码头	始建于1904年，长79米	钢筋混凝土结构	—	
3号码头	始建于1906年，长74米	钢筋混凝土结构	—	

The Cultural Law of "Warm and Cold We Share Together": Interaction between the World Modern Architecture Movement and Chinese Modern Architecture Movement in the 20th Century

环球同此凉热的文化定律
——20世纪世界现代建筑运动与中国现代建筑运动互动

崔 勇[*]（Cui Yong）

* 中国艺术研究院建筑艺术研究所研究员、博士生导师。

① 《马克思恩格斯选集》第一卷255页，人民出版社，1977年8月版。
② 邹德侬.《中国现代建筑史》第3-6页，天津，天津科学技术出版社，2001年5月版。

内容提要： 本文试图阐述20世纪中国现代建筑是当时世界现代建筑的一个重要组成部分，中国的现代建筑运动是世界现代建筑运动的必然反响，这种反响在特殊的历史情形下是隔而不绝的。因而作为现代建筑的一脉，20世纪中国现代建筑运动对世界现代建筑运动的历史贡献也是毋庸置疑的，互动是历史的规律。

关键词： 20世纪世界现代建筑运动；20世纪中国现代建筑运动；文化运动与现代建筑运动关系

Abstract: This article attempts to elaborate 20th century Chinamodern architecture is a 20th century worlds modern architectureimportant constituent, China's modern architecture movement is theworld modern architecture movement inevitable echo, this kind of echois separates not certainly but not certainly under the specialhistorical situation, thus took the modern architecture arteries, 20thcentury China modern architecture movement to the world modernarchitecture movement historical contribution also is without a doubt,the interaction is the historical rule.

Keywords: 20th century worlds modern architecture movement 20thcentury China modern architecture movement culture movement and modernarchitecture movement relations

伴随着19世纪后期欧洲的工业革命，在"新建筑运动"中以工业化思想为基础而产生的现代建筑，就其创作方法、功能类型、技术要素与艺术特征可以说是一种全新观念的体现，也是作为20世纪世界现代建筑运动一部分的中国现代建筑运动的总的发展趋向。诚如马克思和恩格斯在《共产党宣言》中说过的："由于开拓了世界市场，使一切国家的生产和消费都成为世界性的了。过去那种地方的和民族的自给自足和闭关自守状态，被各民族的各方面的互相往来和各方面的相互依赖所代替了。物质的生产是如此，精神的生产也是如此，各民族的精神产品成了公共的财产，民族的片面性和局限性日益成为不可能，于是由许多种民族的和地方的文学成了一种世界的文学（这句话中的'文学——Literature'一词是指科学、艺术、哲学等等方面的书面著作）。"① 每每读完马克思和恩格斯这段话后，我总会情不自禁地将世界现代建筑运动和国际共产主义联系起来，它们之间似乎有诸多的相似和不相同之处。

世界现代建筑运动与中国现代建筑互动的关系，邹德侬教授在《中国现代建筑史》中有过很精辟的论述。在邹德侬教授看来，"中国现代建筑在国际现代建筑运动影响下直接发源和发展，尽管1950年代至1970年代，中国现代建筑与国际现代建筑运动的主流隔绝长达30年之久，但中国现代建筑一直是国际现代建筑运动不可缺少的重要组成部分。事实上，中国建筑界与国际现代建筑运动以及国际建筑组织关系一直维持着似断又连的松散关系。应该说，在1990年代，当代中国建筑已经基本完成了对国际现代建筑运动的回归，其重要标志是1999年国际建协（UIA）第20次大会在北京召开。"② 客观地说："中国现代建筑的发展虽然有时处于胶滞状态，甚至有时似乎断流，但它仍然是

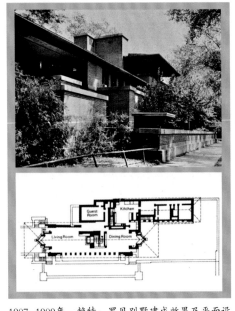

1907-1909年，赖特：罗贝别墅建成效果及平面设计图

1911-1914年，格罗皮乌斯与迈耶—阿尔费　　1950-1954年，柯布西耶—朗香小教堂　　　　　　　1980年，格雷夫斯—波兰公共事务大楼设计图
尔得法古工厂

一部持续不断的历史。1949年后的若干时间内，行政当局和半官方社团虽然基本上排斥西方现代建筑运动的思想成果，也就在这个时期，人们不但事实上运用着大量现代建筑的技术成果，而且中国的建筑师力图发展现代建筑的思想和行动从来就没有被磨灭。除去1950年代初起现代建筑的自发延续之外，在'一边倒'学习苏联时期，所谓'社会主义设计思想'与'资本主义设计思想'（即现代建筑思想）的冲突确曾存在；1950年代之末的建筑技术的探索；1970年代广州对现代性的探索等等都是有力的证明。况且，世界各国现代建筑的发展道路几乎都是曲折的，美国曾经是摩天大楼的发源地，但进入20世纪以后相当长的时间里，除了莱特以外，现代建筑的发展几乎停滞不前，一直等到大批现代建筑大师来到美国，现代建筑才全面开花；在法国，因为有根深蒂固的古典主义传统，除了勒－柯布西耶的工作外，古典主义的气氛时常笼罩在它的上空；在意大利和德国，法西斯集权政府选择古典主义建筑代表它们的文化形象；在苏联，俄罗斯的新古典主义在1930年代取代了激进的构成主义之后，一直蔓延到1950年代之初，有趣的是，苏联把复古风吹到了中国之后，自己却兴起了现代潮。中国的现代建筑历史，还可以上溯到1920年代末或1930年代初，使得普遍认为1949年开始的现代建筑有了更加合理的起源。我们认为，连绵约70年的中国现代建筑历史自它发源的时候起，就具有现代建筑的一般特征；尽管在某种条件下有许多'复古'现象，但从总体上说，中国现代建筑既在国际现代建筑运动的影响下发展，又走着一条独特的崎岖不平的道路。"[①]可作如下概述。

　　20世纪20、30年代，中国建筑师把摩登的"装饰艺术"和时尚的"国际式建筑"通称为现代式建筑，许多建筑师热心于参与现代式建筑的设计新潮，于是现代建筑在祖国大地上风行直至抗日战争爆发，20世纪30年代响应世界现代建筑运动的中国现代建筑运动及其业绩已经达到国际同等水平，出现了大量上佳的现代建筑作品。尤其是上海因其城市建设领先水准，已经成为被誉为"东方巴黎"的国际大都市。无奈全民族抗日战争而不得不转入长期备战的特殊历史环境，加之中国当时工业技术力量的薄弱，同时也缺乏现代建筑发展的必要的物质基础，中国现代建筑的发展进程不得不中断，这一中断直到20世纪80、90年代才得以延续。中国建筑师参与的现代建筑运动，与欧美及日本建筑师在中国进行的现代建筑活动一起构成了20世纪中国在现代建筑方面的多渠道起步，成为世界现代建筑运动的组成部分。

　　世界现代建筑运动产生的前身是以新建筑运动的态势发端的。早在19世纪，西方建筑界占主导地位的建筑潮流是复古主义和折中主义建筑[②]。复古主义者认为历史上某几个时期，如古希腊和古罗马的建筑形式和风格是不可超越的永恒的典范，谁要建造优美的建筑，就必须以那些历史上的建筑为蓝本，模拟仿效。折中主义者也认为建筑师的工作就是因袭已往的建筑模式，不过他们认为不必拘泥于某一形式某一风格，而可以把多种样式多种手法拼合在一座建筑上。在复古主义和折中主义建筑潮流影响下，建筑师对实用功能和结构技术不甚重视，而崇尚巴黎美术学院派的艺术风格，致使当时建筑思想主导方面是唯美主义倾向。

　　但是建筑领域中正在涌现新事物，社会生活要求建筑具有新功能并且出现了新材料和新结构，这就同学院派建筑发生矛盾。例如，现代化银行的功能要求有形式复杂的大、小房间，如果把它们统统纳入古希腊神庙式的建筑模式之中，在使用上是非常不便的。在十几层的钢框架结构的商业办公楼仍用中世纪罗曼式建筑的石砌外形，也是削足适履，徒增造价。因循守旧会遇到难以克服的矛盾。19世纪中叶伦敦水晶宫的设计和建造就是例证。这个事例表明保守的传统建筑观念已不适应建筑发展的新形势。建筑学到了需要

①参见邹德侬《中国现代建筑史》第3-6页，天津，天津科学技术出版社，2001年5月版。

②参见吴焕加：《论现代西方建筑》第70-76页，北京，中国建筑工业出版社，1997年6月版。

改造和发展的时候了。

从19世纪30年代开始，西欧和美国一些建筑师提出了改革建筑设计的主张。法国建筑师H.拉布鲁斯特1830年写道："在建筑中，形式必须永远适合它所要满足的功能。"他设计的巴黎国家图书馆（1860—1868）采用了新颖的铁结构。19世纪后期，美国芝加哥一批积极改革、大胆创新的建筑师和工程师形成了一个建筑流派——芝加哥学派。芝加哥是美国摩天楼的发源地，建造的房屋越来越高，结构和功能都同传统建筑大不相同。芝加哥学派的建筑师L.H.沙利文指出，复古主义的做法，使"功能受到压抑"。他强调"形式随从功能"的原则。

从19世纪末到1914年第一次世界大战爆发，这段时间倡导建筑改革的人更多了。有的人运用新的建筑材料，如法国建筑师A.佩雷用钢筋混凝土建造了一批房屋；有的人在建筑形式和手法上进行创新，其中有以比利时为中心的"新艺术运动"，奥地利的"分离派"，意大利的"未来派"等。1907年,德国成立"德意志工业联盟"推动各种产品的设计改革，其中也包括建筑。德国建筑师P.贝伦斯于1909年设计的德国通用电气公司的涡轮机工厂，是一座反映新建筑观念的著名厂房建筑。在美国，建筑师F.L.赖特继承芝加哥学派的精神坚韧不拔地进行建筑创新活动，并以其独创的手法和清新的风格，启发和鼓舞了当时欧洲的改革派建筑师。

这些建筑师个人或流派虽然在思想观点和建筑风格上差异很大，但都是在寻求新的建筑。他们的活动被称为"新建筑运动"。20世纪20、30年代是西方建筑思潮十分活跃的时期，保守和革新两种趋向激烈斗争，"新建筑运动"终于由弱而强，取得成功。在新建筑运动发展过程中形成的现代主义建筑和有机建筑两个流派，对20世纪的建筑发展产生重大的影响。

这可以说是世界现代建筑运动得以发生的时代背景。客观地说，现代建筑不是随着20世纪的来临而突然出现的，它的产生可以追溯到产业革命和由此而引起的社会生产和社会生活的大变革。在一些国家出现了影响建筑朝创新的方向发展的新的变革，这种变革表现如下。

其一，房屋建造量急剧增长，建筑类型不断增多。19世纪工业的大发展和城市的扩大需要建造大批工厂、仓库、住宅、铁路建筑、办公建筑、商业服务建筑等。在建筑史上长期占有突出地位的帝王宫殿、坛庙和陵墓退居次要地位，而生产性和实用性为主的建筑愈加重要，对新型建筑提出了新的功能要求。有的要求大跨度，如博览会、展览馆、铁路站棚；有的要求增加建筑层数，如大城市中心区的商业建筑；有的要求有复杂的使用功能，如医院、科学实验室等。建筑形制变化迅速，照搬照抄传统的定型的法式制度已经不能满足上述要求了。 其二，工业发展给建筑业带来新型建筑材料。以往几千年，世界各地区建筑所用的主要材料不外乎是土、木、砖、瓦、灰、沙、石等天然的或手工制备的材料。产业革命以后，建筑业的第一个变化是铁用于房屋结构上。先是用铁做房屋内柱，接着做梁和屋架，还用铁制作穹顶。19世纪后期，钢产量大增，性能更为优良的钢材代替了铁材。与此同时，水泥也渐渐用于房屋建筑。19世纪出现了钢筋混凝土结构，钢和水泥的应用使房屋建筑出现飞跃的变化。其三，结构科学的形成和发展使人越来越深入地掌握房屋结构的内在规律,从而能够改进原有的结构形式,有目的地创造优良的新型结构。过去建筑工匠只能按照传统做法或凭感性判断去建造房屋,盲目性和局限性很大。随着数学和力学的发展，终于在19世纪后期弄清了一般建筑结构的内在规律，建立了为实际工程所需要的计算理论和方法，形成系统的结构科学。这样就可以在建筑工程开始之前预先计算出结构的受力状态，作出合理、经济而坚固的房屋结构设计。其四，建筑业的生产经营转入资本主义经济轨道。在资本主义社会，大量的房屋是企业家手中的固定资本或商品。资本的所有者要求在最短的时间内以最少的投资从建筑活动中获取最大的利润。这一准则也在建筑设计、建筑观念以及建筑美学方面或隐或现地表现出来。此外，从19世纪起资本主义国家建筑师的社会地位也有了变化。建筑师是自由职业者，他们在建筑设计中从事竞争，于是商品生产的经济法则也渗入到建筑师的职业系列活动之中。

19世纪出现建筑领域的这些变化，就深度和广度来说，在建筑历史上都是空前的。这是一场由产业革命引起的建筑革命。进入20世纪后,变化继续进行着并不断扩展,而且还向其他国家与地区扩散。正是这个建筑历史上空前的变革导致了20世纪世界现代建筑运动。

1930年前后的中国建筑界有两点史实十分清楚。其一，在上海、天津、南京、武汉、青岛，以及在日本人侵占的大连、沈阳、长春、哈尔滨等地出现了现代建筑式样，或称摩登式、现代风格、万国式、国际式、艺术装饰风格、日本摩登等，其中包含有为数不多但较纯粹的现代主义风格的作品。其二，西方现代建筑文化及思想通过报纸杂志（如上海的《中国建筑》《建筑月刊》以及重庆的《新建筑》等建筑期刊大量载文介绍现代建筑）、建筑师的交流、建筑教育等方式在中国广为传播。这说明西方现代建筑运动的影响在其肇端初始就已波及到中国，并产生效应，中国现代建筑界与世界建筑发展保持着某种程度的联系。

作为远东最大的贸易、金融、工业都市以及对外通商的窗口城市，20世纪20年代末的上海是中国的经济中心，现代风格的建筑最早正是在这里诞生。1929年9月5日，沙逊大厦在上海外滩南京路口落成，由具有雄厚的设计实力、二三十年代称雄上

20世纪50年代受苏联影响的建筑作品：陈明达设计的中共重庆市委会办公大楼1

20世纪50年代受苏联影响的建筑作品：陈明达设计的中共重庆市委会办公大楼2

1929年建成的上海沙逊大厦全景　　　　　1929年建成的上海沙逊大厦局部1　　　　　　　　　　　　　　　　　　1929年建成的上海沙逊大厦室内局部2

海的最大设计机构公和洋行（Palmer & Turner Architects and Surveyors，即今香港"巴马丹拿事务所"）设计，大厦10层（局部13层），塔顶高77米，平面为"A"字形。钢框架结构，顶部设有19米高的金字塔形铜屋顶。从其形式来说，尽管与我们今天从历史书上看到的世纪初年的世界最高摩天楼——美国芝加哥蒙特格美力公司大楼（Headquarters of Montogomery Ward，1900年建）形象何其相似，但20世纪20年代末在复古主义及折中主义盛行的上海建成，无疑给人们带来强烈的视觉刺激，它体型轮廓线类似蒙特格美力向上逐渐收缩，腰部及檐口部位仍然有几何图案装饰，整体姿态尚未走出复古式样，但与周围沉重的西洋古典建筑相比，无论体型、构图，还是装饰细部，已有大幅度简化，给人清新挺拔的现代感。沙逊大厦的建成标志着现代思潮的开端，拉开中国建筑史上具有重要价值的现代建筑设计的帷幕。继沙逊大厦之后，1933年建成河滨公寓，1933年及1934年先后建成汉弥登大厦及都城饭店，1934年建成峻岭公寓。这些摩天楼共同的特征表现为突出建筑的体量，只有极少的几何图样装饰，与沙逊大厦相比，明显已更具有现代建筑风格特征。作为上海最有影响的设计事务所，公和洋行设计风格的转变，说明20世纪30年代初上海建筑界已以现代风格领导设计潮流，对全中国建筑界具有重要影响。

　　20世纪30年代的中国建筑界正是中国建筑师的"自立"时期[①]，在这与世界相通的现代建筑设计潮流中，中国建筑师在具有强烈的民族意识的同时，也表现出对现代建筑的热情，此时期从业的主要设计事务所或建筑师几乎都有现代式样的建筑作品。庄俊设计的上海大陆商场1933年建成开张，楼高10层，外部立面只有局部简洁的纹饰，两年后设计建成的上海孙克基产妇医院局部五层，立面中部设竖向体量，两侧带状线条划分，造型式样已接近"国际式"建筑。华盖建筑师事务所从1932-1947年间的设计作品中有20多项具有明显的现代风格特征，其中包括1938年建成的大上海大戏院及恒利银行、1947年建成的上海浙江第一商业银行等。基泰工程司设计的上海大新公司1936年建成开业，中央大厅设有当时国内首创的自动挟梯，10层钢筋混凝土结构，立面只在屋顶栏杆、花架下的挂落处有局部中国式装饰。范文照是现代建筑思想的积极倡导者，其事务所设计的协发公寓（1933年）、巢雅公寓及上海美琪大戏院（1941年）均显示出现代格调。奚福泉1934年设计建成的上海虹桥疗养院建筑形式完全符合内部功能要求，没有任何与结构无关的装饰，重视功能实用，注意卫生及环境，造型美观大方，已深得现代主义建筑的本质特征。此外，李景沛设计的上海广东银行大楼（1934年）、上海武定路严公馆，董大酉设计的自宅（1935年），陆谦受、吴景奇设计的上海中国银行虹口分行（1936年）等作品都对现代风格进行了探求。1934年设计、1936年建成的上海中国银行大厦是上海外滩唯一一幢中国人为主设计的摩天楼，主楼17层，高约69米，设计人陆谦受完全按功能要求合理组织平面，表现出理性主义的设计思想，立面设计在表现现代建筑特征的同时，局部采用了中国传统装饰，东主楼采用变形的四角攒尖屋顶，檐下装饰有斗拱，檐口及立面接层处，设有荷叶图饰，这种现代与传统共处一体的表征，表现了中国建筑师在自立时期矛盾的文化心理。上海之外其他地方的现代建筑也不乏其例。

①张复合：《中国近代建筑史"自立"时期至概略》，《第五次中国近代建筑史研究论文集》，北京，中国建筑工业出版社，1998年版。

1934年沈理源设计的天津新华信托储蓄银行全景

1934年沈理源设计的天津新华信托储蓄银行局部1

1934年沈理源设计的天津新华信托储蓄银行局部2

在南京，华盖建筑师事务所童寯1932-1933年间设计的首都饭店，建筑平面根据功能要求，结合地形成"L"形布置，建筑造型朴素大方，已完全没有多余的装饰细部，立面真实反映内部使用功能，具有鲜明的功能主义理性思想。过养默设计的首都最高法院虽然立面中部设有塔状入口，并有竖线条装饰，某种程度上还带有新艺术运动建筑的特征，但建筑体型已明显简洁，装饰已明显减少，表现出向纯净的现代建筑过渡的设计特征。此外，杨廷宝1935年设计建成的大华大戏院，李锦沛设计的新都大戏院（1936年），基泰工程司梁衍设计的国际联欢社（1936年），华盖童寯1937年设计建成的地质矿产陈列馆等建筑均表现出造型简洁新颖、造价经济实惠、形式与功能结合、运用新材料新结构等现代建筑特性。

作为中国三大直辖市的滨海城市天津，20世纪30年代，受新建筑运动影响所及，已改变了天津20世纪初期以来建筑的面貌，向现代主义建筑过渡成为这一时期天津现代建筑的主流。诸如，渤海大楼（1935）及利华大搂（1936）由法国建筑师穆勒（Muler）设计，法国俱乐部（1931）及新华信托储蓄银行（1934）由华信工程司沈理源设计，中国大戏院（1935）由英国建筑师B．C．扬及瑞士建筑师陆普（Loup）设计，意租界回力球场（1935）由意大利建筑师鲍乃弟（Bonetti）及瑞士建筑师凯斯勒（Kess1er）设计。此外，天津仁立毛纺厂（1932~1935），香港大楼（1933）等建筑也是这一时期天津现代建筑的代表性作品。

作为中南大都市武汉，建筑师卢镛标起初在汉口景明洋行学习建筑设计两年，20世纪30年代开业从事建筑设计，他的一系列作品如1934年设计、1936年建成的四明银行，1934年设计、1935年建成的中国实业银行，1936年建成的中央信托公司办公楼，这些作品表现出当时最新式的现代建筑特色，注意内部功能布局，率先接受欧洲新建筑运动的思想，采用西方先进的结构技术，在当时汉口曾引起轰动。此外，由景明洋行1929年设计的安利英洋行大楼，1935年设计、1936年建成的大孚银行大楼等，都成为早期汉口现代建筑的代表。

在青岛，20世纪30年代由于远离战火，政局相对安定，外国资本大量涌入，民族资本和官僚资本得到了发展，城市建设形成繁荣的局面，建筑设计在西洋古典主义、折中主义以及中国传统建筑复兴思想并存的情形下，西方现代建筑理论在中国的传播波及青岛，出现一些现代主义建筑的模仿和探索。一些建筑虽然檐部和主入口仍做些几何图形的装饰，但设计思想已在转变，开始注重实用与经济，讲究外型体块和窗洞排列的比例关系，从烦琐的细部装饰和柱式中解脱出来，已在步入现代建筑行列的进程中。如罗邦杰设计，建于1934年的大陆银行；陆谦受、吴景奇设计，建于1934年的中国银行；苏复轩设计，建于1934年的上海商业储蓄银行。这类建筑设计多出自留洋归来的上海建筑师之手。此外，还有如东海饭店，由上海新瑞和洋行（英）设计，建于1936年，是青岛现代主义风格建筑的重要代表作品。

梁思成设计北大女生宿舍旧影

在这些城市，现代建筑明显改变了城市面貌，现代建筑的设计和建设形成了风潮。除此之外，尚存在着建有零星的现代建筑的城市，如古都北京建有梁思成设计的北京大学地质馆（1934年设计、1935年建成），以及北京大学女生宿舍（1931~1932年设计，1935年建成）。广州有杨锡宗1935年设计建成的中山大学教员宿舍，郑枝之1936年设计建成的中山大学理学院天文系馆，陈荣枝1936年设计建成的爱群大厦。烟台有1935年建成的金城电影院。应该说，世界现代建筑运动在中国有限的城市中掀起了一阵波澜，以上海为中心，同时波及天津、南京、武汉等城市，北京、广州等城市只有零星现代建筑，这是当时的实际情形。

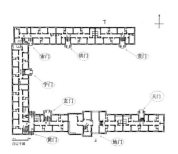

梁思成设计北大女生宿舍设计图：三层平面图

20世纪现代建筑在中国盛行与积极倡导者不无关系。一些先驱者通过报纸杂志的宣传，建筑教育的传授、倡导等等途径，对于现代主义建筑理论的广泛传播，起到推波助澜的作用。

范文照（1893—1979），1921年毕业于美国宾夕法尼亚大学，1927年在上海开设私人事务所，在起步时期与中国同时期其他建筑师一样，设计思想没有走出"复古"与"折中"的历史局限。随着20世纪30年代初现代主义的西风在上海刮起的时候，范文照立刻领悟到其先进性并进而转向积极提倡现代主义建筑思想。1933年初，范文照建筑师事务所加入了一位美籍瑞典裔建筑师林朋（Carl Lindbohm），他曾受教于现代主义建筑大师勒·柯布西耶、格罗皮乌斯及赖特等人，竭力倡行"国际式"建筑新法，范文照专门召开记者招待会将他介绍给上海建筑界，当时的报纸《时事新报》《申报》对林朋及"国际式"主张以及范文照与林朋的工程设计进行了连续报道。1933年下半年，范文照事务所又加入了一位年轻的台伙建筑师伍子昂（1908—1987），他1993年毕业于美国哥伦比亚大学获建筑学士学位，受到纽约各种新建筑思潮的强烈影响，范文照与林朋及伍子昂的合作，说明他确立了现代主义建筑设计的方向。1934年，范文照撰文对自己早年在中山陵设计竞赛方案中掺杂中国格式的复古手法表示了强烈反省，并提倡与全然守古彻底决裂的全然推新的现代建筑，他甚至提出了一座房屋应该从内部做到外部来，切不可从外部做到内部去这一由内而外的现代主义设计思想，赞成首先科学化而后美化。1935年下半年，范文照周游欧洲，更加强了他对欧洲现代主义建筑的认识，促使他完成了从思想到手法都彻底转向现代建筑。范文照设计的协发公寓（1933年）、集雅公寓、上海美琪大戏院是典型的现代建筑作品，对现代主义思想的传播起到重要作用。

如果说范文照对现代建筑的积极倡导是通过媒体传播影响了近代建筑界的话，那么另一些现代建筑的积极倡导者则是通过他们默默的设计创作及其作品对世人产生重要影响，这就是最多产也是现代建筑作品最多的建筑设计机构华盖建筑师事务所（由赵深、陈植、童寯组成）。华盖建筑师事务所成立于1932年，次年就建成了大上海电影院及上海恒利银行。大上海电影院外立面底层入口处用黑色磨光大理石贴面，中部有贯通到顶的8根霓虹灯玻璃柱，内部观众厅设计亦采用流线型装饰，被当时舆论誉为"醒目绝伦、匠心独具的结果"。上海恒利银行屋内外采用天然大理石和古色铜料装饰，外墙面贴深褐色面砖，并以假石面饰作垂直线条处理，当时被称为十足德荷两国最近之作风。此后又有上海合记公寓、懋华公寓、南京首都饭店（1934年）、浙江兴业银行（1935年）、昆明南屏大戏院（1940年）、上海浙江第一商业银行大楼（1947年）等一系列现代建筑出世，坚定地走向了现代主义的建筑之路。

中国最早的建筑留学生、中国建筑师学会创始人及会长庄俊（1888—1990），1935年9月在《中国建筑》上发表文章《建筑之样式》，对现代建筑推崇备至，他认为"摩登式之建筑，犹白话体之文也，能普及而又切用"，是"顺时代需要之趋势而成功者也"，前述上海大陆商场、上海孙克基产妇医院两例是他接受现代建筑思想、设计风格转向的力作。 梁思成（1901—1972），1931年进入中国营造学会后，在醉心于中国古建筑研究的同时，保持着对新的建筑思想的敏感，早在1930年获首选的《天津特别市物质建设方案》中就已表露出对洋灰铁筋时代特征的认识以及对现代建筑的基本观念的理解，他认为在新的时代，建筑式样大致已无国家、地方分别，各建筑物功用之不同而异其形式，应摒除一切无谓的雕饰，并认为此种新派实用建筑亦极适用于中国。梁思成对现代建筑的看法似乎比他同时代的建筑师更深一层。此后，在谈到"国际式"建筑时，梁思成阐述的其最显著特征便是由科学结构形成其合理的外表，并把中国古建筑的构架法与现代建筑进行比较，得出了它们的"材料虽不同，基本原则却一样"的结论，把两者都说成是正合乎今日建筑设计人所崇尚的途径。前述北京大学地质馆，北京大学女生宿舍，以及略加中国式细部装饰的北京仁立地毯公司铺面（1933年）便是。陆谦受、吴景奇在《我们的主张》一文中表明，一件成功的作品，第一不能离开实用的需要，第二不能离开时代的背景，第三不能离开美术的原理，第四不能离开文化的精神。

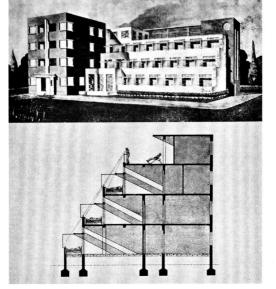

前述陆谦受的上海中国银行大楼以及陆吴的上海同孚大楼设计，正印证了他们对于一件成功的作品的观点，而其中平面布局中体现出的功能主义的思想正是他们现代建筑观念的由衷表达。李锦沛是当时一位多产的建筑师，虽然其建筑风格多种多样，但最终还是走上现代建筑的道路，他设计的上海广东银行（1934年）、南京新都大戏院（1935年）、杭州浙江银行（1935年）、上海武定路严公馆（1934年），表明了他也是一位现代主义的笃行者。此外，设计上海虹桥疗养院的奚福泉、设计上海百乐门舞厅的杨锡镠、设计上海恩派亚大楼的黄元吉筹建筑师都以他们的作品表明他们是20世纪中国现代建筑思想的积极倡导者及建筑创作实践者。

西方的现代建筑如同西方的电灯、电话、电影、汽车、飞机种种现代文明的产物一样，随着西方列强的入侵而传入中国，中国的建筑设计家努力学习外来的建筑思想和技术手段逐渐使中国的建筑设计由传统走向现代。中国的现代建筑设计就在这种由被动输入到主动吸取的过程中而得到确立和发展，这便是中国现代建筑设计回应西方辨证发展的互动过程。在这一过程中，中国现代建筑注意人为环境与自然、社会环境结合，建筑形态、建筑情态、建筑生态三位一体，全球化与地域性文化既矛盾又统一的生存智慧等理念是对世界的杰出贡献。

（本文部分图片由殷力欣提供）

奚福泉设计上海肺病疗养院

Brief Introduction to Benxi Coal Mine (Benxi Coal and Iron Company)

本溪煤矿（本溪煤铁公司）概略

马昆明*（Ma Kunming）

内容提要： 坐落在中国辽东半岛沈丹铁路线中段上的本溪煤矿（本溪煤铁公司）是一座拥有112年历史的煤矿，为推动我国东北地区早期工业化进程，具有特殊意义，现今遗存大量的工业建筑遗产。

关键词： 中日合办本溪煤矿（本溪煤铁公司）；历史作用

* 中国国家工业遗产保护项目名录第18序号"本溪湖工业遗产群"研究会筹委会召集人。

Abstract:

Located in the middle of the Shenyang-Dandong Railway line on China's Liaodong Peninsula, Benxi Coal Mine (Benxi Coal and Iron Company) is a 112-year-old coal mine.Benxi Coal Mine has made indelible contributions and left behind a large number of industrial architectural heritage.

Keywords: Benxi Coal Mine (Benxi Coal and Iron Company) with Joint Chinese and Japanese Capital; Historical Role

第一洗煤楼历史照（1915年建成）

第一洗煤楼现状照

1号炼铁高炉历史照（1913年建）

正在修缮的1号炼铁高炉

本溪煤矿（本溪煤铁公司）坐落在中国辽东半岛沈丹铁路线中段上的辽宁省本溪市，是一座有112年历史的煤矿（原名本溪湖煤矿），在"去产能"的要求下停产，于2018年6月经辽宁省发改委下发文件予以撤销。这座始建于1906年1月1日、以盛产低磷低硫优质炼焦煤为誉的煤矿，历经清末、民国、伪满洲国和新中国，共出产原煤6582余万吨，洗精煤2500余万吨。

作为与本溪煤矿同时期建厂的本溪钢铁集团公司，历经了100多年连续生产经营以后，现在仍然"老鹤无衰貌"，历久弥坚，风华正茂，以中国500强上市公司的业绩，跻身于中国现代化大型钢铁联合企业前列，为中国的新世纪建设做出杰出贡献。

从1910年1月1日开始，在奉天都督赵尔巽，"东北王"张作霖、张学良父子与日商大仓喜八郎开发合作，实行中日合资合作体制，共同开发经营。作为日本入侵东北后所建立的第一个大型工矿企业，一个多世纪以来，本溪煤矿倍受国内外瞩目。

原中日合办本溪湖煤矿遗址大斜坑、洗煤厂及其附属设施，原中日合办本溪湖煤铁公司1号高炉、发电厂等及其附属设施，原中方政府合办人代表张作霖别墅遗址，原日方合办人大仓喜八郎遗发冢，原本溪湖煤矿竖井井塔及其附属设施，原本溪湖火车站等等，皆被列为"本溪湖工业遗产群"国家第一批第18序号保护项目而完好保存。

鉴此，兹刍议如下。

一、企业名称

中日本溪湖商办煤矿有限公司，后更名为中日合办本溪湖煤铁有限公司。

二、企业地址

原奉天省本溪县，现辽宁省本溪市。

三、创办时间

（1）《中日合办本溪湖煤矿矿合同》签约时间：1910年5月22日。约定：自1911年1月1日起，双方执行30年。

（2）《中日合办本溪湖煤铁有限公司合同》签约时间：1911年10月6日。约定时间同上。

（3）实际执行时间：到1931年9月18日。日本公开侵占中国东北地区，公司中方股东代表张学良撤离东北。10月20日，日本军队占领本溪湖煤铁公司办公机关"小红楼"，驱赶中国管理人员，宣布公司为日方独占，中日合办合同强行被终止。

因此，中日合资合办实际时间为20年零10个月。

本溪湖煤铁公司历史照（1912年）

正在修缮的本溪湖煤铁公司旧址

四、合资合办主要内容

《中日合办本溪湖煤矿合同》规定：从1911年1月1日起，将成立于1906年的"本溪湖大仓炭矿"更名为"中日本溪湖商办煤矿有限公司"，为中日双方合办，正式运营；公司总资本为200万元（北洋银元），中日双方股金各半；中方以本溪湖煤炭资源作价35万元，另缴股金65万元；日本大仓财团以投入的"大仓炭矿"机械设备等折价100万元；公司决策权归股东大会；公司管理体制是股东大会领导下的"总办"负责制；公司经营领导层设"总办"二人，中日双方各任一人。中方总办巢凤岗，为中方股东东北三省都督赵尔巽委派；日方总办岛冈亮太郎，为日本股东大仓喜八郎委派；因为主权在中国，中方股东另增设公司"督办"一人，由奉天当局委派兼任；中方股东资本金为官股，日方股东大仓财团资本金为商股；公司管理层人员的使用，由中、日股东协商，各占一半；公司所雇用开矿工人，以中国人为主；公司必须按月缴纳出井税（即营业税）和占红利25%的报效金（即所得税）。

1911年1月1日，举行合办仪式，公司下设秘书科、经营部、矿业部三个部门，即日开始工作。

9个月后，因扩大生产、经营需要，于10月6日再次签订补充合同，为《中日合办本溪湖煤矿有限公司合同附加条款》。《附加条款》规定：自1912年1月23日起，本溪湖煤矿有限公司改名为中日合办本溪湖煤铁有限公司；除采煤外，兼办采（铁）矿、制铁事业；再增加炼铁部，资金投入北洋银元200万元，中日各半，分三年筹缴；职工、工人、矿伕、矿伕头，概用中国人。

调整公司机构为：秘书科、营业部、制铁部、采炭部、机械科、修筑科。

合同分为定名、宗旨、资本及股金、总办与督办、股东会议、查账员、预算与结算、附则，共9章30条；事务细则6章84条。

本溪湖火车站历史照（1905年）

本溪湖火车站旧址现状照

湖山医院历史照（1916年）
（现存遗址 解放军第二野战医院创地）

1号炼铁高炉卷扬机照（1915年德国产）

中日合办本溪湖煤铁公司日方第一任总办岛冈亮太郎（1910年）

中日合办本溪湖煤铁公司中方第一任总办巢凤岗（1910年）

中日合办本溪湖煤铁有限公司合同（1910年）

中央大斜井皮带减速机（1938年日本产）

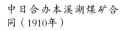

中日合办本溪湖煤矿合同（1910年）

张作霖题词（1920年）

1906年与鲁迅合作编著出版中国第一部矿产著作《中国矿产志》，并著有《中国十大矿厂调查记》，均详细叙述本溪湖煤铁矿产

孙中山先生1919年编著《建国方略》

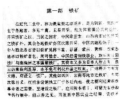

《建国方略》描述中国两大炼铁厂即汉阳炼铁厂和本溪湖炼铁厂

1949年7月本溪湖煤铁公司恢复生产，中共中央和中央军委为大会题词，中共中央东北局、东北行政委员会发来贺电

五、遗址情况

本溪湖工业遗产群文物遗址名单

序号	名称		年代	数量	完残情况	级别	备注
1	本钢一铁厂旧址	1号炼铁高炉系统	1913-1914年	包括上料、炉体、热风炉、出铁场	完整	国保	热风炉1913年动工
		炼焦炉系统	1924年	包括炉体、地下设施、熄焦室、烟囱	炉体顶部残缺	国保	
		第一洗煤楼	1915年	主楼附楼洗煤池	完整	国保	楼内设备齐全
2	本钢第二发电厂	冷却塔	1936年	2座	1个残缺	国保	
		发电车间	1936年	1座	残缺	国保	内设早期电梯
3	本溪煤矿中央大斜井	主体系统	1910年	包括巷道、输煤通廊、绞车房、选煤楼、矿灯房、日式洗澡堂、风机房、修理车间、变电所	完整	国保	风机房为李兆麟创建中共本溪特支地，矿灯房为"八二三"大罢工暴发地
		职工浴池	1978年	3层楼	完整	未定	
		肉丘坟（矿工遇难墓）	1942年	包括坟茔、纪念碑、挡护墙	完整	国保	当时世界最大矿难
4	本溪煤矿第四坑口		1918年	包括小矿车隧道和修理车间	完整	未定三普遗址	
5	彩屯煤矿竖井		1938年	包括井塔及附属设施	完整	国保	当时亚洲最大竖井
6	本溪湖煤铁公司旧址		1912年	1座	完整	国保	
7	本溪湖煤铁公司事务所旧址		1921年	包括门岗室、地下室	完整	国保	"特殊工人"武装暴动地
8	中央工场		1910年	包括本钢机修车间、电修车间	完整	未定	新发现
9	本溪煤矿卫生所		1916年	1座	稍残缺	未定	新发现
10	湖山医院遗址		1916年	1处	地基	未定	解放军第二野战医院创建地
11	湖山俱乐部		1911年-1921年	1座	剩余残墙	未定	新发现
12	劳工棚		1911年-1921年	2座	完整	区保	
13	南山俱乐部		1911年-1921年	1座	剩余残墙	未定三普遗址	
14	印刷厂		1911年-1921年	1座	稍残缺	未定	新发现
15	本溪湖火车站		1905年	包括候车室、地下室	完整	国保	
16	张作霖别墅		1921年	包括俱乐部	完整	国保	东北师范大学旧址
17	本钢石灰石矿		1915年	1座	完整	未定	新发现
18	大仓喜八朗遗发家		1934年	包括台阶	残缺	国保	文革时期被炸毁
19	鹤友俱乐部（名称来自大仓喜八朗笔名鹤彦）		1912年前后	包括锅炉房	完整	未定三普遗址	煤铁公司历届董事会召开地，1946年辽宁省委分委旧址
20	炮台山碉堡群		日伪时期	7座	残缺	市保	防御一铁厂和安奉铁路大桥

本溪湖工业遗产群500米范围内其他文物遗址

序号	名称	年代	数量	完残情况	级别	备注
1	柳塘冶铁遗址	明清	1处	残缺	新发现	大量坩埚碎片
2	本溪湖慈航寺	清代	1处	完整	市保	
3	本溪湖怪石洞古人类遗址	青铜汉代	1处	完整	未定三普遗址	洞长900米青铜时代石刀石斧陶器，战国至汉代初期铁戈铁削
4	诚忠山凉亭和塔柱	日伪时期	1处	残缺	未定三普遗址	诚忠山为当时日本人公园
5	藏龙庵	1921年	1处	完整	市保	
6	本溪湖清真寺	清代	1处	完整	市保	
7	日本洋街道	1912年前后	1条	完整	未定三普遗址	楔石铺设长约100米、宽约5米
8	本溪湖红土岭基督教堂	清代	1座	完整	未定三普遗址	
9	安奉铁路大铁桥	1909年	包括桥头碉堡	完整	未定三普遗址	
10	太子河公路大桥	1937年	1座	完整	未定	新发现
11	彩屯红石砬子防御要塞	日伪时期	1处	完整	未定	新发现贯穿整个山脊
12	弘文(溪湖民族文化宫)	1937年	1处	完整	未定	新发现

本溪湖工业遗产群部分文物设备名单

序号	名称	年代	数量	完残情况	级别	备注
1	焦炉煤交换机	1932年	1台	外观完整内部零件缺失	未定	日本产
2	汽轮鼓风机	1926年	3组	基本完整	未定	德国产
3	电动熄焦车（导焦电车）	1932年	1台	完整	未定	日本产
4	电力机车	1950年前	1台	外观完整内部零件缺失	未定	德国产
5	东方红机车	1986年1992年	2台	机车整体保存完整、内部零件缺失	未定	
6	卷扬机	1930年前后	3台	完整	未定	日本产第一洗煤楼
7	自卸铁水罐车	1950年1980年	3台	保存完整 表面生锈	未定	
8	钢包罐车	1970年	10台	保存完整 表面生锈	未定	
9	日式组合保险柜	20世纪30年代	2个	保存完整	未定	
10	日式单体保险柜	20世纪30年代	1个	保存完整	未定	
11	牵引电机	不详	1组	外壳保存完整（包括工具箱、电机、卷扬机）内部零件缺失	未定	
12	牵引电机	不详	1台	保存完整	未定	
13	电动机	20世纪30年代	1台	保存完整	未定	日本产
14	变压输电器（配电盘）	1938年	1组	保存完整 仍在使用	未定	日本产
15	滚筒式洗衣机	20世纪30年代	1台	保存完整 仍在使用	未定	日本产
16	输煤通廊转向机组	20世纪30年代	1组	保存完整 仍在使用	未定	日本产
17	输煤通廊减速机外壳	20世纪30年代	1组	仅为外壳无内部零件	未定	日本产
18	小火车车头	20世纪30年代	3台	外壳完整 内部零件缺失	未定	
19	小火车车头	20世纪30年代	7台	外壳完整 内部零件缺失	未定	德国产
20	木质工作台	中华民国	1套	基本完整（12个抽屉，11个完整，1个缺失）	未定	
21	车床	20世纪50-70年代	4台	保存完整	未定	
22	输煤皮带电动机	20世纪30年代	1台	保存完整 仍在使用	未定	日本产
23	有轨井下运人车	近现代	1组	保存完整 仍在使用	未定	
24	地面窄轨	20世纪30年代	1组	部分拆除	未定	长约300米

A Relic of History:
A Visit to the Old Site of the Sino-French University

历史的遗迹
——探访中法大学旧址

宁义忠*　苏月平**（Ning Yizhong，Su Yueping）

* 中法大学旧址修缮项目经理。
** 中兴文物建筑装饰工程集团有限公司文物修缮事业部副总经理。

摘要：古建筑的风格展现历史价值，中法旧址名人事迹展现国际社会价值，院落整体布局体现建筑艺术价值。天子脚下皇城根旁中法大学旧址印证着中法两国建交多年的历史意义，旧址完整地保留蕴含着无限的生机，为以后中法交流发挥重要作用。追溯历史遗迹，展现工匠技术，创造历史文化，宣传名人事迹，再次用"瓦木油石"为中法旧址增添价值。

关键词：历史价值；社会价值；艺术价值；刻石；旧址

Abstract: The style of the ancient building shows the historical value, the deeds of celebrities of the old Chinese and French sites show the value of the international community, and the overall layout of the courtyard reflects the value of architectural art. The old site of Sino-French University next to the foot of the imperial city confirms the historical significance of the establishment of diplomatic relations between China and France for many years, and the complete preservation of the old site contains infinite vitality, which will play an important role in future exchanges between China and France. Trace historical sites, show artisan techniques, create history and culture, publicize celebrity deeds, and once again add value to the old sites of China and France with tile oilstones.

Keywords: Historical value, social value, artistic value, carved stone, old site

都市是一部用瓦木油石写成的历史，对于北京这座具有3 000多年建城史和800多年建都史的历史文化名城而言，在快速的发展过程中，如枯木逢春，焕发了勃勃生机，中法大学旧址是这座都市中不可缺少的一部分。继承和发扬着"传承古建精髓，永创古建精品"的中兴文物建筑装饰工程集团有限公司匠人们，用瓦木油石四大元素营造着中法大学旧址修缮工程，希望以"历史的遗迹"为题材，用一个个精品工程，详细记录她的发展及演变，带你体验这座院落的沧桑巨变，同时也感受着巨变下的那永恒不变的古代建筑带给你新的历史。

我们来通过一张老照片了解中法大学旧址的历史、社会、艺术价值。

1. 地理位置

一座有着中式风貌，略带西式风格的建筑矗立在北京市东城区北皇城根北街，建筑的北侧坐落着一处古色古香的院落，历史的遗迹中渗透着中西建筑元素文化结合的韵味，这就是历史上中法大学校部所在地旧址。现保存完好的建筑，也是我们后期修缮的：教学楼、西大门、连房、礼堂、附属楼。南北倒座房、北配房是后期增加的建筑。

2. 历史沿革

根据历史记载只能追溯到清朝末年，中法大学旧址的前身为理藩部衙门驻地，分管藏、外蒙的外交事宜，先保存完整的建筑西大门就是那个时期的作品；再追溯民国9年就是中法大学旧址的建立，发起者以勤工俭学的蔡元培先生为主，李少曾设计师采用中西结合的建筑结构进行设计，1926年建成。资金来源按现在的话语来说是庚子赔款。同一时期在

中法大学旧址

法国也有一所中法大学海外部，是姊妹学校，校名：里昂中法大学。

3. 建筑风格

中法大学旧址院落坐东朝西，大门为带八字墙影壁的单层中式砖木建筑，面宽三间，大式硬山筒瓦顶，明次间为敞开式大门；中式传统风格的大门映衬着中西合璧的校舍，显得格外雄伟壮观，教学楼地上3层、局部塔楼4层、地下1层，砖混结构，地上三层成平面对称布置，沿街有单独出入广亮的大门。雄伟高大的教学楼也遮掩不住大跨度高楼层的礼堂构造，钢筋混凝土框架与钢结构组合，在那个时期没有现在先进技术预应力的情况下，营造18米跨度的钢筋混凝土梁，百年不显下挠，算得上一个优质工程。

接下来再看现在的中法大学旧址。

1. 文物级别

原中法大学旧址——是由一座三层西式灰楼和北部一群传统建筑组成，1984年被列为北京市市级保护单位之一。历经岁月的洗礼，中法大学的建筑依然保留着她原有的姿态。无论周围环境如何变化，她依然屹立不倒，威严挺拔，她是城市建设的见证者，也是中法友谊的缔造者，更是北京皇城根脚下古建筑的历史遗迹。中法大学旧址处于北京市轴心地区，毗邻中国美术馆、故宫博物院、老北京大学红楼、《求是》杂志社等一大批国家文物地标性建筑群，是北京二环内融合了东方皇城经典文化和西方创新思想的、独一无二的百年院落。经过近百年的变迁，这群建筑先后为研究所、工厂、校学院等作为房舍，其内部结构及构建原封不动地保留下来了。

2. 建筑本体的保护

（1）办公楼北入口

现状：纯木结构办公楼北入口抱厦经过百年的风吹雨打，木制构建已糟锈严重，台明石已残缺丢失严重。

修缮：补配台明石，糟腐严重的柱子进行墩接。

（2）西大门

现状：屋面瓦经过多年的查补、局部挖补、抽换底瓦和更换盖瓦、筒瓦捉节夹垄、筒瓦裹垄，已不能采取修补的方法进行施工。

修缮：残损瓦件添配，挑顶施工。

（3）南、北倒座房

现状：房产单位根据本单位需求，近代自建的房屋，由于对古建筑营造方法的知识欠缺，当时设计梁架结构为人字柁构造。

修缮：根据古建筑制式要求应改为5架梁抬梁式结构。

（4）连房抱厦

现状：经过40年的冬雪夏雨的腐蚀，已出现屋面大面积漏雨，造成椽望、檩、梁不同程度的糟朽，屋面瓦残损严重。

修缮：在不改变文物结构现状的前提下，进行腐朽大木构件的更换，添配残损瓦件。

（5）院内陈设

院内有一座汉白玉石碑，已有70年的历史。石碑为长方柱形三面刻

1984年被北京市文物局定位市级文保单位

西大门（古建筑）　　　　　连房抱厦（古建筑）

南倒座房（古建筑）　　北倒座房（古建筑）　　北配房（古建筑）

礼堂（近代建筑）　　办公楼（近代建筑）　　附属楼（近代建筑）

西大门屋面1　　　　　　　西大门屋面2

南倒座房梁架

南倒座房梁架油饰

连房抱厦梁架

连房梁架

连房还梁架

连房屋面瓦

院内石碑

孙中山礼堂遗嘱

遗嘱刻石

礼堂西墙布

平券

修缮后的教学楼

修缮后的北倒座房

北配房

文立式碑，碑身高79厘米，宽厚均为25厘米，碑座高20厘米，边长均为55厘米。碑面刻有"中法大学文理哲三院一九三一年毕业纪念及23人姓名，中华民国二十七年七月一日立"。施工前，我们对它进行了成品保护措施：碑座用防水卷材进行了包裹，四边外砌120宽防撞墙体，顶部覆盖页岩砖，然后进行水泥砂浆抹面；碑身采用移挪的方法。

（6）孙中山礼堂遗嘱刻石

拆除礼堂室内后期增加的临时轻钢龙骨隔断时，发现礼堂室内东墙上有一处镶嵌于墙内的刻石，上刻《总理遗嘱》，长4米，高1.2米。根据有关资料的查询，孙中山总理的追悼会在这里是一个分点。这块遗刻石是合适刻在这的，没有资料记载。这块刻石是否有修复的价值，有待官方定。

（7）礼堂西墙布

拆除礼堂室内后期增加的临时轻钢龙骨隔断时，发现礼堂室内西墙上镶嵌一处花色布料，在中法大学旧址的档案资料中也是一个漏点。北京市文物局已组织专家进行了一次论证，是否有再次论证修复及保存的价值，有待官方批示。

（8）砖券

中法大学旧址从老照片中也能看出，好多门窗洞口上砌的砖券，券有平、梳、圆之分。古代在没有钢筋混凝土的情况下，怎样砌平券的呢？

都市不仅是横向空间的存在，也是纵向历史长河的存在。从都市的建成、发展、繁荣至衰败，都市中的每一座建筑一直见证着都市的发展变迁，记录着都市的历史遗迹。正如中法大学这座古老的院落见证了中法百年的交流，在新的事物不断涌现的今天，庆幸在多方的努力下，仍然可以通过一些老建筑感受历史的沉淀。这些老建筑中一部分作为遗产被保护下来，还有一部分被人们所忽视，在都市建设过程中被拆除及破坏。如何让这些有历史价值的古老建筑重新焕发光彩，是我们思考的问题，这需要多方的努力。一是充分挖掘古老建筑的自身价值，利用其在历史上的重要作用及功能，结合所在地域的环境特点，使其历史价值充分显现。二要最大限度地保护其风貌特色，要以现有的风貌特色为基础，对其合理地开发及利用。三要以新的开发视角使其重获新生，古老的建筑要适应城市发展的需求，自我功能的更新，利用历史价值开发新的功能，是使其焕发新生力量的一个必要途径。

正如今日的中法大学旧址，这座皇城根北街上的一处古老院落，她印证着中法交流的百年历史，但走近她，你会发现，这座古老的院落蕴含着无限的生机，在现在的中法交流中也依然发挥着重要的作用。我们不仅仅只关注着城市中古老建筑的存在，更应该把其放在一个时间历史的长河中来思考现实中的定位，相信未来城市中的古老建筑会以一个古老的风貌诉说着新的历史。

北配房

连房抱厦修缮前

连房抱厦修缮后

20th-century World Fine Architecture 1,000 Series: My First Encounter with the Works Opening the Window of the 20th Century Architectural Classics to China

《20世纪世界建筑精品1000件》大系
——向中国打开全球20世纪建筑经典之窗的著作初读印象

CAH编辑部（CAH Editorial Office）

2019年12期《建筑设计管理》上，笔者曾写有《纪念UIA〈北京宪章〉20年的思考与联想》一文，在回眸1999年第20届世界建筑师大会北京会议的诸多贡献后，分析《北京宪章》至今给中外建筑界的影响力，无疑《北京宪章》应成为有建筑文献遗产价值的当代纲领。作为第20届世界建筑师大会留给国际建筑师的学术礼物，正如建设部设计局老局长、中国建筑学会原副理事长张钦楠先生所言："1995年为配合1999年UIA大会，中国建筑学会聘任美国哥伦比亚大学建筑、规划与文物保护研究生院威尔讲座教授，国际建筑评论家协会前主席弗兰姆普敦和我本人出任《20世纪世界建筑精品集锦（1900—1999）》（十卷本）的正、副主编。在中国建筑工业出版社支持下，聘请了12名国际知名建筑家为各卷编辑，各国60余名建筑师按世界十大地区，选择了20世纪1 000项代表作品成书。"该书系打破了当今一些类似丛书侧重于欧美日等国建筑的倾向，成为真正覆盖全球建筑的完整记录，已先后获得国际建协、国际建筑评论家协会乃至中国的诸项优秀图书奖等。值得说明的是，为开启全球对20世纪经典建筑的认知，为中国建筑师对20世纪建筑遗产的传承与利用，在年逾九十周岁的张钦楠老局长主持下，生活·读书·新知三联书店以特有的气魄与胆略，于2020年9月出版了该书系的中文普及版。2019年9月见到张局长时，他已表述过这套大系正在三联书店运作中，他认为鉴于20世纪世界建筑发生了由传统转向现代的巨大变化，其历史意义远超过一个世纪的历史记录，现在新版书名为《20世纪世界建筑精品1000件》。如果要问百年前的世界建筑带给今人什么，世纪建筑的遗产精神何以影响着当代，绝不仅仅是因为建筑历史学家有传承的恒久当代观，而在于这些经典建筑作品，虽看上去时过境迁，但细细品味不仅其理念与技法直击人心，更让当代建筑师体味到它们不是遥不可及，而恰似今日的作品，它们确可唤醒一代代城市与建筑的设计学子，这里有建筑与人，自然与人的一个个伟大的创作与文明的博弈。正如国际建筑评论家协会（CICA）对该书系的评介："这十卷本的作品是对全世界当代建筑的范围广阔的研究，把大量的实例收集在一起……它提供了一项可持久的记录，并以其多样性、质量、全面性而受到嘉奖。"我是2020年10月初由该书的责任编辑唐明星获赠该书的，经过近一个月的认真研读，仅从它对全球20世纪建筑遗产的贡献看，它无愧为20世纪世界建筑的断代史诗，也是国际建筑界20世纪里程碑式的巨著。以下的阅读印象仅仅是初步的，但我以为这是每一位有志向的当代建筑学人必读之书，这一课应该"补上"。

一、《20世纪世界建筑精品1000件》的概览

如果从建筑作品的创作看，20世纪全球建筑精品千件乃各个"自带魅力"的不同典型，但从当下日益关注的"以人为本"的建筑与城市的人文性出发，不少作品已融汇着东西方及其文史哲，自由创作，以思为纲，纵横捭阖的设计比比皆是。我相信，该书无论是建筑师还是文化人士都会沉浸其中，陶然忘归。以

第一卷　　　　　　　第二卷　　　　　　　第三卷　　　　　　　　　　第四卷　　　　　　　　　　第五卷

第六卷　　　　　　　第七卷　　　　　　　第八卷　　　　　　　　　　第九卷　　　　　　　　　　第十卷

下为全书十卷本按要点归纳的点滴感悟。

第1卷——北美。建筑评论家和史学家R.英格索尔以《建筑，消费者民主和为城市奋斗》为题作了综合评论，列举了美国与加拿大的绝大多数有代表的20世纪项目。评论从芝加哥博览会的景观园艺是美国最早的城市公园支持者F.L.奥姆斯特德的最后设计之一起，介绍了城市美化运动、摩天楼风格等。在分析欧洲现代主义在新世界来临时，给了建筑师F.L.赖特这位美国的英雄很大的篇幅，赖特一生700余项设计，体现了他不断探索几何学、技术、材料和连接空间形成的技巧。多伦多的建筑师R.汤姆在20世纪60年代为其学院校园的设计就很接近赖特装饰性草原风格的变体。该评论还特别分析了1964年纽约宾夕法尼亚车站被极为遗憾的拆除后，历史保护运动的兴起以及对历史建筑的新尊重。

项目示例：富勒（熨斗）大厦（美国纽约，1901—1903），温莎火车站扩建（加拿大蒙特利尔，1900—1906，1909—1913），流水别墅（美国熊跑溪，1935—1936），格罗皮乌斯住宅（美国林肯市，1937），B.C.宾宁住宅（加拿大西温哥华，1941），联合国总部（美国纽约，1947—1953），古根海姆博物馆（美国纽约，1943—1959），杰佛逊国土扩张纪念碑（美国圣路易斯，1947—1968），多伦多市政厅（加拿大多伦多，1961—1965），国家美术馆东馆（美国华盛顿，1968—1978），越战纪念碑（美国华盛顿，1982），加拿大建筑中心（加拿大蒙特利尔，1986—1988），百年综合体·美国遗产中心和艺术博物馆（美国拉勒米，1986—1993）；

第2卷——拉丁美洲。涵盖地区墨西哥，中，南美洲国家。本卷综合评论由阿根廷布宜诺斯艾利斯国家美术馆馆长J.格鲁斯堡完成，他从1978年就任国际建筑评论家协会会长。拉丁美洲33个国家的领土面积2 070多万平方公里，人口总数超5.62亿，最大的国家是巴西。勒·柯布西耶于1929年第一次访问美洲，他的阿根廷和巴西之旅看作拉美理性主义时代的开始，其讲座汇编的《准确》著作，1930年在巴黎出版，促使不少拉美建筑在设计中都反映出意想不到的独特表现力。尼迈耶（1907—2012）是拉美建筑师协会的元老，他的名字与巴西利亚紧密相连，这座城市于1960年4月21日成为巴西的新首都。

项目示例：国家美术学院（巴西里约热内卢，1904），国民议会（阿根廷布宜诺斯艾利斯，1906），众议院（墨西哥墨西哥城，1910），海关总署（哥伦比亚巴兰基亚，1920），卡瓦那格公寓大楼（阿根廷布宜诺斯艾利斯，1936），潘普利亚娱乐中心（巴西贝洛奥里藏特，1943），库鲁谢特住宅（阿根廷拉鲁拉诺，1954），巴西利亚城市建设（巴西巴西利亚，1960），加拉加斯大学城（委内瑞拉加拉加斯1944—1966），拉美经济委员会大楼（智利圣地亚哥，1966），胡利奥·埃拉雷与奥贝斯仓库（乌拉圭蒙特维的亚，1978），利马信贷银行（秘鲁利马，1988），神鹰之家（智利圣地亚哥，1995）等；

第3卷——北，中，西欧洲。涵盖除地中海地区与俄罗斯之外的欧洲国家。本卷综合评论有两位德籍主编W.王和H.库索利茨赫完成，他们均在建筑设计与建筑保护及文博方面有贡献。评论认为，19世纪以来，建筑物的耐久性与可适应性是两项标准，但事实上建筑的质量在下降，可贵的是，这卷选择的100座建筑已经展示了20世纪建筑的经典图景以及一些知名度尚低的实例。在阐述评选准则时，瑞典哥德堡查默斯理工大学建筑理论与历史教授，《瑞典建筑评论》编辑C.卡尔登比认为，不应使项目均匀分布在各个国家，优秀新颖和影响力大的要优先于典型的，具有真正的建筑成就价值和社会意义的，同时要有在时代、地区文化和美学上的代表性。

项目示例：格拉斯哥艺术学校（英国格拉斯哥，1896—1899/1907—1909西侧），市政厅（瑞典斯德哥尔摩，1902/1908—1923），火车站（芬兰赫尔辛基，1904，1911—1919），AEG汽轮机厂（德国柏林，1908—1909），法古斯工厂（德国阿尔菲尔德，1911—1913），世纪纪念堂（波兰弗罗茨瓦夫，1912—1913），赫拉德齐内城堡（捷克布拉格，1920—1931），魏森霍夫住宅区（德国斯图加特，1925—1927），卡尔—马克斯—霍夫住宅区（奥地利维也纳，1927），图根哈特别墅（捷克布尔诺，1928—1930），奥胡斯大学（丹麦奥胡斯，1931/1935—1941），玛丽亚别墅（芬兰沃尔马库，1937—1939），老绘画陈列馆重建工程（德国慕尼黑，1946—1973），圣安娜教堂（德国迪伦，1951—1956），柏林爱乐音乐厅（德国柏林，1956，1960—1963），路易斯安那博物馆（丹麦胡姆勒拜克，1958—1991），奥林匹克运动场（德国慕尼黑，1967—1972），海德马克大教堂博物馆（挪威哈马尔，1968—1988），新议会大厦（法国波恩，1972,1987—1992），犹太人博物馆（德国柏林，1989,1991—1998）等；

第4卷——环地中海地区。涵盖阿尔巴尼亚、阿尔及利亚、法国、希腊、意大利等近20个国家。1994年出任苏黎世瑞士高等工业大学教授V.M.兰谱尼亚尼做了综合评论，他认为欧洲的文化，包括建筑文化在内迎合了20世纪一系列变革与创新，这里有1889年F.杜特等设计的机械馆在巴黎世界博览会上展出钢结构的里程碑，也有同年G.埃菲尔设计建造的埃菲尔铁塔的影响力。其论及的20世纪40年代朴素的典范和理想世界的观点，尤其对当下建筑界有借鉴作用，如①建筑物需与环境协调，设计与场所精神紧密结合；②尺度必须能驾驭，考虑"人的尺度"，大型建筑物应当化解以避免纪念性；③应用天然的建材，如砖、石头、木材，尽量不采用"高贵""人工"的材料如钢、铬、大理石及大面积玻璃；④建造方式和结构细部表现手工艺传统，原则否定工业化生产；⑤形式语言根植于地域传统或加强其表现力等。针对如何选择100个项目，M.德.米凯利斯，这位威尼斯建筑大学建筑历史教授，汉堡艺术大学及魏玛包豪斯大学教授认为，地中海地区的100项建筑的兴衰更多地受到欧洲建筑的影响，如新艺术运动影响下的高迪建筑创作，意大利的理性主义建筑在20世纪20年代出现，比欧洲的"新建筑运动"晚了十年。对此，勒·柯布西耶认为，"地中海特色"是新世纪新建筑的基本要素之一。在实例中，西班牙31项，法国29项，意大利26项，葡萄牙5项，希腊和斯洛文尼亚各3项，阿尔及利亚2项，埃及1项，它们在文化的积淀中遨游，使多元文化的地中海地区成为历史上希腊——拉丁文化的摇篮。

项目示例：圣胡斯塔升降机塔（葡萄牙里斯本，1900—1902），富兰克林路公寓（法国巴黎，1904），巴特洛住宅（西班牙巴塞罗那，1906），香榭丽舍剧院（法国巴黎，1913），圣家族大教堂（西班牙巴塞罗那，1883—1926），菲亚特汽车厂（意大利都灵，1915—1928），巴塞罗那博览会德国馆（西班牙巴塞罗那，1929，同年被拆），萨伏伊别墅（法国普瓦西，1931），卢布尔雅那的三联桥（斯洛文尼亚卢布尔雅那，1929—1931/1931—1932），马赛公寓（法国，1952），新罗马议会大厦（意大利罗马，1954），朗香教堂（法国朗香，1955），"法国风土"住宅群（阿尔及利亚阿尔及尔，1954—1957），皮雷利大厦（意大利米兰，1956/1961），威尼斯双年艺术展园北欧馆（意大利威尼斯，1958/1958—1962），巴里斯新城（埃及哈里杰绿洲，1967），米罗基金会馆（西班牙巴塞罗那，1968—1975），蓬皮杜国家艺术和文化中心（法国巴黎，1971—1977），昆塔·达·马拉古伊拉住宅区（葡萄牙埃武拉，1977），圣卡塔尔多墓园（意大利摩德纳，1976—1985），拉维莱特公园（法国巴黎，1982，1988—1998），萨拉曼卡议会宫（西班牙萨拉曼卡，1992），拜占庭文化博物馆（希腊塞萨洛尼基，1977/1994），萨贡托古罗马剧院修复（西班牙萨贡托，1995）等。

第5卷——中，近东地区。涵盖伊朗、巴林、以色列等15个国家。1947年出生于印度，1994年9月起任麻省理工学院建筑系访问副教授且担任阿卡汉建筑奖召集人的本卷主编，H.U.汗提供了综合评论。他认为现代建筑在20世纪初在发达国家登场，但20世纪50年代才融入地方主义，他的分析强调了以建筑表达特征，从殖民主义到多元论的足迹。如20世纪的伊拉克建筑风格就概括地体现在首都巴格达的建设中，1917年英国占领伊拉克到1930年代前，英国建筑师设计了绝大多数伊拉克公共建筑。在中东地区人们信奉"建筑具有对环境和社会的塑造力"，建筑师都在努力用作品追求反映文化和社会特性，而不赞同无特性的"全球"建筑的综合性。

项目示例：埃米尔宫（改建为国家博物馆）（卡塔尔多哈，1901/1972），中央邮政局（土耳其伊斯坦布尔，1907—1909），火灾难民公寓（土耳其伊斯坦布尔，1919—1922/1985—1987改建），阿色姆宫博物馆（改造）（叙利亚大马士革，1922—1936/1946—1954/1962—1983），恩格尔公寓（以色列特拉维夫，1930—1933），展览馆（现为国家歌剧院）（土耳其安卡拉，1933—1934），哈达萨大学医学中心（耶路撒冷，1936—1939），萨达姆·侯赛因体育馆（伊拉克巴格达，1956—1980），巴格达大学（伊拉克巴格达，1958—1970），以色列博物馆（耶路撒冷，1959—1992），疗养院（现为旅馆）（巴勒斯坦太巴列，1965—1973），国民大会堂（科威特科威特市，1972—1983），大马士革大学建筑系馆（叙利亚大马士革，1974—1980），哈莱德国王国际空港（沙特拉伯利雅德，1975—1977），费萨尔国王基金会（沙特阿拉伯利雅德，1976—1984），卡塔尔大学（卡塔尔多哈，1980—1985一期），螺旋公寓（以色列拉马特甘，1981—1989），迪拜博物馆（阿拉伯联合酋长国迪拜，1988—1994）等。

第6卷——中，南美洲地区。涵盖除第4卷之外的全部非洲国家。该卷综合评论由1927年生于德国什切青（现属波兰）的美国圣路易斯市华盛顿大学建筑系教授U.库特曼完成，他认为在非洲建筑史与历史一样，在过去的几个世纪一直受到误解。他早在1969年写道："更准确地研究非洲的需要将会产生一种新的方法论，这种方法论将会令人惊奇地接近欧洲或美国最先进的理论。"正如20世纪后几十年在那里建成的建筑范例所证明：已有迹象表明年轻的非洲建筑师所采取的方向是正确的，非洲对世界建筑学的特有贡献正在建立之中（无论是白人建筑师，还是非洲本土建筑师）。

项目示例：圣乔治大教堂（南非开普敦，1897—1957），大清真寺（马里迪杰尼，1907），开普顿大学（南非开普敦，1918），非洲人纪念大教堂（塞内加尔达喀尔，1923—1936），斯特恩住宅（南非约翰内斯堡，1934—1935），达累斯萨拉姆博物馆（坦桑尼亚达累斯萨拉姆，1934—1940），西非联合常设理事会宫（塞内加尔达喀尔，1950—1956），尼日利亚大学（尼日利亚伊巴丹，1959—1960），皇冠律师事务所（肯尼亚内罗毕，1960—1979），马沙瓦家族教堂（莫桑比克马沙瓦，1962—1964），海岸教大学社会中心和学生会堂（加纳海岸角，1964—1967），赞比亚大学（赞比亚卢萨卡，1965—1968），兰德非洲人大学（南非约翰内斯堡，1968—1975），国际商用机器公司（IBM）约翰内斯堡总部大楼（南非约翰内斯堡，1982—1985），法院（尼日尔阿佳德慈，1982），斜街11号大厦（南非约翰内斯堡，1982—1985），加纳国家剧院（加纳阿克拉，1985—1992），和平圣母大教堂（科特迪瓦亚穆苏克罗，1986—1989），约翰内斯堡体育场（南非约翰内斯堡，1992—1995）等。

第7卷——俄罗斯·苏联·独联体。涵盖俄罗斯、白俄罗斯、乌克兰等12个国家。综合评论由1992年俄罗斯建筑协会主席格涅多夫斯基完成，他认为在苏联模式思想体系下，建筑师们不止一次使自己的艺术作品成为抽象理想的牺牲品，不少类型的作品均可视为建筑师"社会性创作"的实际例证。20世纪初现代主义的奠基者仅仅看到了建筑的目的在于从总体上为整个社会服务，20世纪末再次要求建筑师拒绝那种凌驾于各民族不同生活和文化形式之上的建筑。俄罗斯建筑科学院建筑与城市研究所所长海特指出，选择的名单不是对20世纪本土建筑历史的补充，而是一份独立的、非历史的文献，作品的艺术品质更为重要，而非这件作品属于什么流派。

项目示例：都市旅馆（俄罗斯莫斯科，1899—1905），贝尔佐夫住宅（俄罗斯莫斯科，1905—1907），诺贝尔住宅（俄罗斯圣彼得堡，1910），国家银行大厦（俄罗斯下诺夫哥罗德，1910—1912），列宁学院设计方案（俄罗斯莫斯科，1927），大学生宿舍—公社大楼（俄罗斯莫斯科，1929—1930），苏联消费合作社中央联盟大厦（俄罗斯莫斯科，1929—1930），大剧院（俄罗斯顿河-罗斯托夫，1930—1931），苏维埃宫设计方案（俄罗斯莫斯科，1931—1937），俄罗斯国家图书馆（俄罗斯莫斯科，1928—1938），政府大楼（亚美尼亚埃里温，1926—1940），斯摩棱斯克广场和卡卢卡大街上的住宅楼（俄罗斯莫斯科，1939—1950），莫斯科环线地铁站（俄罗斯莫斯科，1950），科列西亚季克大街（乌克兰基辅，1947—1954），全苏农业展览会（俄罗斯莫斯科，1954），马捷纳达兰（亚美尼亚埃里温，1944—1959），共和国宫（列宁宫）（哈萨克斯坦阿拉木图，1970），莫斯科塔干卡剧院（俄罗斯莫斯科，1972—1980），共和国广场（列宁广场）地铁车站（亚美尼亚埃里温，1975—1981），典礼宫（格鲁吉亚第比利斯，1985），罗斯新城（白俄罗斯格罗德诺州，1922—1997）等。

第8卷——南亚地区。涵盖印度、阿富汗、孟加拉等8个国家。综合评论由R.麦罗特拉印度城市设计研究院执行院长担当。他认为，20世纪历经沧桑，建筑正是在这样一个充满矛盾的南亚舞台上，扮演了一个社会现实理想的举足轻重的角色，有民族主义和现代主义的双重力量，有建筑与民族特性的表现，如勒·柯布西耶的设计成了尼赫鲁设想的现代印度的形象和象征，柯布的建筑思想完美地吻合于尼赫鲁对印度所抱有的雄心壮志。每十年，一种文明，会看到全球各地变化与影响，与其他艺术形式不同，建筑凝固了这样那样太多的文化交流成果。

项目示例：李奇蒙城堡（斯里兰卡卢卡特勒，20世纪初），渣打银行（印度孟买，1898—1902），泰姬陵饭店（印度孟买，1904），豪拉火车站（印度加尔各答，1900—1908），达里学院（印度印多尔，1900—1912），卡拉奇港海关（巴基斯坦卡拉奇，1912—1916），新巴特那城（印度巴特那，1912—1918），秘书处大厦（印度新德里，1913—1928），三一学院教堂（斯里兰卡唐提，1921—1924/1922—1935），印度理工学院（印度坎普尔夏，1959—1966），建筑师伊斯兰姆的自宅（孟加拉国达卡，1964—1969），新德里永久性展览馆建筑群（印度新德里，1972），马杜赖俱乐部（印度马杜赖，1974），莫卧儿喜来登饭店（印度阿格拉，1974—1976），桑迦特（印度艾哈迈达巴德，1979—1981），议会建筑群（斯里兰卡科特，1979—1982），干城章嘉公寓（印度孟买，1970—1983），比利时大使馆（印度新德里，1981—1984），路呼努大学（斯里兰卡马特勒，1984-1989），英国文化协会总部（印度新德里，1987/1988—1992），威达姆巴万国民一会（印度博帕尔，1980—1984/1984—1996）等。

第10卷——东南亚与大洋洲。涵盖澳大利亚、新西兰、缅甸等13个国家。综合评论由新加坡林少伟（曾任亚洲建筑师协会主席）及出生于澳大利亚的建筑史学家和评论家J.泰勒分别完成。林少伟认为东南亚国家的现代化发展与气候特征，使每个国家在城市与建筑上有区别有共通性，英雄主义和认同性与大都市的主导地位和当代乡土性是要用实践讨论的话题；J.泰勒指出，"二战"后，拆建成了澳大利亚城市最热衷的事，澳大利亚从一个狭隘的盎格鲁-撒克逊文化转变为一个全球性多种族社会，继而城市环境设计特征在变。澳大利亚土著与新西兰毛利族久被忽视的文化，在20世纪80年代逐渐得到认同与发展，留下了从最谦逊的民居式小屋到悉尼歌剧院的世界文化遗产项目等的大发展。

项目示例：东南亚：威曼美克皇宫（泰国曼谷，1901），乌布迪亚清真寺（马来西亚乌拉江沙，1913—1917），万隆理工学院礼堂（印尼万隆，1920），大都会大剧院（菲律宾马尼拉，1931），克利福德码头（新加坡，1931），市政府大楼（现为仰光市开发公司）（缅甸仰光，1933），伊索拉克别墅（印尼万隆，1933），联邦大厦（马来西亚吉隆坡，1951/1952—1954），西哈努克城（柬埔寨金边，1963—1964/1964—1965），国家清真寺（马来西亚芙蓉市，1963/1966—1967），帕纳班杜学校教室与宿舍楼综合体（泰国曼谷，1969—1970），菲律宾国家艺术中心（菲律宾拉古那，1976），苏加诺-哈达国际机场（印尼雅加达，1985），弗洛伦多家庭别墅（菲律宾达沃，1994）；大洋洲：圣礼大教堂（新西兰克莱斯特彻奇，1899—1900/1901—1905），陶乐亚家园（新西兰霍克湾，1914—1915/1915—1916），墨尔本大学纽曼学院（澳大利亚墨尔本，1915—1917），市民剧院（新西兰奥克兰，1929），惠灵顿火车站（新西兰惠灵顿，1929—1933/1933—1937），罗斯·赛德勒住宅（澳大利亚悉尼，1949），ICI大厦（澳大利亚墨尔本，1956/1959），战争纪念堂（新西兰旺阿努依，1956—1957/1958—1960），C.B.亚历山大农学院（澳大利亚托卡，1963—1964），阿什菲尔德住宅（新西兰惠灵顿，1965—1966/1980—1982），悉尼歌剧院（澳大利亚悉尼，1957—1973），卡梅伦办公大楼（澳大利亚堪培拉，1971—1976），尤拉拉旅游休闲地（澳大利亚尤拉拉，1981—1984），澳大利亚国会大厦（澳大利亚堪培拉，1981—1988），悉尼足球场（澳大利亚悉尼，1985—1988），墨尔本展览中心（澳大利亚墨尔本，1995—1996）等。

二、《20世纪世界建筑精品1 000件》对中国建筑作品的展示

第9卷——东亚地区。涵盖中国（含港、澳、台地区）、日本、朝鲜、韩国、蒙古。该卷主编由清华大学关肇邺院士、吴耀东教授担当其综合评论，文章全面评介了20世纪东亚各国建筑的发展；天津大学邹德侬教授写了《20世纪中国现代建筑》，给出了八大方面的判断；龙炳颐、王维仁具体分析了中国台湾、香港和澳门地区的建筑状况；铃木博之写了《日本的20世纪建筑》一文，给出了战后建筑与新陈代谢派发展的脉络；金鸿植的《20世纪韩国与朝鲜建筑的变迁》，按解放前后阶段分别给出了有时代特征的判断与审视，如1945-1960年为解放时期的新摸索期，体现了技术优先主义倾向、纯粹主义倾向、民族主义倾向等。纵览第9卷东亚地区，该书的评论部分比其他九卷各卷的文字量都大。通过20世纪东亚国家建筑分析，中国大陆入选项目31项（含中国与境外建筑师作品），中国港、澳、台"三地"建筑作品16项，小计占到东亚国家项目总数的47%，这无疑是中国建筑在20世纪建筑遗产中的分量与丰碑。作为评介专家马国馨院士说："建筑是人类历史的伟大记录，是集科学技术、艺术和哲学于一体的伟大创造。东亚地区在建筑创造历史上有着光辉的传统与过去，为人类留下宝贵的文化遗产，形成了独树一帜的建筑体系。"以下对东亚国家建筑做示例，未将中国作品单独列出，一并按时间顺序选择性列出：

明洞圣堂（韩国首尔，1900），青森银行纪念馆（日本青森，1904），德国总督官邸（中国青岛，1905—1907），赤坂离宫（日本东京，1909），三井物产大楼（日本横滨，1911），东京车站（日本东京1914），总督府（中国台北，1906—1919），帝国饭店（日本东京，1923），燕京大学（中国北京，1921—1926），中山陵（中国南京，1925—1929），中山纪念堂（中国广州，1927—1931），中山陵音乐台（中国南京，1932），南京西路建筑群（中国上海，1926—1934），上海外滩建筑群（中国上海，1901—1926），圣玛丽教堂（中国香港，1937），朝鲜革命博物馆（朝鲜平壤，1948/1970年改造），北京儿童医院（中国北京，1952—1954），广岛和平会馆（日本广岛，1955），北京电报大楼（中国北京，1958），人民大会堂（中国北京，1958—1959），民族文化宫（中国北京，1958—1959），东海大学校园规划和思路义教堂（中国台中，1954—1962），代代木国立室内综合体育馆（日本东京，1964），集美学村（中国厦门，1934—1968），中山纪念馆（中国台北，1968—1972），扬州鉴真大和尚纪念堂（中国扬州，1972），香山饭店（中国北京，1981），筑波中心大厦（日本筑波，1983），白天鹅宾馆（中国广州，1983），阙里宾舍（中国曲阜，1986），北京图书馆新馆（中国北京，1987），中国银行大厦（中国香港，1982/1985—1989），五一竞技场（朝鲜平壤，1989），国家奥林匹克体育中心（中国北京，1986—1990），宾珠宝廊（韩国首尔，1989—1990），清华大学图书馆新馆（中国北京，1991），西汉南越王墓博物馆（中国广州，1993），菊儿胡同新四合院住宅（中国北京，1994），圣保罗教堂重建工程与博物馆（中国澳门，1990—1996），香港会议展览中心扩建工程（中国香港，1993—1997），韭菜住宅（日本东京，1997），陆家嘴金融贸易区建筑群（中国上海，1995—1998）等。

《20世纪世界建筑精品1000件》丛书在展示世界各国建筑师的作品与理念时，也为推动全球文明和人类城市与建筑科技文化艺术发展作出贡献。

（执笔/金磊）

The Way of Architecture: An Address on the 90th Anniversary of the Society for the Study of Chinese Architecture

营造之道
——中国营造学社成立90周年感言

徐凤安*（Xu Feng'an）

摘要：中国营造学社在文物建筑保护方面，提出了许多前瞻性的具有理论意义的思想，为中国的文物保护事业作出了重要贡献。中国营造学社自1929成立迄今已90周年。先贤已逝，而中国营造学社的精神却得到了传承，先贤们艰苦耐劳的精神，科学严谨的治学态度，至今仍感召、启示着我辈后学砥砺前行。

关键词：中国营造学社；中国古代建筑；建筑遗产保护

*《营造文库》编辑中心主任。

Abstract: The Society for the Study of Chinese Architecture has proposed many forward-looking ideas with theoretical significance for the protection of cultural relics and buildings, making important contributions to the protection of cultural relics in China. It has been 90 years since the establishment of the Society in 1929. The founders have passed away, but the spirit of the Society for the Study of Chinese Architecture has been passed down. Their hard-working spirit, and scientific and rigorous attitude still inspire us to move forward.

Keywords: The Society for the Study of Chinese Architecture; Ancient Chinese Architecture; Protection of Architectural Heritage

　　时光荏苒，岁月如梭，中国营造学社自1929成立迄今已90周年。先贤已逝，而中国营造学社的精神却得到了传承，先贤们坚苦耐劳的精神，科学严谨的治学态度，至今仍感召、启示着我辈后学砥砺前行。抚今追昔，中国营造学社之所以在并不漫长的17年时间里披荆斩棘，克服种种困难，为中国营造学打下了坚

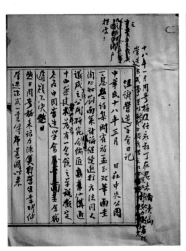

组织中国营造学会日记——朱启钤墨迹（梁鉴摄）

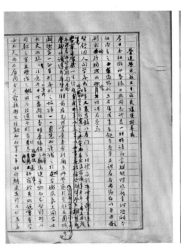

中国营造学社成立日社长演讲词草稿（梁鉴摄）

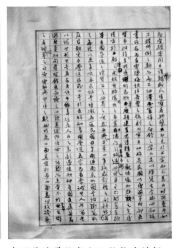

中国营造学社成立日社长演讲词草稿（梁鉴摄）

注：事情发生在1929年3月，大意是在中央公园一息斋约集阚霍初、孟玉双、华南圭、陶心如、刘南策计五人商量组建中国营造学会及后续业务开展的方法，大家对此事没有多少信心。直到周寄梅来访，极力主张应继续做下去，并说《营造法式》一书在美国的一些情况。

实的基础，首先得益于中国营造学社创始人朱启钤先生在中国营造学社创立之初就设定了学术发展的基本思路。

一、先进的理念、方法和扎实的基础工作

学社创建之初，朱启钤先生即按照国际学术标准给中国营造学社学术发展定位，如："方今世界大同，物质演进。兹事体大，非依科学之眼光，作有系统之研究，不能与世界学术名家公开讨论。"由此可见，朱启钤的国际化标准的治学理念非常清晰，并以此为基础为中国营造学社架构了系统的治学方法，如："沟通儒匠、网罗各类营造专书、征集各类资料。"①这一治学方法一直贯穿整个中国营造学社的时间轴。

学社制作模型及瓦作琉璃作1　　学社制作模型及瓦作琉璃作2

征集各类建筑资料，是学社的一项基础性工作。今学社网罗征集的各类资料具体数量已无从考据，根据中国营造学社各类资料分配交割的参与者杜仙洲先生回忆所述："解放后，开始讨论营造学社财产如何分配，当时参加讨论的有三家共3人：清华大学罗哲文；北京市都市规划委员会一人，名字忘了；文整会是我本人。讨论的结果，照相仪器、绘图仪器、照片等归清华，家具归北京市都市规划委员会，图书资料归文整会。当时三家戏称'三家分晋'。"②文整会即现在的中国文化遗产研究院的前身，据统计，"中国营造学社藏书包括图书501种、期刊89种。藏书都钤盖'中国营造学社图籍'朱文长方形印章，有手写本、刻本、刊本等多种版本形式；线装和现代书刊等装帧形式。这些藏书中有学社成员编辑出版的，也有通过各种方式搜集的。"③以上三家瓜分了学社大部分的资料及资产，然而还有一部分资料系学社成员自用或自有等诸多原因留存于世，数量不明，品类不清。如天津大学、东南大学、南京博物院、中国园林博物馆、营造文库编辑中心等皆有收藏。这些分散各处的建筑史料，相当一部分在学社成员的著述中引用，成为建筑史研究的基础资料。

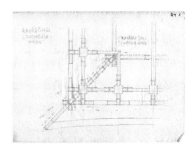

陈明达、莫宗江绘易县开元寺图稿
（殷力欣先生藏）

中国营造学社所之所以不断取得重大研究成果，笔者以为，首先得益于学社成员们"谦和的治学态度"与"融贯中西的学术思想"。

1. 谦和的治学态度

如"访问大木匠师，各作名工，及工部老吏样房算房专家。明清大工，画图估算，出于样房算房，本为世守之工，号称专家，至今犹有存者。其余北京四大厂商，所蓄匠师，系出冀州，诸作皆备。术语名词，实物构造，非亲与其人讲习，不能剖析。制作模型，烫样傅彩，亦有专长。至厂商老吏，经验宏富者，工料事例，可备咨询。"④学社自成立之初便延请匠师，按图索骥，制作各式实物模型，以供学习、研究、展览使用。

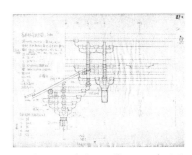

陈明达、莫宗江绘易县开元寺图稿
（殷力欣先生藏）

在资料征集方面，有更加具体清晰的规范要求：

"属于资料之征集者。

实物：古今器物及遗物之全体，或抽象，凡有资于证明者。

图样：古今实写及界画粉本，式样模型。

摄影：实物遗物之不易移动或剖析，及不能图释者。

金石拓本及纪载图志：金石之有雕镌花纹，及方志等书，纪载建筑实事者。

远征搜集：远方异域，有可供参考之实物，委托专家，驰赴调查，用摄影及其他诸法，采集报告，以充资料。"⑤

由此可以看出朱启钤先生在治学一途的严谨性，充分认识传统方法治学的不足，积极采纳科学的方法，不惜工本拍摄了大量的照片，以资资料征集。时过境迁，当年摄制的影像资料、绘制的图样、撰写的考察报告等，一部分已成为后学学习参考的绝品，如易县开元寺（始建于唐）毁于20世纪40年代日军飞机的轰炸。

①朱启钤.中国营造学社缘起[J].中国营造学社汇刊，1930，1（1）：3。

②杜仙洲讲述，侯石柱、杨琳采访整理.中国文物研究所的历史及馆藏图书数据.中国文物研究所七十周年[M].北京:中国文物出版社，2005（11）：306-307。

③高夕果.中国营造学社藏书考释[J].教育现代化，2018,5(45):317-318,322。

④朱启钤.中国营造学社缘起[J].中国营造学社汇刊，1930，1（1）：3。

⑤朱启钤.中国营造学社缘起[J].中国营造学社汇刊，1930，1（1）：3。

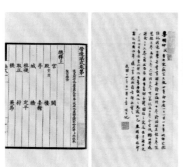
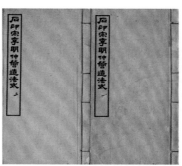
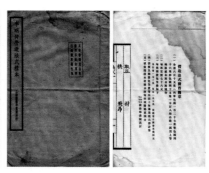

1925年仿宋本《营造法式》梁启超
题签

1919年9月《石印宋李明仲营造法式》
（共八册）

《石印宋李明仲营造法式》序一、二

1925年陶本《营造法式》内页（梁思成自用书）

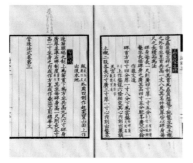

1925年陶本《营造法式》内页（梁思成自用书）

①林洙，叩开鲁班的大门——中国营造学社史略[M]，北京：中国建筑工业出版社，1995：23.
②朱启钤. 中国营造学社开会演词[J].中国营造学社汇刊，1930，1（1）：4.
③朱启钤. 中国营造学社缘起[J].中国营造学社汇刊，1930，1（1）：1.

融贯东西的学术思想

古人云"千里马常有，而伯乐不常有"。"学社成立之初，朱启钤任社长，下设编纂组、文献组、测绘、会计及财务"①，由此组织架构可以看到朱启钤在传统治史的基础上新增测绘组，组员两人刘南策和宋麟徵。这是对传统治史的一次变革和突破。以此推测，测绘组的主要工作应为拍摄影像照片，测量建筑数据，绘制精确图纸。这一架构完全符合朱启钤提出的"研求营造学，非通全部文化史不可，而欲通文化史，非研求实质之营造不可"②。测绘组的设立应是"研求实质之营造"的具象体现。然而想要完全满足研求营造学的条件，无疑是给学社设立了一条难以逾越的天堑。中国营造学社的工作虽然一直并然有序的发展，但仍然摆脱不了传统治史的框架，中国营造学社想要在国际学界崭露头角的目标还很漫长。朱启钤在中国营造学社缘起中第一段话就言明"中国之营造学，在历史上，在美术上，皆有历劫不磨之价值。"③那么想要研求营造学，首先，要精通我国文化、历史。其次，熟悉我国传统美术及艺术。再次，对建筑艺术有过系统的学习及研究。朱启钤在此等具体清晰的用人需求下，第一个纳入自己招聘对象的是由日本学成归来的刘敦桢。

刘敦桢，字士能，湖南新宁人。1897年9月19日出生，1913年留学日本，1921年毕业于东京高等工业学校建筑科。1922年归国，就职于上海华海建筑师事务所。1925年任教于苏州工业学校建筑科。1927年该校和东南大学等合并成为国立第四中山大学，1928年改称国立中央大学。与柳士英、刘福泰等在中央大学创立中国最早的建筑系。刘敦桢在教学期间重视实地考察，深厚的文史功底，严谨的治学态度，实是学社当下的不二人选。历史常常伴随着诸多的巧合。1925年陶本《营造法式》刊行后，朱启钤赠送给了梁启超一套，梁启超收到此书后又把此书转赠给了在美国修习建筑课程的儿子梁思成及儿媳林徽因，并在扉页上亲笔题字说明情况用以引起儿子梁思成的重视。一段无形的因果线把二人从此串联，学成归国后的梁思成夫妇任职于东北大学教授建筑课程。当朱启钤从学社理事周诒春的口中得知梁思成的信息时，果断邀请梁思成夫妇加入中国营造学社，并大胆任命梁思成为法式部主任，梁思成于1931年正式入职，次年刘敦桢正式加入中国营造学社，任命为文献部主任。果敢大胆地任用两位年轻的学者，可以说是朱启钤在中国建筑史学上书写下了最浓重的一笔。从此，梁、刘二位主任把世界上最先进的学术思想、科学的治学理论引入中国营造学社，短短的17年间，对全国15个省市200余县，进行测绘、摄影2 000余单位，学社学术刊物出版7卷22册。可谓硕果累累。其学术文章在国际化标准的思想指导下，可谓字字珠玑，行文严谨，集艺术、学术、美术之大成，堪称我辈后学之典范。梁思成先生称："近代治学者之道，首重证据，以实物为理论之后盾，俗谚所谓'百闻不如一见'，适合科学方法，艺术之鉴赏，就造型美术而言，尤需重'见'，读跋千篇，不如得原画一瞥……秉斯旨以研究建筑，始庶几得其门庭。……研究古建筑非做实物调查测绘不可。"

二、营造法式之研究

《营造法式》的研究，是中国营造学社最重要的学术贡献之一。中国营造学社先贤的核心就是解读《营造法式》，探寻中国古老建筑和书写中国建筑史这三位一体的学术征程。中国营造学社的创立，与

《营造法式》一书的发现和研究密切相关。

1919年，朱启钤受命以北方总代表的身份前往上海参加南北议和会议，途经南京，顺道江南图书馆，却意外发现北宋李诫所著建筑术书《营造法式》手抄本，共34卷。遂联系时任江苏省省长齐耀琳（字振严）说明情况，商得江南图书馆借出此书影印，是为石印本《营造法式》，此石印本由朱启钤先生和齐耀琳分别撰写序言，于1919年9月2日正式刊行。全书共8册。成书之日朱启钤兴奋异常，然而通读全书之后却发现，此书历经千年几经传抄，谬误难免，遂联系当时的藏书大家陶湘等诸多同志，依此本为基，进行校勘。历时数年，耗资5万余元。1925年终成，是为陶本《营造法式》。由于其精美的装帧，高超的制版印刷工艺，一经面世便引起了巨大的轰动，然其较高的售价非钟爱者不可得。朱启钤在校勘陶本《营造法式》的过程中，随着对《营造法式》理解的深入，结合自身多年来亲自参与营造工程项目的经验，对这一部流传了近千年的奇书产生了浓厚的兴趣，一发不可收拾。同年成立营造学会，纠集同志，搜寻古籍、古物，遍访匠师名工耋老，研究经年，是为我国营造学体系的雏形。为了促进研究进度的高速发展。1929年春筹备建立营造学社，并于同年6月获得"庚款"资助，于年底由天津移居北平开展工作。

《营造法式》的研究是中国营造学社的核心工作，是中国营造学社成立的根本。然而，《营造法式》的研究除了早期的版本考证与校勘一直没有突破性进展，还是一样的晦涩难懂，犹如天书，破解《营造法式》势在必行。朱启钤先生指出"营造学之精要，几有不能求之书册，而必须求之口耳相传之技术者。然历来文学与技术相离之辽远，此两界始终不能相接触，于是得其术者，不得其原，知其文者，不知其形象。"梁思成加入中国营造学社并被任命为法式部主任，由此可见破解《营造法式》这一核心项目自此就落在了梁思成的身上。为了读懂《营造法式》，梁思成遵从朱启钤的建议，求学于诸作匠师、名工，及工部老吏样房算房专家，虚心向匠师们请教各作术语，技法。1932年梁思成通过对清代官方颁布的《工部工程做法》的研究与访学，与诸作匠师学习成果汇总归纳，撰写出了《清式营造则例》一书，是对中国清代传统营造技术的首次诠释和解读，并在此基础上进一步开展研究，并按照《工部工程做法》中所列出的27种建筑做法分别绘制成图样，解析了清代的官式建筑营造技术特点，为后来《营造法式》一书的破解打下了坚实的基础。他通过大量系统调查测绘，一次又一次的重大发现，不断填补建筑史学的空白，结合现代的建筑学方法，更将《营造法式》的研究推向新的学术高峰。

中国营造学社缘起一文中有一段话：

"挽近以来，兵戈不戢，遗物摧毁，匠师笃老，薪火不传。吾人析疑问奇，已感竭蹶。若再濡滞，不逮数年，阙失弥甚。曩因《会典》及《工部工程做法》，有法无图，鸠集师匠，效《梓人传》之画堵，积成卷轴。正拟增辑图史、广征文献，又与二三同志，闭门冥索。致力虽勤，程功尚尠；劫运无常，吾为此惧。亟欲唤起并世贤哲，共同讨究。或以智识，相为灌输；或以财物，资其发展。就此巍然独存之文物，作确实之标本，又不难推陈出新，衍绎成书，以贡献于世界。

学社使命，不一而足。事属草创，亦无先例之可循。顾所以自励，及薪望于社会众者，厥有数端。诚知星漏，姑举一隅。"

朱启钤日记：由此可以看出1929年十月26日朱启钤与大女儿朱湘筠在北京寻找居所及办公地点

朱启钤担心这样下去用不了多少年，我国这些传统文化瑰宝与工艺经诀将会造成无法挽回的损失。时至今日，我们重温这段近百年前的预言，多少匠师工艺技术已成绝响。

三、营造文献、工艺与"样式雷"图档

营造学社不仅深入解读宋《营造法式》、清《工部工程做法》，汇编古代营造文献和匠师史料，而且致力于京畿地区流传的各种清代工匠抄本和工艺传统的搜集与整理，编订书籍，制作模型，同时，还在田野考察中留意记录地方工艺传统，并向社会各界广泛征集营造文本和图书资料，积极校释刊行。其中，朱启钤极为重视的"样式雷"图档研究，薪火相传至今已蔚成大国。

上个世纪20、30年代，正是列强企图瓜分中国的时代，也是文化侵略剧烈的时代，中国的各种文物都面临着被盗窃、掠夺的危机。朱启钤先生的慧眼独具，本着"征集各类资料"的宗旨，能把样式雷图留给

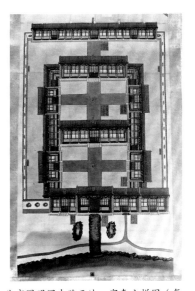

北京圆明园中路天地一家春立样图（复制品）.摄于中国营造学社纪念馆

国人，使其基本未流入国外的买者手中，这对搞清中国清代建筑发展历史的功绩之大无与伦比，对于今天人们研究认识中国清代建筑和营建体系，提供了无价之宝。这批图纸的内容包括清代在北京西北郊所建的皇家园林，如畅春园、圆明园、万寿山清漪园即后来的颐和园、香山静宜园、玉泉山静明园，北海、中海、南海，王公贵戚的私家园林，清代帝王陵寝，皇帝出行的行宫，亲王、公主府邸等。总数逾万张，此外还有烫样、工程籍本等。现主要收藏在国家图书馆、故宫博物院图书馆、国家博物馆等单位，一些大学也有少量。这批图纸所涉及的层面广泛，大到建筑群的规划，具体到个体建筑、桥梁的设计图，乃至一樘室内装修的纹样、做法。透过这批图纸，可以看到清代建筑发展的状况，不但包含着建筑艺术风格的追求，更有建筑技术演变的信息，还透露出当时建筑师的设计方法。

最近，我们在研究被毁的圆明园过程中，对于这座中国最有代表性的皇家园林，它的建筑到底如何，如果没有样式雷图提供的信息，则很难做出回答。当然今天所存的圆明园样式雷图并非齐全，从时间上看缺少始建时期的图纸，现在查到最早的一张是乾隆四十年以后并被涂改过的总图，但尽管如此，从这些残存的图纸中，我们仍能获得若干宝贵史料，看到圆明园造园变迁的轨迹，了解不同时期圆明园建筑的概貌和特征，特别是一些建筑的室内空间划分和装修状况。

其中的景点在不同时代有着若干变化，例如杏花春馆始建时期为矮屋疏篱，一派村落景象，而乾隆二十年改建后主要殿宇变成一组由廊子围合的院落，在样式雷图中清楚地表现出来。

对于室内装修部分，在帝王的寝宫中变化尤多，例如慎德堂，记载着道光至咸丰年间变化的图纸有多张，其中标出年代的就有道光末年、咸丰六年、九年等。从这些图纸中可以看到寝宫从单纯的休息功能演变成一座多功能厅堂，集休息、念佛、读书、看戏于一身，出现了多种复合空间。同时也反映出帝王的审美理想、某个时代的审美价值取向。

样式雷图还为今天的文物保护工程，提供了可靠的依据，如最近复建圆明园如意桥的过程中，我们从咸丰至同治年间遗留的样式雷图档中查到了有关图样，如意桥平面被描绘为不带雁翅的石桥基加木桥面板的做法，并在桥基部位画出了如意纹曲线的立面。同时在《圆明园内工则例》中记有桥栏干的长度和木雕花纹名称。两相对照，并结合考古发掘资料，完成了这座桥的复原设计。

从圆明园这些图纸还使我们能够看到清中晚期在园林建设、室内装修方面的差异，为清代不同时期园林建筑的发展状况提供了重要信息。

从样式雷图中不但可以看到中国古代建筑师的多方面聪明才智，了解到他们如何进行设计工作，而且使现代人得以了解中国清代建筑业和营建体系的状况。

四、现存营造学社遗稿对保护文物建筑的价值

1. 为中国文物建筑保护打下基础

营造学社以科学态度进行研究工作，其影响深远，这不仅在学术思想方面，为建筑史学科的建立作出了贡献，而且还遗留了一笔有形遗产，如其所进行的全国15个省市200余县的调查资料，其中包括若干已经消失的文物建筑，它对于今天的文化遗产研究与保护提供了难得的宝贵史料。在抗日战争期间，这些建筑之所以能够躲过战争的劫难，正是由于梁思成先生以营造学社调查资料为基础，编制一套沦陷区重要文物建筑目录，包括寺、庙、宝塔、博物馆等，并在军用地图上标明它们的位置，以防止在战略进攻中被毁坏，发给当时仍在执行轰炸"中国东部省份日军基地"任务的美国飞行员。解放战争期间梁思成又同清华大学建筑系的老师共同编出《全国建筑文物简目》和《古建筑保护须知》，印发给南下作战部队，使官兵知道要保护古建筑文物，使全国各地的古建筑物都得到保护。

当时列入简目的建筑共有22个省146市县的500~600个单位，并按其重要程度作出记号。其中北京有包括整个北京古城在内的33个保护单位，随着北京的和平解放，这些文物保护单位得到了保护。1961年国务院公布的第一批全国重点文物保护单位名单，有很多是参照《全国古建筑文物简目》作为蓝本的。在1961年公布的第一批国保单位的名单中有 50％为营造学社测绘过的资料，继而至今几乎所有营造学社调查过的单位都已成为保护单位。

2. 为现在的文物建筑保护工程提供了重要历史信息

在营造学社遗稿中有的建筑虽然未毁于战乱，但由于其他原因而毁坏了，以致失去原貌，恭王府便是一例。

北京恭王府于2008年完成了历史上最广泛、最彻底、最科学的一次修缮工程。始建于乾隆末年的恭王府，经历了嘉庆时期、道光时期、民国、解放初期等多次修缮，但于20世纪50年代拆掉了其前部的建筑，建造了两座大楼，作为中国音乐学院附中使用。王府中的主要殿宇——银安殿及其配殿在民国初年也因失火被毁；因此失掉了原有建筑群的完整性。

这次大修的目标是将恭王府建成一座"王府博物馆"，因此必须将大楼搬走，并重建银安殿，使其恢复王府原貌。在国家图书馆保存了一张样式雷所绘恭王府总平面，但图中没有尺寸。中国营造学社据林徽因先生倡议，于1937年、1947年两次测绘了恭王府，从图稿绘制者的签名来看，1937年的参加者有莫宗江、刘致平，1947年有莫宗江、吴良镛等，共留下测稿30张，绘于米格纸上。中国营造学社遗存图稿中的平面草

图注明了主要建筑和院落的尺寸。还有一些剖面草图也注有少量尺寸，这些为 2008 年大修提供了重要的史料依据。

在大修工程中，对于毁掉的建筑进行了考古发掘，同时对照样式雷图和学社测稿，使复原工程顺利得到主管部门批准并建成。

从恭王府遗稿看中国营造学社的治学态度是非常严谨的，两次测稿相隔十年，而且是战乱的年代，仍然能够完好地保存下来，非常难能可贵。营造学社的资料管理工作，也是值得我们今天好好学习的。

五、营造学社成员关于保护文物的思想、言论至今仍然光灿照人

1. 认识到文物建筑是历史信息的载体

在梁思成、林徽因合著的《平郊建筑杂录》中曾经写道："经过大匠之手艺，年代之磋磨，有一些石头的确是会蕴含生气的。""无论哪一个巍峨的古城楼，或一角倾颓的基地灵魂里，无形中都在诉说，及至于歌唱，时间上漫不可信的变迁；由温雅的儿女佳话，到血流成渠的杀戮。……潜意识里更有'眼看他起高楼，眼看他楼塌了'凭吊 与兴衰的感慨。"这段文字反映出他们对建筑遗迹的认识，这些遗迹记载着历史的变迁，具有历史价值、文化价值。梁思成、林徽因首先在国人面前提出了文物建筑性质的新观念，它已经超出一般人对建筑实体的认识，将文物建筑的性质上升到诉说人间沧桑、历史演绎的载体概念。今天看来，与《威尼斯宪章》中所谓建筑是历史信息载体的精神完全一致。把文物建筑作为"历史信息的载体"来看待，对于国内文保界人士来说，基本是在20世纪80年代，改革开放以后，了解《国际古迹保护与修复宪章》(又称《威尼斯宪章》)后才重视的，因此在这以前，文物建筑的修缮工程中，抹杀历史信息的情况时有发生，常常会用现代人的观念去改变文物原状，使其失掉了历史价值、艺术价值。

2. 保存文物建筑应保存其原貌

梁思成先生在《曲阜孔庙之建筑及其修葺计划》中曾经提出：

"我们今日所处的地位于两千年以来每次重修时匠师所处的地位有一个根本不同之点，以往的重修其唯一的目标，在将已破敝的庙庭，恢复为富丽堂皇、工坚料实的殿宇，若能拆去旧屋，另建新殿，在当时更是颂为无尚的功业或美德。但是今天……我们须对各个时期之古建筑，负保存或恢复原状的责任。"

《蓟县独乐寺观音阁山门考》中指出：

"破坏部分需修补之……有失原状者，须恢复之……复原问题较为复杂，必须主其事者对原物形制有绝对根据，方可实施，否则仍为原型，不如保存现有部分……以保存现状为保存古建筑之最良方法。"

基于这样的认识，他在晚年还曾提出著名的"整旧如旧"之说。"在重修具有历史、艺术价值的文物建筑中，一般应以'整旧如旧'为我们的原则"。不应"涂脂摸粉，做表面文章"。

这些观点主要精神是保存文物建筑原貌，与今天的"最小干预"原则完全一致。

3. 呼吁全社会一起来保护文物

早在1932年所写的《蓟县独乐寺观音阁山门考》一文中就曾谈道："保护之法，首须引起社会注意，使知建筑在文化上之价值；使知阁门在中国文化史上及中国建筑中上之价值，是为保护之治本办法。而此种之认识及觉悟，固非朝夕所能奏效，其根本乃在人民教育程度之提高，此是另一问题，非营造师一人所能为力。"

他还曾提出"立法"的问题："在社会方面，而政府法律之保护，为绝不可少者。……而古建筑保护法，尤须从速制定，颁布，施 行；每年由国库支出若干，以为古建筑修葺及保护之用，而所用主其事者，尤须有专门智识，在美术，历史，工程 各方面皆精通博学，方可胜任。……唯望社会及学术团体对此速加注意，共同督促政府，从速对于建筑遗物，与以保护，以免数千年文化之结晶，沦亡于大地之外。"

4. 重视文物建筑周围环境的保护

基于在营造学社期间对于文物建筑的保护思想，梁思成先生在1964年《闲话文物建筑的重修与维护》更进一步提出："一切建筑都不是脱离了环境而孤立存在的东西。……对人们的生活、对城乡的面貌，它们莫不对环境发生一定影响；同时，也莫不受到环境的影响。在文物建筑的保管、维护工作中，这是一个必须予以考虑的方面。"在将近半个世纪以后的2005年发布了《西安宣言》，提出"古建筑、古遗址和历史区域的周边环境……是其重要性和独特性的组成部分"，应当"通过规划手段和实践来保护和管理周边环境"。两者竟然如此相似！

综上所述，可以得出这样的认识：中国营造学社在文物建筑保护方面，提出了许多前瞻性的具有理论意义的思想，为中国的文物保护事业作出了重要贡献。

A Brief Record of Investigation on the Architectural Heritage from Southern Jiangxi to Northern Hunan (I):
Field Research and Protection Development Thinking of Longnan's Hakka Round House Heritage

赣南至湘北建筑遗产考察纪略（上）
——龙南围屋遗产田野考察与保护发展思考

建筑文化考察组*（Architectural Culture Expedition Group）

小引

2020年10月11-16日，建筑文化考察组一行相继考察了江西龙南、湖南长沙、湘潭、衡阳、岳阳等地的古代建筑与20世纪建筑遗产，约20处。以下为此次考察之简要纪略。

一、江西龙南考察记

（一）龙南纪行
2020年10月11日清晨，建筑文化考察组一行6人（《中国建筑文化遗产》主编金磊、副主编殷力欣、

考察工作照1

考察人员合影

考察工作照2

考察工作照之西昌围

考察工作照之燕翼围前围（本文未详述）

考察工作照之龙光围（本文未详述）

编委李玮、主编助理苗淼，摄影师朱有恒，北方工业大学建筑与艺术学院高级工程师李海霞）乘航班赴江西龙南。此行系受龙南市委宣传部、龙南市文旅局联合邀约，就龙南现存围屋式民居作专题调研，为阐释围屋之文化价值，并以此为契机，为促进该地区文化与经济的全面发展作前期准备。

约早10时半抵赣州机场，随即由龙南文旅局干部李仲陪同，驱车赴龙南市。约中午12时与龙南市文联主席张贤忠先生会合，于简餐中简要交流情况，调整考察项目及日常安排，即于下午14时起，由张贤忠等引领，相继踏访龙南老城东南约14公里的关西村徐氏家族所建关西新围、西昌围、田心围等，之后在驱车返回龙南市区途中顺访沙坝围、渔仔潭围（客家酒堡）。晚下榻位于龙南市金堂大道之老屋下民宿，匆匆简餐后与龙南市委宣传部部长罗晶女士、文旅局局长蔡粲女士、文联主席张贤忠先生等座谈龙南文化遗产保护与研究、龙南历史文化传承脉络、龙南文旅开发等工作现状与发展前景。

考察工作照之燕翼围

10月12日，早8时启程，上午赴距老屋下西南约35公里的杨村镇的太平桥、燕翼围、燕翼围前围、乌石围等；下午由杨村镇驱车东行8公里许，踏访武当镇岗上村的富兴第、田心围、龙光围等；约16时返，向北驱车约9公里，在金磊先生的提议下，又顺访龙南老街区及解放桥等；晚上龙南市市长刘勇与罗晶部长、蔡粲局长、龙南市文联主席张贤忠主席等来访，就昨晚的话题继续座谈。

考察工作照之龙南老城解放桥

10月13日，一行于早10时离开龙南，驱车前往赣州火车站，金磊、李玮、殷力欣、苗淼等4人将赴湖南继续考察，李海霞、朱有恒则另有工作安排，分赴云南、新疆。告别龙南之前，一行又在蔡粲局长引领下，参观了龙南博物馆之文史资料陈列，其中成系统的龙南围屋模型，尤令观者印象深刻。

此次在龙南进行的为期两天的田野学术考察，龙南境内行程近80公里，走访了龙南县代表性的围屋建筑遗存以及县域内其他类型的文化遗产（如老县城遗留的部分民居骑楼、县域20世纪遗产以及全国重点文物保护单位太平桥等），共计22处。所见所闻令人难忘，适值龙南由县治改为龙南市之际，当地各级领导和文史专家们对文化遗产保护、研究及文旅开发工作的重视及对此所抱有的热忱，更从一个侧面展现出我国现时代的文化动态——发展立足于本民族文化传承，似乎已形成时代共识。

此行所见围屋十余处，囿于篇幅，暂列举代表性数座，而岗上村富兴第、龙光围、燕翼围前围等，则留待今后详细勘查后另文记述。以下为龙南踏查之所见所思。

（二）龙南围屋概观

龙南围屋是江西省龙南县（注：2020年6月30日撤县设市）独具特色的客家民居建筑，是一种集家、堡、祠于一体的民居建筑形态，以其主房四周外围筑以高墙、炮楼而得名。体量巨大、防卫功能完备，具有独特的文化意义，是中国传统民居建筑中的一块瑰宝，在世界围屋建筑史上堪称一绝。

龙南是典型的客家县，是客家围屋的大本营，因客家围屋数量之多、风格之全、建筑质量之完好而被誉称为"客家围屋之乡"。赣南地区现存围屋约700多座，其中有376座位于龙南县境内，其余300余座分布在定南、全南、安远、信丰、寻乌等县。这里主要居住着汉民族的客家民系，生活方式延续着汉民族的传统习俗，生产方式以农耕为主。现存最早的赣南围屋建于明代中后期（16世纪末至17世纪初），至清代早中期（17-18世纪）达到成熟期，清朝末年进入全盛时期，民国时期逐渐衰落。

关于龙南围屋目前的研究现状，相比较同类型的闽西土楼、粤东围龙屋，在客家体系中基本属于盲区。客家围屋具有居住功能、防御功能、祭祀功能。客家围屋是客家民居建筑的代表与象征，客家文化的重要物化载体，充分体现了客家人的高超建筑艺术。

龙南围屋形式多样，大致有方围、圆围、不规则围屋等三种，细分则有国字形、口字形、天井式、凸字形、回字形、椭圆形、围拢屋形、外圆内方形、双重圆形、不规则形等多种形式，其中以方形围屋居多。平面布局上，围屋多由外部围合的房屋和天井两部分构成。围合房屋对外是高大的围墙，对内多由环廊通向天井，天井中必设有一两口水井。围屋神秘的形式、风水的隐喻和客家文化的承载，包含了尊重自然的生态观、神秘的风水文化、以"孝"为本的传统美德、礼乐和谐的伦理规范。

围屋一般选址在田地之中或依山而立。多数处于边远山区，耕地不足，资源匮乏，故对建筑选址极度重视，以争取最有利的生存空间。围屋采用生土结构、砖石结构与木结构完美结合，多以墙体与木构架共同承重，墙体由砖石、土石混合或夯土筑成，砌筑方法很多，包括生土版筑、生土砖砌筑、鹅卵石混合片

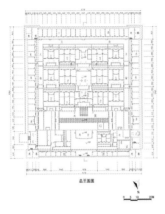

关西新围平面测绘图

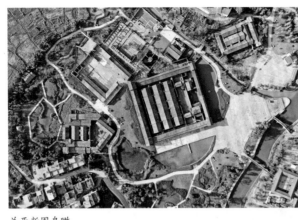

关西新围鸟瞰

关西新围全景

关西新围围内巷道

关西新围围内建筑装饰细部之透雕雀替

西昌围屋面鸟瞰1

西昌围鸟瞰2

西昌围

西昌围围内之祠堂

西昌围围内祠堂之门窗装饰

石、三合土混砌卵石、水磨青砖清水砌筑、砖石表内土坯砖、花岗岩条石，根据财力或防御部位的不同而分别用于外墙墙基、外墙墙体、内隔墙墙体等。围屋的屋顶以硬山坡顶为主，围屋中央的祠堂建筑多为穿斗、抬梁混合式木构架。外墙厚度达1米，高2~3层。

　　围屋的防御功能十分完备，围屋外墙一般不设窗户，二层以上设置形状多样的射击孔眼和瞭望口。四周建有炮楼或炮角，以消除防御死角，警戒和打击进入墙根或瓦面上的敌人；炮楼形制多样，有的建于四角，类似于城防中的角楼，有的建于墙段之中，如同城防中之马面。围屋四角所建的炮楼，其功用显然是为了警戒和打击已进入墙根或瓦面上的敌人。为了消灭死角，有的在碉堡上再抹一单体小碉堡。屋面以硬山为主，撒布有三角铁钉；墙基厚实，外密布桩基，围四周挖护濠，与外部水系相通；大门设在近角处，门墙特别加厚，门框皆用巨石制成，除少数大围外一般只设一门；大门表面包钉铁板，门顶设有水箱及漏水孔，围内设消防水池或大水缸；围内中间楼层存放粮草；有的还设有秘道或逃生口。围屋的顶层间是战备用房，通常都不准放杂物，并取外墙的大部分内侧墙体，作环形夹墙壁的，久困缺粮时，便剥蕨粉充饥。围屋顶层设置一排排刺目的枪眼炮门。

　　（三）龙南代表性围屋一览

　　1. 微型城池——关西围屋群

　　关西围屋群是由徐氏家族所建的关西新围、西昌围、田心围、鹏皋围与福和围五座围屋构成。

　　关西新围始建于清嘉庆三年（公元1798年），系关西名绅徐名钧所建，最多可住260多户。后人为与其父亲所居住的老围相区别，称之为"新围"。关西新围为赣南规模最大，功能最全的方围，为典型的"九栋十八厅"建筑，占地面积7 426平方米，建筑面积11 477平方米，于2001年被确定为全国重点文物保护单位。

　　探访关西新围最大的感受是围屋不像建筑，更像是一组建筑群集合而成的小社区，是一座小城市。关西新围体量巨大，高墙深院。四角都有炮角楼，远看上去像是座微型的正方形城池。新围集住宅、祠堂、城堡、书院、花园于一体，既是客家人日常生活的居所，碰到战乱时期又可作据守的城池。其主体建筑为前后三进，五组开列，十四天井，十八厅堂。整幢围屋以廊、墙、甬道连通或屏隔，少奢华装饰，朴素实用。围屋工艺精细考究，并有大量的木雕石刻，是江西赣南地区最有特色的珍贵的客家民居建筑，是客家人最具广泛性和代表性的基本居住形态，受到国内外专家的高度评价，被学者认为是"赣南客家民居的突出代表""东方的古罗马城堡，汉晋坞堡的活化石"等。

　　以关西新围为中心还有西昌围、鹏皋围、田心围形成了集中连片、规模宏大的围屋群落，分别是徐名均祖屋（西昌围）、其大哥房（大书房）、其二哥房（鹏皋围），书院、花园齐全。面积达3万平方米，建于清乾隆至道光年间，年代从1237年至1850年左右，经历了赣南围屋的创始期（形式多样）如西昌围，形成期（平面方形）如新围，极端期

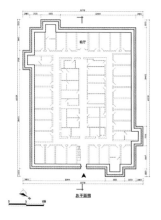

燕翼围平面测绘图　　　燕翼围鸟瞰1

燕翼围鸟瞰2　　　　　燕翼围外景

燕翼围大门之门罩（部分）

燕翼围围内　　　　　燕翼围内檐构架细部

（底层设枪眼）如福和围。 西昌围是不规则型围屋的代表，围内富丽堂皇的彩绘和雕刻也是客家围屋中的精品。田心围平面呈不规则"回"字形布局，反映了赣南村落向围屋发展的过渡时期形态。

2. 高度之冠——燕翼围

燕翼围地处明末清初赣南地区匪患最重的太平堡地区（现杨村镇），建于清顺治初年，创建人为赖上拔。高大坚固、形式优美，共四层，高度为赣南围屋之冠，直至今天，仍然是杨村镇上的最高建筑。燕翼围平面为方形，对角上左右各设一对凸出的碉堡。总占地面积约1400平方米，高四层约15米。底层外墙厚1.45米，其砌筑方法是，墙体外皮用砖，内皮墙体则用上坯砖，当地人称此为"金包银"。外墙下都用巨条石垒成。围门朝西北，门头上饰有门罩式样，额匾上阴刻颜体"燕翼围"三个大字。

围门的设计体现了其重视防卫的特点，共三道门。第一道门为外包铁皮，其后设有一道闸门，围屋在闸门之后还设有一道平常使用的便门。为防火攻，门顶上设有漏水孔。进门便是门厅，并兼作楼梯间。门厅是全围居民的唯一出入口，也是平常围民工茶余饭后聚会的社交场所，因此，两边都摆设有巨石块和长筒木以备坐。底层是人畜的主要活动区和安栖所，二、三楼为卧室和贮藏间，内檐有一米余宽、四周可环行的木构内通廊，将各家各户串在一起。四楼是战备楼层，这一层的外立面檐墙上，设有枪眼望孔。

燕翼围见证了历时数百年的社会动荡。出众的防御功能也是燕翼围的最鲜明特点。其墙高壁厚、大气朴实，无论在选址、建造、火力配置还是物资屯藏等各个方面都将民间防御智慧发挥到极致，代表了赣南客家围屋在防御设计方面的最高水平，充分体现了客家人为保护生存空间不屈不挠的斗争意识。2001年燕翼围被公布为第五批全国重点文物保护单位。

3. 客家酒堡——渔仔潭围

渔仔潭围位于龙南县里仁镇新里村，始建于清道光九年（公元1829 年），道光十八年（1838年）竣工，系粟园围十八世孙李遇德所建，最多可以住108户。李遇德从事客家酿酒致富后建此围，因此，渔仔潭围自古就有"客家酒堡"之誉。

渔仔潭围山环水绕，前有案山，后有靠山，四周砂山屏立，呈藏风聚水之格局，是赣南围屋中山水格局保存完整、景观形胜典型的围屋代表。渔仔潭围坐西朝东，呈长方形，面阔55米，进深45米，占地2 475平方米，平面布局呈"回"字形，是集家、堡、祠、内院、门坪五者功能为一体的赣南客家方围。围内分三层高9米，为砖木、石木混合结构，属于围拢式围屋。渔仔潭围的外墙为三合土浆砌块石，底墙近1米，外墙采用桐油石灰、鹅卵石浇浆砌成。外墙高于围屋屋面，使得围屋外立面更加挺拔威严，同时强化了防御能力。外墙上部均匀分布着方形的排水孔。渔仔潭围四角建有炮楼，炮楼四层高12米。围墙及炮楼开有枪眼、炮窗，有较强的防御能力。东西两侧围屋二层向内挑出设有内走马。

渔仔潭围向东设门，青砖起拱，三重门式结构。外坪、院墙、后山及风水林保留完整。渔仔潭围现作为客家米酒文化的体验与传承基地，是展示与传播当地特色客家传统文化的重要载体。

4. 明代半圆围——乌石围

乌石围位于龙南县杨村镇乌石村，始建于明代万历十年，是赣南500多座客家围屋中历史最悠久的围屋。其平面格局特殊，前方后圆。圆弧形围屋民居的创建年代一般都较早，它对赣南围屋的发生与演变具有重要的研究意义。围屋左右砂山屏立，轴线正对西北向山口，围门远望呈笔架之势，山水格局极为清晰考究。围屋所在的乌石村村落环境优美，传统格局清晰，历史风貌完整，形成的村落文化景观整体性强，在赣南围屋中非常突出。

乌石围历代为赖氏居住，后世人才辈出。乌石围坐东南朝西北，面阔52.4米，进深42.3米，占地面积达4 200平方米，主体平面呈前方后圆，内方外圆，主围门外有禾坪、照壁及池塘。乌石围围体高两层，约8米，围屋共有6个炮楼，正面左右两角对称，建有高达15米的方形炮楼（出围门右侧炮楼已坍塌），围屋侧身及后身另建有3处小型炮楼，与正面现存炮楼紧贴还加建有一座土坯炮楼。乌石围围内主体建筑呈三组排列，其中正厅居中，共有上、中、下3个主厅，6个天井，36间偏房。

渔仔潭围鸟瞰

渔仔潭围远景

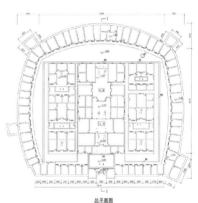

总平面图

乌石围平面测绘图

渔仔潭围入口

渔仔潭围围内巷道

乌石围鸟瞰

乌石围屋面细部

乌石外围　　　　　　　　乌石围

乌石围马头墙细部　　　　　乌石围入口　　　　　　　　太平桥全景　　　　　　　　太平桥凉亭正立面

（四）龙南县其他遗产调查

1. 杨村太平桥

始建于明正德年间，为全国重点保护文物保护单位。位于龙南县杨村镇街道北面太平江上。为两孔三墩、四拱双层重叠组合石拱桥。全长50米，造型奇特，上有四通凉亭，以方便行人览胜和憩息。目前太平桥本体经过修缮，保护现状较好，但周围历史环境发生较大改变，现代路面建设对古桥有风貌影响，尚需要提升整治。

2. 龙南老城：一街一桥

（1）解放街

龙南于南唐保大十一年(公元953年)建县，迄今已有千余年的历史，在漫长的历史进程中积淀了深厚的客家文化底蕴。而在龙南的老县城里，仍然保留着一条古老的街道——解放街，这里有骑楼、民居、商铺等沿街建筑。民居有装饰考究的门头，平面为赣南民居常见的天井院落，材料有的采用毛石，有的为木板式，有的为近代砖混结构，立面形态丰富，可见20世纪材料技术在时间上的累积。骑楼多为二层，比例得当，装饰简练，多为矩形窗，局部山花有装饰细部。街道两边经营着如写对联、扎扫把、老式理发、磨剪刀、张罗红白喜事等传统商业形态，街坊邻里其乐融融，整个历史街区真实性较好。

（2）解放桥

在解放街附近的渥江河上，意外发现一座建于1964年的解放桥，算是此次旅程的一次圆满打卡。当地人告诉我们，解放桥得名是缘于为了纪念解放军解放龙南，进东门必须经过此桥。之前是一座木结构桥梁，后来在1964年遭遇洪水，木桥被冲毁而就地重建一座水泥桥。重建桥基时用了很多麻包装着泥围起来抽水。在挖桥基不远的东岸，有一棵明朝时期的大榕树，建桥的工人为了施工方便，原准备把榕树砍掉，但有人提出这棵古树是龙南重要的人文景观，遂政府保留了下来。目前几百年树龄的榕树与几十年桥龄的解放桥相依共生，共同见证龙南城市发展的历程。

金磊主编带领的20世纪遗产委员会立足发现、研究、宣传建造于上世纪有价值的建筑遗产，所以建造于20世纪五六十年代受广东骑楼影响的龙南解放街骑楼建筑以及这座记录城市发展变迁的解放桥，都属于龙南县域不可或缺的重要遗产类型，承载了一代龙南人的情感记忆，具有重要的科学研究价值。

（五）龙南县域遗产保护与发展思考

通过走访龙南县域遗产，可以看到以围屋为代表的建筑遗产真实性、完整性保留较好，家族关系、传统生活习俗等基本保持了原状。作为特殊历史环境下产物的围屋，在社会发展过程中，结合地形、社会环境进行了创造性的设计，构筑起一个立体、多变、完备、安全的防御体系，取得了令人惊叹的成就，具有重要的历史价值和科学价值。

龙南遗产保护工作得到各级政府和公众的充分重视，如当地政府相继制定了保护规划，采取了严格的保护管理措施。20世纪80年代以前，围屋主要依靠居民自发维修保护。90年代以后，地方政府大大加强了对于围屋的维修和保护工作力度，如争取文物保护资金修缮围屋建筑本体，实施环境整治及相应三防工程。但因围屋数量多，分散性强，保护现状不容乐观，存在以下问题。

1. 价值认知欠缺，缺乏宣传策略

虽然围屋的价值已得到多方共识，引起各方关注，但影响力和宣传还缺乏战略布局。很多村民及管理者对保护理念认知狭窄，简单地认为不拆掉就是对围屋的保护。这不仅是理念认识的误区，还有宣传手段的不到位。因此，必须将围屋的价值持续放在世界文化遗产的高度来认识，将围屋放在不可再生的文化战略资源的高度来认识，将龙南客家特色宣扬出去，使其走出国门，增强民族自信。

解放街1　　　　　　　　　　　　　　　　　　　解放街2

近年来，地方政府联合艺术界人士进行围屋主题策展，期望借助威尼斯双年展，将围屋在世界范围内推出去，这确实也是一种很好的尝试。但艺术家对围屋的视角多放在艺术创作层面，而建筑专业方面的价值研究及推广阐释还尚缺、不到位。应该加大建筑专业内的推动和学术研究，在建筑学领域上有一个完整、清晰的价值表述和宣传策划。

解放桥1　　　　　　　　　　　　　　　　　　　解放桥2

2. 重视围屋本体，忽视历史环境

走访下来发现很多围屋单体，尤其具有文物保护级别的围屋，对本体的保护已经基本覆盖了。但不太注重历史环境要素、非物质文化遗产的保护与利用，很多围屋都孤零零地伫立在村落中，历史上的格局、山形水势有较大改变，甚至抹杀了。自20世纪90年代以来，一部分龙南围屋的所在村落内新建了一些不协调的2—4层的民居建筑，个别村落的传统民居土坯砖墙建筑还在新农村建设中被统一粉刷成白色，这些对龙南围屋的整体风貌和视线通廊带来一定程度的影响。此外，旅游规划中即将开发建设的围屋主题客家风情村，发展旅游的不当开发利用行为可能会给围屋及其周边生态环境造成重大的压力和威胁。

3. 文旅开发受阻，利用手段单一

调研发现，有几栋新修缮好的围屋居民已经全部搬出，现在基本处于空置状态，围屋并没有开放利用。即使利用起来的少数几栋围屋，也大多只是进行静态的文化展示。硕大的围合状体型，在当代社会中怎么找到很好的发展定位，与当代人民生活相结合，确实是个难题。福建土楼在这方面有过探索和经验，可以在客家遗产活化方面提供类比和借鉴。如刚刚公布的第二批乡村遗产酒店获奖项目——青普文化行馆·南靖土楼就是围合状大体型民居形态活化利用的很好案例。

另外，在当前文旅开发中，对围屋文化内涵挖掘不够，存在不同程度的重复建设，名气和旅游附加值低，配套设施不完善，管理手段落后，资源浪费严重。如关西围屋群，虽然拥有一定的知名度和美誉度，但产品开发力度不够，产品中的客家文化主题不够清晰。

客家围屋是不可再生的资源，要想更好地保护客家围屋这一文化资源，我们应该充分地去认识研究它的价值，只有全面认识到龙南围屋的独一无二的价值属性，了解到龙南围屋的文化意义、建筑风格、艺术特征、材料构造等，我们才能更好地去保护它、传承它，从而寻求到恰当的方式，使这一文化资源能够保存得更为长久。

龙南县保存着较为完整的明清历史遗存，还有20世纪遗产（如解放街骑楼、解放桥等），遗产类型丰富，且有多数已经列为文物，是打造文化旅游名城的极佳区域。周围与客家文化相关的旅游点特别丰富，如围屋、牌坊、祠堂，其他建构筑物以及与王阳明相关的旅游点。因此，加强龙南围屋的宣传力度，多方集资，加大社会力量参与支持围屋的保护工作，与地方高校建立合作机制等都不失为有效的尝试。另外，还应该采取：深入挖掘客家文化内涵，做到"一围一品"，探索多维保护利用方式。避免景区雷同，对客家围屋旅游作出适当的外延；开发客家文创产品，如围屋模型、丝巾、笔记本等；从围屋建筑特色形态、龙南客家美食、围屋非物质文化形态、围屋专属色彩等方面，综合提取属于龙南客家围屋的元素，开发出一套属于龙南客家围屋的符号，将这些符号元素协调统一地应用到各种传播和宣传的媒介上。通过串联一系列的客家文化，着力打造全国知名的客家文化旅游区，发展客家文化旅游产业链。

（待续）

（执笔/李海霞　北方工业大学建筑与艺术学院，讲师，高级工程师；
殷力欣　《中国建筑文化遗产》副主编，研究员）

参考文献：

[1] 北京清华同衡规划设计研究院.江西省赣南围屋申报世界文化遗产预备名录文本, 2012.2.

[2] 何秀.新型城镇化过程中客家围屋的保护探究——以龙南县为例[J].遗产与保护研究, 2018（7）.

[3] 殷力欣.中国传统民居[M].北京：五洲传播出版社, 2018.

[4] 黄红生.客家民居建筑——浅谈龙南围屋[J].建筑与发展, 2009（12）.

A Contemporary Paragon of Garden Making:
Overview of Fengde Garden

今人造园的典范
——丰德园概览

张 旻*（Zhang Min）

* 研究馆员，中国作家协会会员，上海市作家协会理事，嘉定区文联副主席。

摘要：丰德园坐落于上海嘉定菊园新区柳湖路北端，筹划兴建于2009年，至今，园子虽已蔚为大观。作为一座传统的苏式园林，丰德园在建筑形制上，包括亭台楼阁的结构造型、园林景观的布局样式等方面，严格继承了古法，深谙传统的构景艺术，如借景、障景、隔景、抑景、漏景、框景等，善用大小、高低、曲直、明暗、开合、收放、虚实等对比，完美体现了"壶中天地"的理念。

关键词：苏式园林；当代生活；文化传承

Abstract: Fengde Garden, built in 2009, is located at the northern end of Liuhu Road, Juyuan New Area, Jiading district, Shanghai. Nowadays the garden has prensented a splendid sight. As a traditional Suzhou-style garden, Fengde Garden has strictly followed the traditional methods in architectural form, including the structural modeling of pavilions and gardens, and the layout style of garden landscape. Traditional landscape art is deeply embedded in the garden, such as borrowing scenery, covering scenery, separating scenery, hiding scenery, missing scenery and frame scenery, and the contrasts of size, height, straightness, light and shade, opening and closing, retracting and folding, and the virtual and real are adeptly applied, perfectly reflecting the concept of "a world in a pot".

Keywords: Suzhou-style Gardens; Contemporary Life; Cultural Heritage

丰德园1

丰德园坐落于上海嘉定菊园新区柳湖路北端。园主封德华，嘉定南翔人，其父曾长期担任上海五大古典名园之一——南翔古猗园的餐厅经理，是国家级非物质文化遗产南翔小笼馒头制作工艺第五代传人，这样的背景和生长环境，使其从小受到江南园林文化的熏陶。怀着一份这代人少有的"园林情结"，封德华于2009年筹划造园，2013年破土奠基。至今，园子虽已蔚为大观，但园主始终不言"大功告成"。园主常说的一句话是："造园的过程越往后走，心里越是忐忑，诚惶诚恐。"园子有点像样了，他又说："养园比造园难。"没有一份对于中国古典园林文化、对于中国深厚的传统文化的敬畏之心，很难会有这样的心理体验。事实上，也只有对传统文化心怀敬畏的人，才会拥有真正的自信，勇于挑战，梦想超越。所以，园主又说，在造园这件事上，如果我们能够沉下心来，排除杂念，拒绝浮躁，追求完美，那么我们在向古人学习和致敬的同时，完全有可能比古人做得更好！

作为一座传统的苏式园林，丰德园在建筑形制上，包括亭台楼阁的结构造型、园林景观的布局样式等方面，严格继承了古法，深谙传统的构景艺术，如借景、障景、隔景、抑景、漏景、框景等，善用大小、高低、曲直、明暗、开阖、收放、虚实等对比，完美体现了"壶中天地"的理念。这些是不消说的。那么，作为今人造园，丰德园有哪些方面做到了创新、超越，或者说她有哪些方面体现了今人造园的独特性？

首先，令人眼前一亮的是在选材和做工上。古代的造园家有他们的时代局限性，比如由于受到当时社会客观条件的限制，在用料上，特别是在最主要的建筑材料——木材的使用上，一般只能就地取材，而在造园的技术手段上也比较单一。这两方面，在园主看来，正是我们今天的所长，是我们今天造园可以有所创新和超越的地方。

丰德园使用的全部木材都是从非洲进口的硬木，俗称非洲红木，包括非洲紫檀、非洲花梨、非洲柚木王。这种木材油性足、稳定性好，用于造园，美观度大大提升，又不怕日晒雨淋。但是它硬度大，用传统的单一的技术手段处理难度很大，而今天的新技术，或者说新技术手段和传统工艺的结合就有了用武之地。丰德园多数木料的雕刻部分，采用了机器雕刻和手工雕刻相结合，这种工艺的结合不仅节省了人力成本，而且做到手工难以做到的标准化的同时，也保留了手雕特有的细腻、灵动和韵味，特别适用于大件的、或者数量较多而"一致性"要求比较高的雕刻图案。

其次，丰德园的独特性体现在对古典（私家）园林在今天的功能性定位的认识上。古代私家园林在功能定位上，主要是自家居住和朋友聚会，包括文人墨客的雅集活动等。考察一下今天的情况不难发现，今天的私家园林的功能定位很难再简单地复制古代那种，而应该有所变化。客观原因在于：一是古代的居住模式主要是家族式集中居住，今天这个条件已没有了，今天单个家庭的人口大为减少，而且子女成婚后一般都会离开父母单独居住；二是今天的社会交通便捷、信息发达，人们一般更愿意也很容易体验不同的人生、不同的生活，而只是将园林作为一种度假的选择。据此，今天的私家园林要生存下去并有一个可持续的发展，肯定不能自我封闭起来，应该对社会有一个适当的开放度，为此就必须建立起一种合适的运行模式。

丰德园2

丰德园3

丰德园4

九曲桥

别有洞天

南大门1

丰德园之如意廊

伶月廊

丰德园之荣泉堂

丰德园之荷花池

丰德园以荷花池、荣泉堂和位于主峰的梅花亭为中心，大致分为三个区域：生活起居区、山水景观区和功能活动区。三个区域隔而不断，互为景致，蔚为大观。功能区的量怀楼、雅积阁、悦近斋、来远舫、静忆轩、如归楼等，是文人墨客雅集活动的理想场所，而与园子相连又相对独立的宽敞的得慧厅，则可以接待数量较多的宾客。

为了体现功能特色，造园者在某些建筑的古典风格中，加入了一些令人赏心悦目的现代元素。同时，在丰德园的对面，还营造了一个以茶文化为主的民俗风格且富有野趣的松茗园。另有其他一些功能性设施也正在筹划中。

丰德园在建筑上颇见功夫的还有她的铺地。丰德园的造园者早就注意到，园林铺地不是一件简单的活儿，许多园林中常见的纹样铺地，普遍都存在质量问题，如铺地材质松动，甚至出现"爆石"现象。为此，园主带领他的团队走访了多个江南名园，找到了问题所在和解决的办法。如今丰德园的铺地已使用两年多，没有出现任何上述的现象。

在丰德园的建筑中，最能代表她的工艺水准的是建于荷花池北岸主峰上的梅花亭的屋顶。这是一个红木包铜的覆斗形顶篷，全部采用榫卯结构、层层细密的斗拱支撑。所有的斗拱构件上除了雕有梅花花纹，还雕刻了十条龙，令顶篷整体纹式呈现群龙向上盘旋之势，在穹顶构成群龙龙头汇合的灵动的藻井图案。据有关专家称，如此用料考究、做工精良、结构复杂、纹饰美观的园林亭子的屋顶，在全国范围内也属罕见。

丰德园之雅积阁（左）、量怀楼（右）

丰德园之来远舫

丰德园之悦近斋

丰德园之红木包铜屋顶

丰德园之梅花亭

作为今人造园，丰德园内还有特别值得一提的是，她所使用的条石，都是用于铺地的、做围栏的、架桥的，大都是有年代的老料，是园主多年间从各处收集得来。梅花亭下有一座石桥，桥身侧面有原先桥主的刻字。之前有人提出把原刻字磨掉，改刻新的内容，园主经过慎重考虑，接受了另一种意见，保留原刻字。丰德园里的这些条石，还有那些有年头的珍稀的树：一棵雪柳（俗称五谷树）、一棵五百年以上的黄杨，一棵品相上乘、姿态优雅的五针松等，此外，还有室内的一些老物件、老家具等，都是有来历、有故事的。这些不可改变的内容在得到园主善待和敬重的同时，也带给他的园子独一无二的内涵和气象。

说到那颗五针松，它在园子里所处的位置，也反映了园主的匠心独运。进入丰德园的大门，正面面对园门的，是一道传统风格的粉墙，起到隔景的作用。一般配合粉墙的造景有"粉墙竹影""粉墙花影""粉墙芭蕉"等。不过，园主在这里作了一些改变。

首先，他在粉墙上开出一道横窗，在保留粉墙隔景作用的同时，又巧妙使用了"漏景"之法，令粉墙背面的竹林略有呈现，如一幅展开的画卷。此景应了陆游《冬夜吟》中的诗句："昨夜凝霜皎如月，碧瓦鳞鳞冻将裂。今夜明月却如霜，竹影横窗更清绝。"

其次，园主又在粉墙的一侧移植了一颗五针松，赋予它"迎客"之意。"粉墙松影"，意味深长。

丰德园内水系的处理、四季景观植物的配置、灌木和乔木的搭配等，由于有了今天的条件，也都能作出理想化的效果，为古人所不能为。

在笔者对园主的采访中，谈到造园体会，园主特别强调，丰德园在营造模式上也有"创新"，不过这种创新却恰恰是放弃了今天通用的工程承包方式，回归到传统的自备建筑材料和"点工""上门工"的模式。这种模式使园主能够对工程进行全程控制。同时为保证这一模式高效率、高质量运行，园主又从苏州聘请了一位享受国务院津贴的江南古建筑专家，担任工程监理。同时适度放宽项目工期，不赶任务，保证质量，在每一个环节上精雕细琢、精益求精。园主认为，采用这一营造模式，是丰德园能有今天的面貌的关键。

中国古典园林之所以常被誉为中国对世界建筑的最大贡献，除了建筑本身的独特性之外，就是因为它和中国传统文化有深厚的结合，园林语言包含了丰富的中国哲学和审美的内涵。

丰德园在完成了基础的造园工程后，经常会有热心的朋友在软件建设、文化建设等方面给园主出主意，有的说，应该联系媒体多加宣传；有的说，应该多搞活动，邀请诗人文学家为园子写诗作文；更有人指名道姓地说，应该抓紧邀请某某大师为园子题字作画，留下墨宝，这样可以立竿见影提升园子的品级。

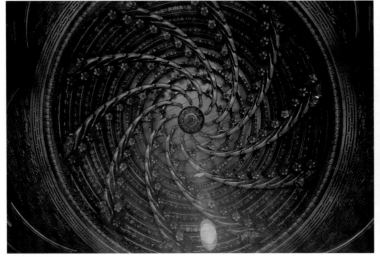

丰德园之梅花亭顶篷

丰德园之雪柳（五谷树）

丰德园之黄杨

丰德园之粉墙松影

丰德园之七星榭楹联

　　对此，园主的想法是，文化建设不是用钱可以交易的，不是制订一个计划就可以按期达成的，而是需要长期的沉淀和积累。园林史中的每一个实例都体现了这样的规律。何况作为一座古典园林，丰德园本身就是一种有意味的形式，是一种富有艺术性的创作，其中不乏如画的风景，如诗的意境，如歌的旋律。

丰德园之涌泉石

　　所以，园主在这方面倾向于三个坚持：一是有期待，不着急，慢慢来；二是文化建设不是单方面的，需要有"山高水长知音难觅"般的精神互动和互赏，这是一种缘分；三是文化建设一定要有自己的理念，要有自己的"设计"。

　　嘉定素有丰富的园林文化，在上海五大古典名园中，嘉定独占其二。但虽是这样，丰德园在今天的出现，堪称奇迹。这是一个人的梦想成真，却也是一方文脉的可贵延续。

2019年11月5日

附：丰德园涌泉石诗并序/陈兆勋

　　丰德园有奇石焉，径三尺而高二丈有奇。瘦皱峥嵘，漏透殊姿。若泉之涌喷，渟瀛而冲霄。噫！神物其来，伟乎高哉。明时吉兆，信瑞也哉。方其匿迹荒岭，埋草蒙苔，兕觚鸦止，洪虐雷灾。亿万斯年而被文明化育。有姚君者，磊落人也，慕主人德仪而不恤巨万致名物有归。是亦两君宅心淳厚、至仁高义之所系也。仰止矣，顽石灵泉！不以古今变质，不以凉暑易操。亦足以导养正性、澄莹心神者也。乃吟哦而有句，漫拟尧叟之击壤云尔：

　　　　此地晴岚升瑞气，
　　　　涌泉抟直向空擎。
　　　　高标争似凝成石，
　　　　静处犹闻溅玉声。

Innovation Needs Inheritance: Remaining True to Architectural and Artistic Pursuits in Serving Urban Cultural Development: An Academic Symposium Was Held on "Thinking on Urban Architecture of Chongqing:An Architecture, Art and Heritage" at Sichuan Fine Arts Institute

创新需传承：在服务城市文化建设中砥砺建筑与艺术的初心
——"重庆城市建筑思考：建筑·艺术·遗产"学术研讨会在四川美术学院举办

CAH编辑部（CAH Editorial Office）

会场所在的四川美术学院黄桷坪校区综合楼外景

值四川美术学院八十周年校庆之际，2020年10月24日下午，"重庆城市建筑思考：建筑·艺术·遗产"学术研讨会于川美黄桷坪校区隆重举行。

本次学术研讨会由中国文物学会20世纪建筑遗产委员会、重庆市城市规划学会历史文化名城专业委员会、《中国建筑文化遗产》编委会、四川美术学院公共艺术学院联合主办，四川美术学院公共艺术学院和《中国建筑文化遗产》《建筑评论》编辑部共同承办。

本次学术研讨会由《中国建筑文化遗产》主编、中国文物学会20世纪建筑遗产委员会副会长、秘书长金磊和公共艺术学院院长郭晏麟共同主持。

来自中国文物学会20世纪建筑遗产委员会、重庆市城市规划学会历史文化名城专业委员会、《中国建筑文化遗产》编委会及四川美术学院公共艺术学院的几十位专家出席了会议。

主持人郭晏麟院长强调：作为四川美术学院八十周年校庆"艺术川美""文创川美""学术川美""开放川美""史纪川美""联欢川美"六大主题活动中的学术研讨会具有重大的学术与史纪意义，各位专家齐聚一堂共同探讨"重庆城市建设思考：建筑·艺术·遗产"更有现实意义，并期待未来四川美术学院能与城市各界同人一道共谱新篇！

在主持中，金磊副会长表达了对四川美术学院八十

有八十年历史的川美黄桷坪校区纪念遗址

川美校园门口学生赶制宣传校庆的涂鸦

周年校庆的祝贺，并强调用文化艺术之根为城市品质发展铸魂之重要性。他重点提出三方面观点：今天的会从一定意义上也是纪念中央城市工作会议五周年；要关注2020年住建部、国家发改委的一系列文件都在强调要加强城市与建筑风貌管理，如要求"保护历史文化遗存和景观风貌，不拆除历史建筑、不拆传统民居、不破坏地形地貌、不砍老树"等；各个城市都应特别警惕城市以"建设性""保护性"为借口的破坏行为。

重庆历史文化名城专业委员会主任委员何智亚在致辞中指出，希望本次研讨会能够深入交流中国诸城市的20世纪建筑遗产如何保护、活化、传承这个话题，也给重庆市发展带来好经验。

郭晏麟

金磊

会场一角

会议主持（左起：金磊、郭晏麟）

会场一角（左起：郭晏麟、陈荣华、何智亚、金磊、殷力欣）

何智亚

陈荣华

殷力欣

袁东山　　　　　　李易　　　　　　　　　　胡斌　　　　　　　　陈纲

刘建业　　　　　　黄建　　　　　　　　　　张德安　　　　　　　舒莺

金磊副会长在代表中国文物学会20世纪建筑遗产委员会的致辞中指出，四川美术学院黄桷坪校区体现出"让艺术深入百姓心中"这一理念，"建筑师必须对课题对象的历史信息进行全面深入而不带主观臆造的设计思考"是一种历史观的表现。同时指出"经济、适用、绿色、美观"八字方针的提出为美院的公共艺术设计与创作带来了更多的使命，呼吁进一步加强对城市建筑记忆与风貌的管理，强调一个有生命力的城市文化地标要看其是否能够真正流淌这个城市的文脉，是否能够唤起人们共同的情感基因。这是作品精诚所至、精品可期的关键。

重庆市设计院原总建筑师、重庆市首届勘察设计大师陈荣华在演讲中通过对《论大礼堂、文化宫、大田湾体育场的美学呈现与历史经验》主题的阐释，为大家分享了重庆市人民大礼堂、大田湾体育场及工人文化宫的"价值诉求与美学体现"及"普遍规律与历史经验"，陈荣华先生的发言赢得了现场专家的一致认同。

《中国建筑文化遗产》副主编、中国艺术研究院研究员殷力欣的演讲，通过对中国营造学社研究院陈明达先生20世纪50年代设计的中共重庆市委办公大楼及中共西南局办公大楼设计过程的分析，阐释了共和国初期重庆建筑界的文化趋向的转变。

专家发言环节中，校内外各界专家针对重庆工业遗产、传统村落保护、文化传承、诗意空间营造及如何引起公众对于遗产保护的重视发表了各自的意见。

重庆文化遗产研究院副院长袁东山谈道："我从城市考古出发，寻迹八百年重庆府，研究了老鼓楼衙署选址，其兴建时间是南宋时期（1245年），启动抢救性考古发掘为2010年，此工作不仅延续城市文脉，更应成为重庆历史文化名城保护的重要基础与支撑。"

郭晏麟院长为何智亚主任颁发聘书

与会部分嘉宾合影

AECOM中国区战略合作总监李易认为，人世间一切的美好都有诗性，从此意义上讲诗是美的化身，要用诗意空间向灿烂的唐诗宋词文化致敬，因为诗是古人追求建筑与造境技艺之法的，对当下也特别有启示作用，如果建筑师与开发商多懂一点建筑文化，岂不妙哉。

重庆大学建筑城规学院副教授、重庆联创建筑规划设计有限公司总经理胡斌提到，以20世纪50年代初在贺龙指导下所建大田湾体育场为例，坚持"真实性""完整性""最小干预"的原则，在保持原有建筑空间在功能利用上合理置换外，力求通过修复设计做到让大田湾体育场的历史风貌重新呈现，最大程度地保留其历史信息，为城市公众留住记忆。

重庆大学建筑城规学院总建筑师、教授，重庆历史文化名城专业委会委员陈纲认为："文化是一种精神而非单一的形式，而现在的作法，太关注形式化，所以难传承出城市的内涵。我建议，这样的论坛要持续在重庆开展，因为它们可以沉淀下不少有价值的东西，持续性有传承意义的创新，它才能体现出城市建筑文化的精髓。"

日清(国际）乡土建筑与工业遗产研究中心总建筑师刘建业谈道："从实际工作出发，我做过工业遗产保护设计，也投身于传统村落保护研究。记得在渝北就针对大量老房子被定级为'危房'的严重情况与当地展开过争论，是要拆旧建新，还是在保护历史信息基础上真正做到传承，这里不仅有理念与价值取向问题，更有设计、技术、材料、营造的一系列问题。"

中国勘察设计协会风景园林与生态环境分会副会长、重庆风景园林规划院院长黄建院长指出，建筑的保护与传承，不仅仅是建筑师的历史观，更是全社会都应关注的历史观问题，因为只有全社会建筑文化得到提升，才有从政府到建设方对城市与建筑的敬畏、责任与使命，才有全社会发自内心的呵护与活化利用的作为。

重庆市城市规划学会历史文化名城专业委员会副秘书长张德安副表示："重庆历史名城专委会与中国20世纪遗产委员会参与主办此次会议有特别意义，既有传承与守望的匠心，也体现了建筑遗产与艺术设计的文化自信。我是做会馆建筑研究的，在会馆建筑中体现了太多精彩的艺术水准，传承与创新的任务艰巨，更需要与大家在一起多学科交流。"

中国文物学会20世纪建筑遗产委员会专家委员、四川美术学院公共艺术学院副教授舒莺发言说："我们现在能够做的是尽量去吸收前辈先进的经验，带领和教育好我们的学生，我特别赞同四川美术学院公共艺术学院为城市设计所做的各种努力，尤其我们的公共艺术课程及其方向融合了建筑艺术及遗产传承的重要内容，它将引领我们的专业走向一个更崭新的方向，这个新天地是我们最应该体现重要职责的，愿以这些与我们的研究生们共勉。"

最后两位主持人分别作了小结：

金磊说："今天在川美80周年前夕，'建筑·艺术·遗产'的三个关键词的研讨，恰好是为中国营造学社90周年的一个纪念，同时也是在纪念上世纪40年代在重庆开办事务所的戴念慈院士100周年诞辰。戴念慈是全国勘察设计大师、中国科学院院士，可贵的是他不仅身体力行中国现代主义建筑设计，还早在新中国成立前夕的1948年就撰文研究'新中国建筑的方向'，并在建筑创作上有一系列建树，所以今天的会既是建筑与艺术的交流，也是在致敬前辈的伟大精神。"

郭晏麟院长提出传承与创新的双重责任，要传承好川美精神，运用多学科和跨学科的知识体系，构建新领域研究方向，服务于城市建设，遵循城市文化发展脉络，探索都市美学实践，要构建艺术、空间、城市三位一体的理论体系以及实践框架，川美黄桷坪校区将成为重庆长江美术半岛，更将成为重庆美术公园的核心区域。郭晏麟院长为何智亚主任颁发聘书。

（文/图：四川美术学院公共艺术学院、《中国建筑文化遗产》编委会）

李秉奇院长（右二）、陈纲院长（左一）陪同《中国建筑文化遗产》编辑部考察川美校区

Ingenuity, Critical Thinking, and Innovation: The Release of the Book *University Planning and Architectural Design* and the 2nd Forum on Campus Architecture Were Successfully Held

匠心・思辨・创新
——《高校规划建筑设计》首发暨第二届校园建筑创作论坛成功举行

CAH编辑部（CAH Editorial Office）

《高校规划建筑设计》

2020年9月4日上午，由北方工程设计研究院有限公司、《中国建筑文化遗产》《建筑评论》编辑部与天津大学出版社联合主办承办的"匠心・思辨・创新 《高校规划建筑设计》首发暨第二届校园建筑创作论坛"在石家庄市委党校会议厅成功召开。这是继2017年5月23日"匠心・创新"论坛后的第二届校园建筑创作论坛。本次论坛由中国建筑学会建筑评论学术委员会副理事长金磊，北方工程设计研究院有限公司总经理助理、副总建筑师曹明振联合主持。会议开始前，与会嘉宾在北方院、市委党校领导引领下初步考察了石家庄市委党校并做了简短交流。

在中国工程院院士、全国工程勘察设计大师马国馨，全国工程勘察设计大师、中国电子工程设计院顾问总建筑师黄星元，中房集团资深总建筑师布正伟，全国工程勘察设计大师、北京市建筑设计研究院有限公司党委副书记、总经理、总建筑师张宇，河北省住房和城乡建设厅副厅长徐向东，石家庄住房开发建设集团董事长刘清国，石家庄市委党校校长高尘，河北省勘察设计协会会长梁金良，北京市建筑设计研究院有限公司总建筑师叶依谦，北方工程设计研究院有限公司董事长姜泽栋、总经理孙兆杰，天津大学出版社

与会部分嘉宾在石家庄市委党校"初心楼"前合影

嘉宾为《高校规划建筑设计》图书首发揭幕

总编辑宋雪峰、原副社长韩振平等专家领导及百余位来自高等院校、设计机构、政府部门、文博机构、传播机构、工程建设等行业专家人士的见证下，由孙兆杰、曹明振、李双涛著，《中国建筑文化遗产》《建筑评论》编辑部、天津大学出版社共同历时一年半完成策划、编撰与出版的《高校规划建筑设计》一书隆重面世。马国馨院士、黄星元大师、张宇大师、姜泽栋董事长、孙兆杰总经理、宋雪峰总编、金磊主编为图书首发揭幕。该书结合北方工程设计研究院有限公司完成的百余所高校设计作品与方案，就校园规划设计所面临的

布正伟总在活动背板签字

马国馨院士在活动背板签字

黄星元大师在活动背板签字

金磊主编展示三年前第一届"匠心·创新"会议手册

曹明振

马国馨

黄星元

布正伟

张宇

梁金国

高尘

刘清国

姜泽栋

孙兆杰

郭卫兵

叶依谦

高瑞宏

曹胜昔

谷岩

罗宝阁

岳欣

武勇

倪明

任洪国

宋雪峰

孔令涛

专家考察石家庄市委党校

种种新变化，以及未来新科技发展下对校园建设提出的更高要求，在充分展示作品魅力的同时也提出了有价值的设计理念。

金磊主编在主持词中说，从2017年的首届破题，到2020年迎来第二届，确应有对"匠心·创新"的思辨新解，即不要背离好传统，不忘理性紧跟时代，坚持开拓精神。从思辨角度看"匠心"：建筑师的匠心不仅仅是到位的职业技艺，更包含人文精神。因为缺乏非物质文化的滋养，再雄伟的建筑也缺少脊梁。工匠精神是一心一意去劳作，一心一意去打磨，它透着一种智慧与实干的结合，本质上是呼唤正气的作风及职业品格，准确反映一种职业者的新"通识"。从思辨角度看"创新"：传承是本，创新为魂。但新时代创新更要突出人文亮点和重要经济功能，要更具有纯化人性、开发人智、凝聚人心之功能。不创新等于昏睡，不突破等于没做，相反不注重品质的所谓"创新"等于"毁掉前程"。从省思的角度看为什么要"思辨"：思深方益远，无论是对接住建部、发改委"新规"，还是"十四五"规划编研，任何向着更好的方向改变的设计创造，都要拿出新作品，都离不开有"未来已来"之思的构想，思辨要求建筑师：（1）适度的设计精神不失为一种创作精品的智慧；（2）兼具传承的历史观，会多一分纯粹，少一些近视，没有设计实力哪里来的自信；（3）倡导建筑批评不仅在于容忍批评是一种修行，批评更是与建筑作品对话促进建筑创作的映射。

梁金国大师在致辞中表示，匠心独运丹青手，健笔落处起宏图，《高校规划建筑设计》这本书在河北起了个好头，高校规划建筑设计的特色尤为明显，教育的文化、教育的理念、专业的融合都写在这本书里面。这本书的问世成为河北的一个品牌，展示了北方设计院四十年来创作的优秀高校作品，北方院作为省内重要的一支设计力量，在高校设计领域留下了浓墨重彩的一笔，为地方的发展作出了不可磨灭的贡献。

石家庄市委党校常务副校长高尘在致辞中说，中共石家庄市委认真贯彻落实总书记关于党委办党校、管党校、建党校的重要指示精神，把党校的工作纳入市委整体工作部署和党的建设的总体安排，把新校区建设作为市委一号工程，省领导亲自谋划，亲自推进。北方工程设计院博采众长，把不同的建筑理念、建筑风格融入设计方案。河北建工集团和石家庄市的筑建集团等承建单位科学组织、精心施工，仅用近一年的时间建设完成了端庄大气、古朴典雅、环境优美、布局合理的市委党校工程。良好的环境使我们有好心情，也给我们带来了高效率，更使我们石家庄市委党校一跃进入全国省会城市党校的先进行列。

刘清国董事长指出，市委党校新校区的建设，任务重、时间紧、要求高，感谢省市领导和党校领导的多次调度，围绕责任抓落实，以点带面，迅速打开局面，感谢北方设计院的专业技术支撑，反复进行规划建筑设计论证，确保党校建设科学规范，有序推进，住建集团也在紧迫的时间里狠抓工程质量、确保工程安全。在多方的努力下，凝聚着社会各界的殷殷期盼，凝聚着设计师的心血和汗水，凝聚着建设者的辛勤劳动的石家庄市委党校项目于2019年1月按时圆满交工，市委评价为"石家庄速度，学校规划设计的新标杆"，相信本次合作不仅是圆满完成一个项目，更是一次增进彼此经验交流、技术交流的契机。

姜泽栋董事长在致辞中说，我们期待已久的北方工程大盛事——匠心·思辨·创新：《高校规划建筑设计》首发暨第二届校园建筑创作论坛今天开幕了，北方工程设计研究院有限公司经历了68年的发展，以军为根，以设计为本，以工业工程、岩土工程为两翼，以专业技术、专业工程为支撑，从1983年南京理工大学图书馆开始至今，经历近四十年在高校建筑规划领域的深耕，北方工程的高校规划建筑设计从无到有、由小到大、由大变强，在市场竞争中取得长足发展，开创出一片广阔天地，北方工程以强烈的工艺思维去提出问题、强烈的工程思维思考问题、强烈的工匠思维解决问题，造就了北方工程在高校规划建筑设计领域独特的竞争力。

马国馨院士为《高校建筑规划设计》作序，他在致辞中表示首先祝贺《高校规划建筑设计》的出版，教育发展是改革开放的重大成果之一，人才的竞争重要的国际竞争之一，因此为拥有育人功能的高校做设计非常重要，北方设计院在此领域取得了诸多成就。其次，今天的会议选择在石家庄市委党校召开，意义非凡。市委党校是国家思想理论教育的重要阵地，参会的嘉宾们来到这里，不仅受到高校设计的教育，同时也受到了党性的教育。党校是非常有特色的建筑类型之一，在这之间我也参加过一些党校的建设，但在这样短的时间内，如此复杂的地形中，完成了这样一座庞大的建筑群，体现了河北一流的设计水平、建设水平、管理水平。

作为本书的领衔作者，孙兆杰总经理以《高校建筑规划设计》一书为引，向与会嘉宾介绍了北方院在高校建筑设计方面的发展历程。他说："2000年至今，北方院在全国做了近百所大学校园。在2017年'匠心·创新'学术研讨会的基础上，我们再次对校园规划设计作品进行了系统整理与总结提炼。北方院为什么在高校设计领域拥有竞争力？是因为作为国家大型军工设计院，除工艺专业外，我们建筑、结构、给排水、暖通、电气、总图、技经等专业配置齐全，在'大校区集成'理念的指引下，各专业之间互相支撑、相互牵引，形成了较强的技术集成能力。同时，深度解读每一所大学的理念，结合不同校园的特点，将校园使用要求和未来发展需求融入校园规划设计中。在规划设计实践中，北方院总结出一套'建筑、规划、景观相互支撑和牵引'的创作组织和工作方法，建筑、规划、景观等专业在方案创作的不同阶段起着各自的牵引和支撑作用，在方案创作的不同阶段要把握好时间节点，推动建筑、规划、景观专业不断转换'主导'与'配合'地位，协同推进方案创作。我们致力于做校园规划设计的系统方案供应商，各专业之间的集成与协同尤为重要，唯有如此，才能共同完成一个高水准的创作。"

宋雪峰总编辑代表天津大学出版社、《中国建筑文化遗产》《建筑评论》编辑部向大会介绍了该书的编辑出版过程。他表示，长期以来，天津大学出版社和金磊主编及其团队进行了建筑类品牌图书出版的紧密的合作，在建筑设计规划、建筑遗产保护、建筑文化研究等领域推出了一大批高质量、有影响力的经典图书，得到了业界的广泛支持和认可。出版以高校规划建筑为主题的图书在出版社历史上虽非首次，但一本书当中汇聚了100多所高校建筑规划的成果确是独一无二的。这部作品也让业界与大众了解了北方工程院为中国高等教育事业的发展所作出的突出贡献。在图书印制之前，出版社也和金主编的团队一起反复对图片进行调色修片，力争让最美好的校园真实地展示给各位读者。通过这本书的编辑出版，进一步加强了出版社和金主编团队、北方工程院的合作情感，向金总团队的敬业精神表示敬佩，更要向以孙兆杰总为代表的北方工程院人表示敬意，因为这部作品饱含北方工程院对中国高等教育事业发展的赤子情怀。

黄星元大师将市委党校项目的设计特点归结为"真善美"。"美"是在讲艺术的表达，它不同于以往的高校，或是政府机关党校的模式，建筑群体的尺度感强烈，且做了历史建筑的再生，西柏坡主题教育区既是功能性建筑，又是纪念性建筑。"真"强调的是出色技术支持和细节的设计，建筑的艺术是建造的艺术，选材与精细的建造结合，在节约投资的同时呈现出了良好的视觉效果。"善"是指市委党校其建筑、景观环境以及细节的管理都非常到位，是能够经得起历史和时间考验的好建筑。张宇大师指出，其一，论坛的主题为思辨，唯有思辨，才能不断创新发展。近年来，高校建设及理论发展迅速，但基本创作和方法论不会有很大变化。其二，应该注重交往空间及环境整体设计，但应同时注重校园中心区域鲜明个性的设计，避免千篇一律。其三，校园建筑应该是集中化、综合化、

会议场景1

会议场景2

多元化，同时要尊重自然，顺应自然。市委党校就是一个很好的例子，依山就势，布置功能序列，强调功能与环境有机结合。叶依谦总建筑师认为，建筑都应是实用的，实用是第一位，也是最终目的。北方设计院在四十年的时间里完成了上百项学校规划建筑设计，如此庞大的成果，如此高的中标率令人震撼。北方院能集全院力量完成一个项目，这恰恰是一个有着工业建筑底子的设计院，或者说综合设计院的优势，因为工业设计更强调整合性、综合性、系统化。

天津大学建筑设计规划研究总院总建筑师吕大力表示，北方院四十年奋斗不止的发展历程，风风雨雨，一路走来实属不易。书中百所院校，80个案例，展示了北方院在高校建筑规划和设计领域做出的优秀成果，也显示出北方院为中国高校作出的突出贡献。校园规划发展到了一个新时期，从以教学为主到以学生为主，从未来学校到社区学校，发展理念不断变化。在此共勉年轻建筑师们，希望能够为新的建筑事业和高校规划建设事业的发展作出贡献。

河北建筑设计研究院董事长、总建筑师郭卫兵说，石家庄市委党校规划建筑设计给他留下十分深刻的印象，它延续了传统理念面南背北，打造南北轴线；又非常巧妙地随台地逐渐增高打造东西向的主线，将中国园林"挡折透"地融入其中，使校园更生动。好的设计，应更好地结合建筑师、甲方及各方面的要求。因此，在生活中，追求真情流露；在建筑创作里头，应追求"自在"，就是内心里的那份清澈。而大师无非就是有孩童般的天真，加之丰富的经历，此为大师。

中土大地国际建筑设计有限公司首席总建筑师谷岩发言中说，北方设计院在高校设计领域，从开始摸索到设计精品，有一个艰辛但不断进步的过程。市委党校的项目工期非常短，但最终成品在空间处理、完成度上是令人满意的，其设计过程体现了北方院的匠心。创新是设计的生命，建议青年设计师，每一次设计，每一次交流，都当作一次学习和进步的机会，积累知识，掌握更多的技能，才能设计出更好的产品。

河北九易庄宸科技股份有限公司总建筑师孔令涛认为，石家庄市委党校从空间体量到建筑空间布局，作为一个特殊类型的校园，在与地形、自然生态的关系的处理上独具匠心。市委党校的建筑体量相对于山体来说比较大，市委党校以垂直等高线的整体布局，把地形的起伏变化呈现出来，把对自然和生态的尊重体现到校园的规划中。同时，此类建筑在轴线空间、建筑朝向上是有一定的规矩和要求的，两者通过垂直等高线的布局方式，很巧妙地结合在同一个方向上，成就了这一高端的作品。

河北大成建筑设计咨询有限公司董事长、总建筑师岳欣谈到，来到市委党校，感受建筑空间、触摸建筑材质，能感受到设计师的匠心独运。经过几十年的发展，能够感受到高校设计已经成为北方院设计的一个亮点，取得了长足进步，走向全国。学校设计的需求点很多，需要多方面的平衡。整体设计需结合教学特点，设计手法需要不断创新，不断反映时代特色，这就要求设计单位有非常强的综合实力。因参加了这个项目的投标和设计工作，也深知党校的建设标准要远高于其他的项目。北方院有非常健全的管理体系、质量体系、培训体系，取得这些成绩很明显是一个长期积累的过程。

北方工程设计研究院有限公司副总经理曹胜昔表示，从2000年至今不断思考当下的校园应该怎样去设计。我国的大学教育已经从精英教育转变成大众教育，正在转向普及教育和终身教育的发展趋势。很多的大学校园可能都面临着存

会议场景3　　　　　　　　　　　　　　会议场景4

量的更新和不断发展的过程。在高质量发展、国内国际双循环的大背景下，"校园更新"成为一个新的课题。我们今天也从管理者、使用者、建设者，以及设计师不同的维度来思考校园规划下一步的发展。信息化给校园规划和设计行业带来了实质性的变化。今年发生的疫情、洪水等不可预见的自然灾害，我们设计的建筑和校园能否具备应对这些突发事件的韧性。我们设计的校园正在面临新的年龄段的学生。他们在如何使用、如何看待这些校园，他们的行为习惯和我们设计校园时对学生行为的研究调研已经有了很大的差异，包括教师对于校园的使用，也有了很大的差异。

秦皇岛市建筑设计院院长倪明说，今天的会议在石家庄市委党校的实体建筑当中举行，党校的两条轴线、台地依山就势的形式，使他在当中渐渐产生敬畏感，也希望从这里走出的学术也有着对建筑的敬畏感。随着城市的发展，高校慢慢成为城市的名片，也成为城市不可分割的一部分。高校设计也是百年大计、千年大计。河北建筑师要更加奋发有为，和京津冀一体化发展同步同频。

中土大地国际建筑设计有限公司总建筑师罗宝阁认为，石家庄市委党校项目有其特殊性，周期短，任务重，北方院设计团队首先进行仔细的分析，研究功能需求、地理特点等，是一个思辨的过程。党校在短短一年时间内从开始设计到投入使用，把石家庄速度发挥到极致，是一种匠心的体现。

河北工程大学建筑学院院长任洪国即兴赋词一首《念奴娇》："鹿泉青草，近中秋，拾阶龙湖山色。匠心山田八万顷，扁舟一叶四十载。思辨心得，妙处难与君说。坚守高校经年，孤光独步，理念皆冰雪。创新描绘徒手冷，专注舞台更空阔。尽数华夏，泰山北斗，万象为宾客。扣问论坛，不知惶恐惶恐。"希望通过《高校规划建筑设计》这本书，提高该所高校建筑设计的教学水平，争取为各设计单位培养更多的优秀学子。

石家庄铁道大学建筑与艺术学院院长武勇表示，作为高校代表，自身还带有另外一层含义。首先是高校建筑的使用者和体验者，铁道大学的龙山校区就是北方设计院的作品。龙山校区坐落于石家庄西部封龙山脚下，校区因为依山而建，地形非常复杂，而在实际使用中也能感受到学校的设计与环境十分的贴合，功能布局，特别是交通布局非常适宜。北方院还巧妙利用了泄洪道设计成网红打卡地——九叠步，使新校区成为有山有水的生态校园。

邯郸市规划设计院院长高瑞宏说，作为一个规划师很荣幸能够参加这次活动，通过参观石家庄市委党校，觉得它是一个道法自然下的建筑设计经典，充分做到了"尊顺原容"四个字。第一是"尊"。尊重山体，尊重周边的环境，因为党校的建筑体量很大，在布局上巧妙地通过朝向避开了缺陷。第二是"原"。从建筑材料、建筑色彩上，党校设计采用了柏坡石、柏坡黄，也源自于对党校文化透彻的研究，充分挖掘设计之源。第三是"顺"。建筑和周边环境相协调，充分顺应和融合了山体、台地的地理环境，也和周边的建筑在建筑色彩、建筑体量的关系上相协调。这些真正达到了尊顺原容、道法自然的设计理念。

在学术总结环节，布正伟总的讲话博得现场阵阵掌声，他用九个字概括本次活动的意义，即品作品、品新书、说期待。

第一是"品作品"：来到新建成的石家庄市委党校，第一印象就是"因势制宜""疏密相间""错落有致"的总体布局。二是集不同的功能，包括教学、办公、会议、餐厅、宿舍、体育等不同功能于一个和谐统一的整体风貌当中，有可持续利用的优势。三是引入了西柏坡历史建筑的院落，这非常精彩，体现出了党校的魂。另外在细部设计上也有很多优点，例如屋顶的材料、颜色、比例尺度，台阶踏步的表面肌理等都很好。

第二是"品新书"：马院士的序既讲了高等院校发展的历程，也总结了北方院40年的设计成果。北方院40年高校设计的日积月累，形成了尊重环境、顺应自然；绿色低碳、生态校园；开放交流、人文空间；继承传统、展示现代的设计底蕴。

第三是"说期待"：现在的时代是比拼东西方制度是否健全、是否符合世界潮流、是否符合人类命运共同体走向的时代；拼经济就需要拼科技，拼科技就需要拼人才，而我们的高校就是人才培养的最后一步，是最重要的一环。我们应当对于高校设计有更深、更高的期待，而不是说仍然局限于总平面布局合理、功能布局合理、整体风貌统一等建筑形式的表面，应该进一步挖掘高校设计的实质。所以在后疫情时代把高校建成培育人才的家园，要更人性化、更加能够适应年轻人心态的变化。如何能够把高校建成培育人才的家园，要做到以下三点：一是要多换位思考，现在的设计仍是从建筑师、规划师的角度思考，已经毕业的建筑师无法体会当前时代下在校生的生活氛围，没有亲身体验就无法出设计优秀的高校方案，因此必须换位思考。二是要多调查研究。调查研究的对象就是大学生、老师和管理人员，这些人才是真正能够提出大学校园哪里有问题的人，调查研究是设计硬实力体现的基础。三是多做研究型设计实践，一定要建成后疫情时代的培养人才的家园。

（文/北方工程设计研究院有限公司 《中国建筑文化遗产》《建筑评论》编辑部 图/《中国建筑文化遗产》编辑部 ）

A Special Exhibition of the 20th Century Architectural Heritage of Beijing Planned by CAH and AC Editorial Office Was Held as A Lead-in to Assist the Beijing Urban and Architecture Biennale 2020 Pilot Exhibition

《中国建筑文化遗产》《建筑评论》编辑部策划北京20世纪建筑遗产特展，助力北京城市建筑双年展2020先导展

CAH编辑部（CAH Editorial Office）

　　9月21日下午，2020北京国际设计周产业合作单元暨北京城市建筑双年展2020先导展开幕式在北京城市副中心张家湾设计小镇举办。北京国际设计周自2009年创办以来，坚持11年持续关注城市建设与建筑主题，今年特别策划举办"北京城市建筑双年展2020先导展"，支持北京2026年举办世界建筑大会。展览以"多元·共生"为主题，旨在扩展学科的边界，在城市与文化的领域中探讨建筑的意义和未来，思考建筑与科技、艺术融合的新的可能性。

　　北京国际设计周组委会副秘书长、北京市建筑设计研究院有限公司党委书记、董事长徐全胜致辞表示，北京城市建筑双年展2020先导展是在疫情常态化防控的背景下，一线城市发展进入"存量时代"对城市设计的先导性探索。未来北京城市建筑双年展将立足北京，牢牢把握时代议题，不断迭代更新，展现城

展览背板

展览场景

展区内多媒体展示屏

"致敬中国百年建筑经典——北京20世纪建筑遗产"特展展区

市、建筑、艺术、科技领域最具生机和活力的案例和作品，探讨创造美好人居环境的多种可能，提出对未来城市发展的倡议和展望。

本次展览涵盖十余个主题，从城市、建筑、艺术、科技四个维度，以有形实物、架上展示、视频及图片等形式，展现城市建筑设计与科技等产业的融合发展，建立设计领域的国际交流合作机制，推动国内设计机构与国际设计组织开展广泛协作，推进国际化城市设计创新服务平台建设。

2020年9月28日下午，《中国建筑文化遗产》《建筑评论》编辑部金磊主编及所率团队赴张家湾实地考察"先导展"，并与北京建院展览执行团队进行交流。进入展厅所面对的首块展板为"致敬中国百年建筑经典——北京20世纪建筑遗产"特展。在中国建筑学会、中国文物学会的联合推动下，中国20世纪建筑遗产自2016—2019年已推介了共计4批396个项目。它们广泛分布于30余个省份，其中坐落在北京的共有88项之多，居于全国首位。这些作品已经超越了其建筑本身，而是成为时代的缩影、历史的纽带、记忆的载体，连同那些创造了它们的建筑师、工程师一起，串联出中国百年瑰丽的北京城市篇章。本次展览所涉及的88项北京项目中，1945年后建成的占80%，反映了建筑师对北京的贡献。展览从国际20世纪建筑遗产发展的语境与《世界遗产名录》的最新趋势出发，解读国内城市间的比较，同时说明20世纪遗产属必要关注且保护的新类型。北京的入选项目主要包括张镈的人民大会堂等8项、张开济的北京天文台等7项、戴念慈的北京饭店西楼等5项、林乐义的首都剧场等3项，项目涉及至少10种建筑类型，为这些作品作出不朽贡献的主要建筑师亦多达30余位。

历史因记录而历久弥新，北京20世纪建筑经典作品应在中国及世界竖起丰碑。它们早已成为深入人心的城市表情，也必将造就中华人民共和国建筑的国家历史"图像志"。保护传承才有真正的完整城市未来。

金主编与编辑部成员在展区考察

CAH编辑部在"致敬中国百年建筑经典——北京20世纪建筑遗产"特展展区前合影

The National Maritime Museum of China in Tianjin, A Book Compiled by the Editorial Board for *China Architectural Heritage* and *Architectural Review*, Is to Be Published in Late 2020

《中国建筑文化遗产》《建筑评论》编辑部承编《天津·国家海洋博物馆》一书于2020年年末出版

CAH编辑部（CAH Editorial Office）

2017年春，《中国建筑文化遗产》《建筑评论》编辑部在天津市建筑设计院刘景樑大师的带领下首次踏入尚在建设中的国家海洋博物馆。即便只是在密密交织的脚手架和忙碌的工人间隙中一窥建筑，也已令编辑部人感受到这座博物馆建筑与众不同的风采。在接下来的2017年6月及9月，编辑部先后向刘景樑大师递交了《天津·国家海洋博物馆》图书的编撰出版策划案，又在2018—2020年随着项目的落成并投入使用，先后多次采访刘景樑大师并就书籍出版问题向刘大师汇报、请教，并将努力促成该书于年内正式出版发行。

国家海洋博物馆坐落于天津滨海新区，由天津市建筑设计院（TADI）与澳大利亚COX建筑师事务所联合设计完成，是我国第一座国家级综合性海洋博物馆。建筑的形象仿若船只漂浮在水面，又好似鱼龙跃入大泽，洁白的表皮将巨大的建筑体量巧妙地消隐，"馆园融合"的建筑理念将"陆"与"水"灵活交织，无论在白天还是傍晚，灵活而充满动感的建筑体在海岸边都不显得突兀，仿佛是本来就生长在这里一样。

《天津·国家海洋博物馆》一书是编辑部近年来继《天津·滨海文化中心》之后与刘景樑大师的又一次合作，再一次通过刘大师的设计将目光着眼于天津，展现现代建筑设计在这座多元文化交织下的滨海之城所投下的波澜。《天津·国家海洋博物馆》主要分为四个篇章，首章"方案形成"，着重讲述了项目前期针对概念性城市设计和建筑方案设计两个方面所召开的专家评审会，TADI与COX组成的设计联合体经过几轮深化方案后最终成为博物馆的中标方案。第二章及第三章分别为"建筑设计"及"专业设计"，分别从建筑、景观、结构、展陈、景观、机电等多个专业的角度入手，阐述项目设计过程中所面临的问题与挑战，以及解决问题的努力与成果。最后一章为"建筑月志"，该章节将时间轴与图片相结合，以工程实录的方式展示了建筑自奠基至竣工所经历的点点滴滴，记录该建筑建造全过程的足迹。

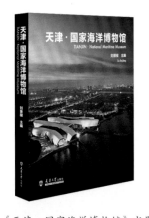

《天津·国家海洋博物馆》书影
（非最终效果）

国家海洋博物馆鸟瞰

编辑部与刘景樑大师团队就书籍出版进行交流

Design on University Community Upgrading and Renovation and the Seminar on the Book *Beihang New Dormitory Cluster Design*

高校社区化升级更新设计暨《北航新宿舍组团设计》图书研讨会

CAH编辑部（CAH Editorial Office）

高常忠

金磊展示图书内页之北航新主楼

叶依谦

会议场景1

2020年10月30日，由北京航空航天大学校园规划建设与资产管理处、北京市建筑设计研究院有限公司创作中心叶依谦工作室、《中国建筑文化遗产》《建筑评论》编辑部联合主办的"高校社区化升级更新设计暨《北航新宿舍组团设计》图书研讨会"成功举行。会上，建设、运维管理方代表及学生共同讲述了"新北"生活的真实感受与现实场景，通过一次别开生面的工程回访，构成了北航社区设计的"长成印记"。今年以来，疫情的封闭促使高校等聚集性场所的管理者们重新审视社区的概念与空间，北航宿舍食堂社区综合体的研创，从为师生服务理念的角度，给校园生活开创了新的发展模式。对于新北区的规划设计，北京建院叶依谦团队建筑师的认知方式、思维方式乃至从细微处为学生们安排生活空间的做法，都是对行业有借鉴作用的。建筑师与北航建设管理者们的良好合作，是营造如今这一优良社区的关键。实践证明，已成新时代校园印记的"新北"社区，不仅为当年北航唯一的女生宿舍"公主楼"留下印迹，更成为新时代下高校社区建设的示范。该书计划在主要反映建筑设计技术特点的基础上，加入适当的人文化展示，力求在梳理工程全过程的基础上，从不同维度展现设计理念和建设心血。

会议场景2

会议场景3

A Pictorial Record of the Contemporary Buildings in Xinjiang, China

用图片记录当代中国建筑的"陆分之一"

李 沉（Ll Chen）

摄影师正在拍摄新疆医科大学新校区项目

应新疆建筑设计研究院有限公司的委托，中国建筑学会建筑图像学委员会（筹）及《中国建筑文化遗产》编辑部组织专业建筑摄影师，于2020年9月—10月期间两赴新疆，为新疆院拍摄建筑照片。此次拍摄任务，主要以新疆院近些年来获得全国行业奖三等奖、自治区奖二等奖以上的项目，以及近些年完成的新作品，还包括20世纪五六十年代新疆院老一辈建筑师设计的优秀建筑作品等。

新疆建筑设计研究院有限公司成立于1956年，是新疆规模最大、最权威的甲级建筑设计机构，拥有众多专业技术人才，技术实力突出，设计完成的建筑项目遍及全疆各地。新疆幅员辽阔，所辖面积约占全国陆地总面积的六分之一。这两次拍摄的项目以乌鲁木齐市内的工程项目为主，也包括库尔勒、吐鲁番、昌吉等新疆的其他地区。新疆院对此次记录工作非常重视，副院长、总建筑师薛绍睿参与到整个工作的部署中，从拍摄项目的确定、与甲方的

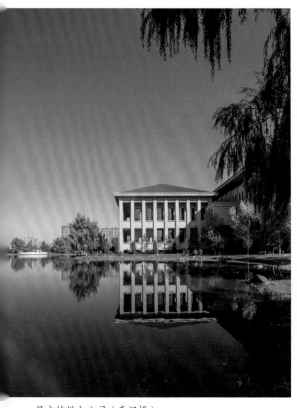

昌吉特供电公司（李沉摄）

库尔勒康城国际酒店（朱有恒摄）

库尔勒福润德大厦（朱有恒摄）

中国人寿大厦（李沉摄）

摄影师在工作中　　乌鲁木齐绿城广场（万玉藻摄）

新疆农业大学图书馆（万玉藻摄）

联系，到日程计划乃至人员车辆的安排等都具体落实。全国工程勘察设计大师孙国城先生先后两次陪同摄影师到拍摄现场，与甲方联系，并自称"我先去给你们探路"，亲自指导摄影师找角度、确定拍摄地点。第二次拍摄前，孙大师特意带上一把椅子，并叮嘱说，到拍摄地点后，踩到椅子上，这样拍摄的效果会更好。其认真严谨的工作态度，令摄影师们很敬佩。新疆院有关建筑师积极联系项目甲方，为拍摄工作的顺利开展创造条件，并及时向摄影师介绍有关项目建筑创作的情况。如建筑师龚睿全程参与到拍摄中，联系甲方，联系院内各位建筑师，联系有关单位，确保拍摄工作顺利进行。

　　参与此项工作的摄影师们，为抓住拍摄的最好时机，经常是天未亮就离开住所，天黑后才回来。为了选取更好的角度，上屋顶、爬塔吊，寻找最佳位置，在新疆院建筑师的帮助下，克服了许多不利因素，圆满完成项目规定期内的拍摄任务。可以说，此次拍摄的图片，是摄影师和新疆院建筑师们共同完成的作品。对作品再创作的过程，也是对当代与新疆建筑创作历程的又一次解读。

（执笔/李沉）

Writing for the Main Building of MSU-BIT:
Notes on the Process of Planning and Compiling of
Shenzhen MSU-BIT University (Tentative Name)

为"深北莫之星"的光芒书写
——《深圳北理莫斯科大学》（暂定名）策划、编撰过程纪略

CAH编辑部（CAH Editorial Office）

2019年9月，在深圳市龙岗区，中俄两国政府战略合作的第一所大学——深圳北理莫斯科大学（以下简称"深北莫"）正式投入使用。无论从国家文化还是从建筑形象上看，该项目都受到了建筑界、教育界乃至社会公众的高度关注。为全面记录这一代表中俄两国建筑文化特色的历史性项目的落成运营，由《建筑评论》编辑部作为承编单位，携手该项目主要设计方香港华艺设计顾问（深圳）有限公司等单位，计划编撰出版《深圳北理工莫斯科大学》（暂定名）图书。

《建筑评论》编辑部对于"深北莫"项目的关注始于2018年，时年6月26日编辑部联合多家单位在深圳举行了"笃实践履 改革图新——以建筑设计的名义纪念改革开放：我们与城市建设的四十年（深圳广州双城论坛）"，作为活动组织单位之一的香港华艺设计顾问（深圳）有限公司邀请编辑部赴公司考察交流，在参观项目展览时，编辑部即被堪称代表中国和俄罗斯友好邦交"文化信物"的"深北莫"项目所吸引，当即表示愿以教育建筑、教育文化、教育建筑设计师等内容为切入点，为该项目的设计建设历程做好总结与传播，该提议得到时任华艺设计董事长李琦及现任总经理陈日飙等领导层的高度认可。2019年12月，双方就合作出版《深圳北理莫斯科大学》一书达成共识签订协议，《建筑评论》编辑部主编金磊率团队赴深圳实地考察"深北莫"项目并与华艺设计执行总建筑师陈竹博士等就图书编撰思路、表现形式、框架设定等议题充分交流，随即开展建筑摄影，这标志着《深圳北理莫斯科大学》图书编撰正式启动。

2020年1月9日至11日，为尽快补充图书照片资料，编辑部组织建筑摄影团队再赴深圳开始第二次拍摄，力求涵盖不同时段、不同场景的建筑外景、细部、室内及园林景观风貌，并动用航拍等手段，立体多元地展现了"深北莫"的建筑及规划设计鲜明特点。1月末，新冠疫情不期而至，在无法出行的不利条件下，编辑部与华艺设计利用网络会议等方式努力突破空间上的壁垒，紧密沟通图书编撰事宜。新冠疫情基本稳定后，9月8日，金磊主编、李沉副主编等随即赴北京理工大学，采访了北京理工大学副校长、深圳北理莫斯科大学校长李和章先生。在采访中，李校长表示"深北莫"在中俄两国元首的亲自推动下成立，在合作办学三方的全力投入和充足保障下，实现了大学设立、校园建设、人才培养等方面的快速发展。它的成功开办承载着重大的国家立意，尤其体现了深圳特区永不止步、创新未来的改革开放精神。学校领导班子、管理团队将紧密协同，带领全体教职员工努力奋斗，积极推进学校事业快速高质量发展，早日实现办学目标，不辜负领导人的殷切关怀和合作办学三方的巨大投入。

深圳北理莫斯科大学主楼外景

深圳北理莫斯科大学校园夜景

金磊主编（左一）带队采访李和章校长（中）（2020年9月8日）

朱迪俭书记（右三）同金磊主编（右一）、陈竹总建筑师（左四）交流"深北莫"校园规划发展构想

2020年9月9日，《建筑评论》编辑部团队再赴"深北莫"，进行第三次建筑摄影拍摄。自2019年至2020年的三次摄影工作累计拍摄照片千余张，为图书编撰提供了丰富而鲜活的视觉支持。尤为重要的是，编辑部与华艺设计一道与深圳北理莫斯科大学党委书记、副校长朱迪俭先生领衔的师生代表们深入座谈，通过使用者的亲身感受，真实呈现该项目带来的不凡体验。朱迪俭书记对《深圳北理莫斯科大学》一书的编撰出版表示支持与肯定，他认为深圳北理莫斯科大学是中俄两国元首达成重要共识创建的大学，承载着深化中俄教育合作，培养高素质人才，增进两国人民友谊的重要使命。事实证明，"深北莫"校园建筑与规划设计在现阶段是与学校定位相匹配的，这里的春夏秋冬乃至每天不同时段、不同角度都别具美感，每张照片都可呈现"明信片"的效果。后工业文明时代高度聚集的城市里寸土寸金，当代建筑怎样在这种背景下立世，如何在尽可能避免浪费的背景下做成精品，"深北莫"项目对于设计方、建设方都是巨大的挑战。当然，对于校园使用的感受，我们的教职员工、中外同学是最有发言权的，更应该多听听他们的声音。在座谈会中，曾任北京大学图书馆馆长、深圳大学城图书馆馆长，现任"深北莫"图书馆馆长的朱强先生拥有丰富的大学图书馆管理经验，他认为"深北莫"图书馆建筑本体位于校园中心位置，具有很强的标志性，内部功能设置全面，设计风格与校园整体相融合，既借鉴了俄罗斯建筑的式样但不拘泥于此，设计细节中也体现了东方的美感。此后，与会的教师及运维部门代表分别结合自身体验，就"深北莫"的设计、建设、使用、运营、维护等诸方面议题发表观点。

《深圳北理莫斯科大学》一书由深圳北理莫斯科大学、深圳市建筑工务署、香港华艺设计顾问（深圳）有限公司主编，《建筑评论》编委会承编，计划于2021年上半年问世。

（执笔/苗淼；图片/《中国建筑文化遗产》编辑部）

编辑团队与"深北莫"校方领导及教职员工考察合影（摄于2020年9月9日）

座谈会场景

20th Century Architectural Heritage:
A Brief Account of the Modern Building Group in Beidaihe

20世纪建筑遗产
——北戴河近现代建筑群拍摄略记

CAH编辑部（CAH Editorial Board）

何香凝别墅

阿温太太别墅

朱启钤雕像

沈钧儒别墅

陶通伯别墅

为编撰《中国20世纪建筑遗产名录（第二卷）》，真实反映北戴河近现代建筑群的现状，《中国建筑文化遗产》编辑部组织摄影师，于2020年12月3～4日，专程前往北戴河，拍摄有着百年历史的北戴河近现代建筑群（含别墅）。

北戴河近现代建筑群最早出现在19世纪末，当时的清政府将北戴河划为避暑区之后，富商名流纷纷在这里购地置屋，盛极一时的北戴河被称为"东亚避暑地之冠"。1919年8月，北戴河海滨公益会成立，梁士诒为主席，朱启钤为会长，成员包括段芝贵、周学熙等人。该组织的任务是负责北戴河海滨的地方公益事业以及市政管理、建筑规划、税务收支、开发建设等事宜。海滨公益会对北戴河海滨的规划与建设作出了重大贡献。到1949年时，北戴河海滨别墅已达有700余栋。这些历史建筑无愧为百年建筑遗产。

北戴河近现代建筑群有其独特的建筑特色，"蓝天绿树，红顶素墙，大回廊"。建筑风格以欧式为主，花岗岩粗毛石为墙，红色的瓦片或铁皮为顶。阁楼和地下室的设计特别适合海边潮湿的环境。每栋房屋几乎都有回廊，既便于通行，更利于观景。现在的北戴河海滨别墅，曾经风光无限的豪宅，不少已按建筑所在地划给了所属的疗养院，许多老房子藏在现代化的小楼之中，但昔日的风采仍熠熠生辉，仍是中国北方别墅建筑的经典之作。此次活动，感谢北戴河文物保管所、秦皇岛市建筑设计研究院的大力协助。据他们介绍，现在许多建筑已被定级为"历史建筑"及不同等级的"文物保护单位"，也有些建筑经历了更新改造或被出租，但活态利用的理念已在当地尝试之中。同时，有关部门正在就这批20世纪建筑遗产具有的历史文化价值，特别是其内涵及以朱启钤为代表的名人效应展开深入挖掘工作。

（文图/李沉 朱有恒）